普通高校"十二五"规划教材

上海市级特色专业建设项目成果

应用机电基础

李占国　主编

万军红　郁斌强　编著

北京航空航天大学出版社

内 容 简 介

本书是为培养经济、管理类专业学生的综合素养而编写的教材,旨在传授机械工程及电工电子方面的基本知识。全书分为上、下两篇,上篇"应用机械基础知识"分为5章,主要包括工程识图基础、工程材料与热处理、材料的成形工艺、机械传动和机械制造基础;下篇"应用电工电子基础知识"分为6章,主要包括电工电子基本理论、测量及仪表、材料及工具、常用元器件、安全用电及实验部分。

本书可作为应用型本科院校国际经济与贸易、会计学、财务管理、市场营销、工商管理和物流管理等经济管理类专业的教材,有助于学生开阔视野、丰富知识结构,并加强对管理对象有形要素的认识。

图书在版编目(CIP)数据

应用机电基础 / 李占国主编. -- 北京：北京航空航天大学出版社,2014.8
ISBN 978-7-5124-1553-9

Ⅰ. ①应… Ⅱ. ①李… Ⅲ. ①机电工程－高等学校－教材 Ⅳ. ①TH

中国版本图书馆 CIP 数据核字(2014)第 123499 号

版权所有,侵权必究。

应用机电基础

李占国　主编

万军红　郁斌强　编著

责任编辑　张冀青

*

北京航空航天大学出版社出版发行

北京市海淀区学院路 37 号(邮编 100191)　http://www.buaapress.com.cn
发行部电话：(010)82317024　传真：(010)82328026
读者信箱：goodtextbook@126.com　邮购电话：(010)82316524
北京建宏印刷有限公司印装　各地书店经销

*

开本：787×1 092　1/16　印张：15.5　字数：397 千字
2014 年 8 月第 1 版　2022 年 8 月第 2 次印刷　印数：3 001～3 500 册
ISBN 978-7-5124-1553-9　定价：32.00 元

若本书有倒页、脱页、缺页等印装质量问题,请与本社发行部联系调换。联系电话：(010)82317024

序　言

教育,关系着每一个人的生存与发展,是民族振兴的基石,是创新进步的源泉。为了收获未来,学习是目的,教育是手段。

在以知识竞争和创新驱动发展为主要特征的后工业社会的国际经济社会环境下,在我国全面建设小康社会和创新型国家并从人力资源大国向人力资源强国迈进之际,人民群众对精神文化需求更加迫切,对教育质量的要求更高,教育诉求更趋多元和多样。对个人的期望以"专业融合与复合交叉、团队工作与人际关系、自我管理与个人承担、创新设计与甘冒风险、头脑风暴与谈判辩论、沟通说服与人际网络、道德诱惑与操守难关、在职按需与终身学习"为主要特征。面对我国本科高等教育的大众化甚至普及化,为了每一个学生的终身发展,让学生更具创新精神和实践能力,"扩大通用化,延迟专门化"成为本科高等教育的主流意识和社会共识。培养具有学习能力、研发能力、创新思维、团队精神、交流沟通、道德素养为基本素质,并需要动脑、设计、自主、决策的"知识性工人",成为本科高等教育的目标。强化基础课程教学,优化通识教育,增强学生人文精神和科学素养,加强实践教学环节,促进教学科研结合,增加创新实践活动,成为新的人才培养模式。

基于以上背景,我们对人才培养方案进行了修订,制定了体现"科学精神、人文素养、复合型、应用型、国际化、兼顾就业、专门人才"等关键词的财务管理专业人才培养方案。在培养目标(以培养学生的学习能力并强化其综合素质为目的)、优化课程体系(注重跨学科专业课程整合)、课程建设(以重点实务并强化案例教学为主要内容)、革新授课方式(以理论与实践有机结合并最大限度地接近实际运用为要求)等方面,进行了探索与实践,并取得了丰硕的研究成果。由此,我们在2009年成功申报了上海市级特色专业——财务管理(集团公司金融服务)和上海市级教学团队——集团公司财务管理。

为固化研究成果,我们组织有关院系的教授、专家和工程技术人员编写了这套《应用型本科管理类专业系列特色教材》。主要包括:为加强人文素养教育和交流沟通能力培养的《大学人文教育导读》、《人际交往与成功》;为加强对企业管理专业学习的针对性和有效性,结合生产工艺流程进行技术经济活动分析能力培养的《应用机电基础》和《制造工程与管理》;针对专业课程学习和实际应用的《线性代数及应用》等理论与实务结合的教材。

本系列特色教材分别适用于高等院校管理类专业、经济类专业、外语类专业本科生为加强通识教育和复合应用能力培养的需要,部分教材亦可满足工科类专业学生为加强人文素养教育之需。

作为上海市级特色专业和教学团队负责人及本系列教材的总主编，首先，感谢我的团队成员及他们的部门领导和家人，是他们孜孜不倦的潜心研究、淡泊名利的无私奉献及大力支持和帮助，才有如此成果；其次，感谢每本书的作者，他们在教学科研工作繁忙的情况下，对编写大纲和体例反复讨论和修改，并吸收了国内外相关学科专业同行专家的最新研究成果，力争反映本学科专业的前沿知识，以达到满意的效果；最后，特别感谢北京航空航天大学出版社的蔡喆主任，提供了一个展示我校特色专业建设成果的机会和平台。

尽管我们做出了很大的努力，但由于水平所限，仍感到书中存在疏漏和不尽如人意之处，对教学内容如何以实务为重点并实现理论与实践的有机结合有待深入探讨，恳请广大读者提出批评意见和建议，以促进我们不断改进和提高质量。

李占国

2014 年 7 月

前　　言

　　本书是为培养经济、管理类专业学生的综合素养而编写的一本教材,旨在向经济、管理、国际贸易、市场营销等专业学生传授机械工程及电工电子方面的基本知识,开阔视野、丰富知识结构,以提高学生的综合能力,培养复合型的应用型人才,满足社会对高素质人才的需求,为将来更好地从事管理工作打下基础。

　　本书分为上、下两篇:应用机械基础知识和应用电工电子基础知识。全书涵盖了机械和电工电子的主要基础知识,坚持以应用为目的,以必须够用为度且少而精、浅而广的原则。

　　上篇分为5章。第1章为工程识图基础,主要介绍与工程图有关的基础知识,包括机械制图的国家标准、投影法、机件的表达方法、零件的技术要求以及工程图的基本知识。第2章为工程材料与热处理,主要介绍材料的力学性能、种类、牌号以及主要的用途。第3章为材料的成形工艺,主要介绍金属和非金属材料的成形方法、特点和应用,包括铸造、压力加工、焊接、塑料成形和橡胶成形。第4章为机械传动,主要介绍常用传动机构和传动装置的种类、特点和应用。第5章为机械制造基础,主要介绍零件切削加工基础、切削加工工艺,以及各种加工方法与设备的种类特点及应用。

　　下篇分为6章。第6章为电工电子基本理论,主要介绍电工电子、正弦交流电、半导体、电路基本分析方法。第7章为测量及仪表,主要介绍测量的基本概念、测量的误差及数据的处理和测量仪表的基本知识。第8章为材料及工具,主要介绍常用的电工材料和电工工具。第9章为常用元器件,主要介绍电阻、电感、电容器、二极管、三极管这些常用元器件的外形、图形符号、型号、种类、特点和应用。第10章为安全用电,主要介绍触电的基本知识、安全用电措施、触电急救的常识、电气消防常识。第11章为实验部分,设计了常用电子仪器的使用、常用电子元器件的识别与测量、线性电阻元件的伏安特性、简单线路的连接及电压测量等实验内容。

　　编写时,作者充分考虑到本课程所面向的学生的学科背景,强调基本概念和基本知识,注重知识的基础性、科普性、连贯性、逻辑性和实用性,尽量避免高深的理论知识,力求简单易学。

本书上篇由郁斌强老师编写,下篇由万军红老师编写。

本书的编写与出版得益于上海市特色专业——财务管理专业负责人李占国教授的大力支持和帮助,再次表示衷心的感谢!

在编写本书过程中,作者参阅了相关教材和文献资料,在此对其编著者表示衷心的感谢!由于本书涉及内容广泛,编者水平有限,难免存在错误和缺点,恳请读者批评指正。

编　者

2014 年 7 月

目 录

上篇 应用机械基础知识

第 1 章 工程识图基础 ··· 2

- 1.1 国家对制图标准的基本规定 ··· 2
  - 1.1.1 图纸幅面和格式 ··· 2
  - 1.1.2 标题栏与明细栏 ··· 2
  - 1.1.3 图 线 ··· 4
  - 1.1.4 绘图比例 ··· 5
  - 1.1.5 字 体 ··· 6
  - 1.1.6 尺寸标注 ··· 7
- 1.2 投影法与平面视图 ··· 8
  - 1.2.1 正投影法绘图 ··· 8
  - 1.2.2 视 图 ··· 9
  - 1.2.3 物体投影的三视图 ·· 10
- 1.3 常用机件的画法 ·· 13
  - 1.3.1 基本视图 ··· 13
  - 1.3.2 向视图 ·· 14
  - 1.3.3 局部视图 ··· 14
  - 1.3.4 斜视图 ·· 15
  - 1.3.5 剖视图和断面图 ··· 15
  - 1.3.6 局部放大图 ·· 17
  - 1.3.7 简化画法 ··· 18
- 1.4 零件的技术要求 ·· 18
  - 1.4.1 公差与互换性的概念 ··· 18
  - 1.4.2 尺寸公差与配合 ··· 19
  - 1.4.3 形状与位置公差 ··· 25
  - 1.4.4 表面粗糙度 ·· 28
- 1.5 工程图 ··· 29
  - 1.5.1 零件图 ·· 29
  - 1.5.2 装配图 ·· 30

第 2 章 工程材料与热处理 ·· 32

- 2.1 工程材料的分类 ·· 32

2.2 金属材料的力学性能 …… 33
2.2.1 静载荷下的力学性能 …… 33
2.2.2 动载荷下的力学性能 …… 37
2.3 常用铁碳合金材料 …… 38
2.3.1 工业用钢 …… 38
2.3.2 铸铁 …… 40
2.4 钢的热处理 …… 42
2.4.1 热处理工艺简介 …… 42
2.4.2 整体热处理工艺 …… 43
2.4.3 表面淬火 …… 44
2.4.4 化学热处理 …… 45
2.5 有色金属 …… 45
2.5.1 铝及铝合金 …… 46
2.5.2 铜及铜合金 …… 47
2.5.3 轴承合金 …… 49
2.6 非金属材料 …… 50
2.6.1 高分子材料 …… 50
2.6.2 陶瓷 …… 52
2.6.3 粉末冶金材料 …… 52
2.6.4 复合材料 …… 53

第3章 材料的成形工艺 …… 54
3.1 铸造 …… 54
3.1.1 砂型铸造 …… 55
3.1.2 特种铸造 …… 56
3.2 压力加工 …… 58
3.2.1 锻造 …… 59
3.2.2 板料冲压 …… 62
3.3 焊接 …… 63
3.4 非金属成形工艺 …… 68
3.4.1 塑料成形 …… 68
3.4.2 橡胶成形 …… 70

第4章 机械传动 …… 71
4.1 机械传动概述 …… 71
4.1.1 机械的分类与组成 …… 71
4.1.2 机构运动简图 …… 72
4.1.3 机械传动的特性与参数 …… 74

4.1.4　机械传动的组成与任务 ……………………………………………… 76
4.2　常用机构 ………………………………………………………………………… 77
　　4.2.1　平面连杆机构 …………………………………………………………… 77
　　4.2.2　凸轮机构 ………………………………………………………………… 82
　　4.2.3　螺旋机构 ………………………………………………………………… 84
　　4.2.4　间歇运动机构 …………………………………………………………… 87
4.3　常用机械传动装置 ……………………………………………………………… 89
　　4.3.1　摩擦轮传动 ……………………………………………………………… 89
　　4.3.2　带传动 …………………………………………………………………… 91
　　4.3.3　链传动 …………………………………………………………………… 93
　　4.3.4　齿轮传动 ………………………………………………………………… 95
　　4.3.5　蜗杆传动 ………………………………………………………………… 98

第5章　机械制造基础 …………………………………………………………… 100

5.1　切削加工基础 …………………………………………………………………… 100
　　5.1.1　切削运动和切削用量 …………………………………………………… 100
　　5.1.2　切削刀具的基本知识 …………………………………………………… 102
5.2　切削加工工艺 …………………………………………………………………… 103
　　5.2.1　车削加工 ………………………………………………………………… 103
　　5.2.2　车床常用附件 …………………………………………………………… 104
　　5.2.3　车床的加工范围 ………………………………………………………… 106
　　5.2.4　车削的工艺特点 ………………………………………………………… 106
　　5.2.5　其他车床 ………………………………………………………………… 107
5.3　铣、刨、拉、钻、镗、磨削加工 ……………………………………………… 108
　　5.3.1　铣削加工 ………………………………………………………………… 108
　　5.3.2　刨削加工 ………………………………………………………………… 111
　　5.3.3　拉削加工 ………………………………………………………………… 113
　　5.3.4　钻床加工 ………………………………………………………………… 114
　　5.3.5　镗床加工 ………………………………………………………………… 118
　　5.3.6　磨削加工 ………………………………………………………………… 119
5.4　数控加工 ………………………………………………………………………… 121
　　5.4.1　数控机床的组成 ………………………………………………………… 121
　　5.4.2　数控机床加工零件的过程 ……………………………………………… 122
　　5.4.3　数控加工的特点 ………………………………………………………… 123
　　5.4.4　数控加工的应用范围 …………………………………………………… 124

下篇 应用电工电子基础知识

第6章 电工电子基本理论 ……………………………………………………………… 126
6.1 电工电子基本知识 …………………………………………………………… 126
6.1.1 基本概念 ……………………………………………………………… 126
6.1.2 电路的基本物理量 …………………………………………………… 126
6.1.3 电路的工作状态 ……………………………………………………… 131
6.2 电路的基本定律 ……………………………………………………………… 132
6.2.1 欧姆定律 ……………………………………………………………… 132
6.2.2 基尔霍夫定律 ………………………………………………………… 133
6.3 电路基本分析方法 …………………………………………………………… 134
6.3.1 电阻串联、并联的等效变换 ………………………………………… 134
6.3.2 支路电流法 …………………………………………………………… 135
6.3.3 结点电压法 …………………………………………………………… 136
6.3.4 叠加定理 ……………………………………………………………… 136
6.4 正弦交流电的基本知识 ……………………………………………………… 137
6.4.1 交流电的概念 ………………………………………………………… 137
6.4.2 正弦交流电的三要素 ………………………………………………… 137
6.4.3 三相正弦交流电源 …………………………………………………… 139
6.5 半导体基础知识 ……………………………………………………………… 141
6.5.1 P型与N型半导体 …………………………………………………… 141
6.5.2 PN结及其特性 ……………………………………………………… 141
6.6 数字电子基础 ………………………………………………………………… 142
6.6.1 数制及运算 …………………………………………………………… 142
6.6.2 逻辑代数基础 ………………………………………………………… 146

第7章 测量及仪表 ……………………………………………………………………… 151
7.1 测量的基本概念 ……………………………………………………………… 151
7.1.1 电工测量的内容和特点 ……………………………………………… 151
7.1.2 电工测量的一般方法 ………………………………………………… 152
7.2 测量的误差及数据的处理 …………………………………………………… 154
7.2.1 有关误差的几个概念 ………………………………………………… 154
7.2.2 误差的表示方法 ……………………………………………………… 155
7.2.3 测量误差的来源 ……………………………………………………… 157
7.2.4 误差的分类 …………………………………………………………… 158
7.2.5 测量数据的处理 ……………………………………………………… 159
7.3 测量仪表的基本知识 ………………………………………………………… 161
7.3.1 测量仪表的分类 ……………………………………………………… 161

7.3.2	指示仪表的型号及表面标记	162
7.3.3	常用仪表简介	163

第8章 材料及工具 ... 169

8.1 电工材料 ... 169
- 8.1.1 常用绝缘材料 ... 169
- 8.1.2 常用导电材料 ... 172
- 8.1.3 特殊导电材料 ... 175
- 8.1.4 磁性材料 ... 176

8.2 电工工具 ... 178
- 8.2.1 验电笔 ... 178
- 8.2.2 钢丝钳 ... 179
- 8.2.3 尖嘴钳 ... 180
- 8.2.4 斜口钳 ... 180
- 8.2.5 螺钉旋具 ... 180
- 8.2.6 剥线钳 ... 181

第9章 常用元器件 ... 182

9.1 电阻 ... 182
- 9.1.1 电阻器的分类 ... 182
- 9.1.2 常用电阻器 ... 183
- 9.1.3 电阻器的型号 ... 185
- 9.1.4 电阻器的主要参数 ... 186
- 9.1.5 电阻值的表示 ... 187
- 9.1.6 电阻器的特点 ... 189

9.2 电感 ... 189
- 9.2.1 电感器的结构特点及分类 ... 189
- 9.2.2 常用电感器 ... 191
- 9.2.3 电感器的主要参数 ... 191
- 9.2.4 电感器的型号 ... 192
- 9.2.5 电感量的表示方法 ... 192
- 9.2.6 电感器的特性 ... 194

9.3 电容器 ... 194
- 9.3.1 电容器的分类 ... 194
- 9.3.2 常用电容器 ... 196
- 9.3.3 电容器的型号 ... 198
- 9.3.4 电容器的主要参数 ... 199
- 9.3.5 电容量的标识 ... 201
- 9.3.6 电容器的特性 ... 201

9.4 二极管 ··· 201
   9.4.1 二极管的工作原理 ··· 202
   9.4.2 二极管的分类 ··· 202
   9.4.3 二极管的主要参数 ··· 204
   9.4.4 二极管的型号 ··· 205
   9.4.5 二极管的伏安特性 ··· 209
9.5 三极管 ··· 209
   9.5.1 三极管的结构和工作原理 ······································ 209
   9.5.2 三极管的分类 ··· 211
   9.5.3 三极管的主要参数 ··· 211
   9.5.4 三极管的型号 ··· 213
   9.5.5 三极管的工作状态 ··· 213

第 10 章 安全用电 ·· 215

10.1 触电的基本知识 ·· 215
   10.1.1 触电的概念 ·· 215
   10.1.2 电流对人体的伤害 ·· 215
   10.1.3 触电方式 ··· 217
10.2 安全用电措施 ··· 219
   10.2.1 加强安全教育 ·· 219
   10.2.2 重视安全操作 ·· 219
   10.2.3 健全管理制度 ·· 220
   10.2.4 完善技术措施 ·· 220
10.3 触电急救的常识 ·· 222
   10.3.1 迅速脱离电源 ·· 222
   10.3.2 现场急救 ··· 223
10.4 电气消防常识 ··· 224
   10.4.1 电气火灾和爆炸的原因 ······································ 224
   10.4.2 电气防火和防爆的措施 ······································ 225
   10.4.3 电气灭火常识 ·· 226

第 11 章 实验部分 ·· 227

实验一 常用电子仪器的使用（一） ·································· 227
实验二 常用电子仪器的使用（二） ·································· 229
实验三 常用电子元器件的识别与测量 ······························· 230
实验四 线性电阻元件的伏安特性 ····································· 232
实验五 简单线路的连接及电压测量 ·································· 233

参考文献 ··· 235

上篇

应用机械基础知识

第1章 工程识图基础

在现代工业生产和科学技术中,无论是制造各种机械设备、电气设备、仪器仪表、加工通信电子元器件,还是建筑房屋、进行水利工程施工等,都离不开工程图。因此,工程图是表达设计意图、进行技术交流和指导生产的重要工具,是生产中重要的技术文件。工程图是随着近代工业的发展、历经上百年的应用形成的一套完善的、标准化的工程语言和工具。

1.1 国家对制图标准的基本规定

工程图是机器零件及设备设计、生产、检测的最基本、最重要的依据,是交流技术思想的语言,所以工程图必须有统一的规范标准。国家标准对相关的项目都作出了明确的规定。本节介绍国家标准对图纸幅面和格式、比例、字体、图线尺寸标注法等有关规定。

1.1.1 图纸幅面和格式

1. 图纸幅面(GB/T 14689—2008)

绘制工程图时,应优先采用表1-1所规定的基本幅面,必要时也允许使用加长幅面,其尺寸是由基本幅面的短边成整数倍增加后得出的。

表1-1 幅面及边框尺寸(摘自GB/T14689—2008)

幅面代号	A0	A1	A2	A3	A4
尺寸($B×L$)	841×1 189	594×841	420×594	297×420	210×297
e	20			10	
c	10			5	
a	25				

2. 图框格式(GB/T 14689—2008)

图框格式分为留装订边和不留装订边两种(见图1-1)。但同一产品图样只能采用一种格式。无论选用哪种格式的图纸,其图框线均应采用粗实线绘制。装订时可采用A4幅面竖装或A3幅面横装。

1.1.2 标题栏与明细栏

每张图样上都必须画出标题栏。标题栏表达了零部件及管理等多方面的信息,是工程图纸上不可或缺的一项内容。标题栏的格式和尺寸应按GB/T 10609.1—2008规定,一般位于图纸的右下角(见图1-2),并使标题栏的底边与下图框线重合,使其右边与右图框线重合。标题栏中的文字方向通常为看图方向,字体应符合GB/T 14691—1993规定(责任签名除外)。各设计单位的标题栏格式可有不同变化。

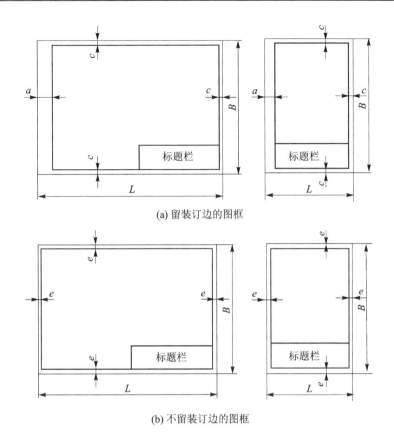

图 1-1 图纸图框的格式

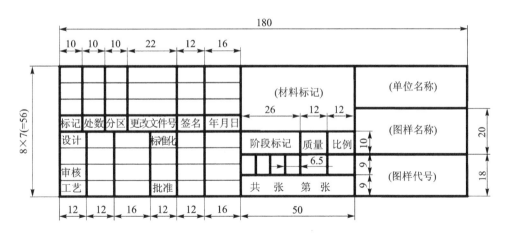

图 1-2 零件图标题栏

对于装配图,除了标题栏外,还必须有明细栏。明细栏描述了组成装配体的各种零部件的数量、材料等信息。明细栏配置在标题栏的上方,按照由下至上的顺序书写。装配图明细栏的参考尺寸及格式如图 1-3 所示。

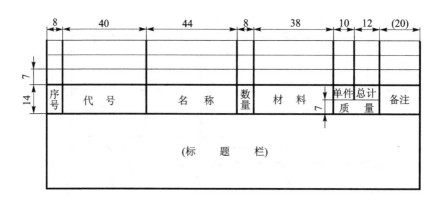

图 1-3 装配图的明细栏

1.1.3 图 线

根据 GB/T 17450—1998 和 GB/T 4457.4—2002,在绘制图样时,应根据表达的需要,采用相应的线型(见表 1-2)。

表 1-2 图线的基本线型和应用

名 称	线 型 图 例	宽 度	主 要 用 途
粗实线		粗	可见轮廓线、螺纹牙顶线、螺纹长度终止线、齿顶圆、剖切符号线等
细实线		细	尺寸线、尺寸界线、剖面线、重合断面的轮廓线、可见过渡线、投影连线、表示平面的对角线、短中心线等
波浪线			断裂处的边界线、局部剖切时的分界线
双折线			断裂处的边界线
细虚线			不可见轮廓线、不可见过渡线
细点划线			轴线、对称中心线、分度圆(线)、孔系分布的中心线
粗点划线		粗	限定范围表示线
细双点划线		细	相邻辅助零件的轮廓线、可动零件极限位置的轮廓线、轨迹线、中断线

机械工程图样中采用两种图线宽度,分别为粗线与细线。粗线的宽度为 d,细线的宽度约为 $d/2$。所有线型的图线宽度应按照图样的复杂程度和尺寸大小在 0.13 mm、0.18 mm、0.25 mm、0.35 mm、0.5 mm、0.7 mm、1 mm、1.4 mm、2 mm 中选择。

绘制工程图时应遵循以下几点:

① 在同一图样中,同类图线的宽度应一致。

② 虚线、点划线、双点划线的线段长度和间隔应各自大致相等。图 1-4 为线型应用的示例。

③ 绘制圆的对称中心线时,圆心应为线段与线段的交点,点划线应超出圆的轮廓线外 2~5 mm,且轮廓线外不能出现点划线中的点,见图 1-5(a)。当所绘制的圆的直径较小,且画点划线有困难时,中心线可用细实线代替,见图 1-5(b)。

④ 虚线、细点划线与其他图线相交时,都应交到线段处。当虚线处于粗实线的延长线上时,虚线与粗实线间应留有间隙。

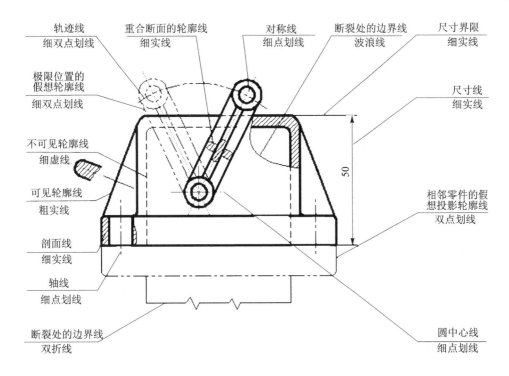

图 1-4 线型应用示例

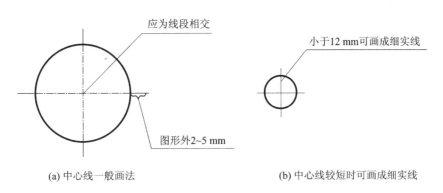

(a) 中心线一般画法　　　　　　(b) 中心线较短时可画成细实线

图 1-5 中心线画法

1.1.4 绘图比例

图样中图形与其实物相应要素的线性尺寸之比称为比例。

比例有三种类型：原值比例、放大比例和缩小比例。比值为1的比例，即1∶1，称为原值比例；比值大于1的比例，如2∶1等，称为放大比例；比值小于1的比例，如1∶2等，称为缩小比例。绘制图形时不管选用哪种比例，图中的尺寸均应按照实物的大小进行标注。图1-6为用不同比例绘制的图形。

国家标准 GB/T 14690—1993 规定了上述各种比例的比例系列。表1-3中是国标规定的比例系列。绘制图样时，一般可从中选择采用。在国家标准 GB/T 14690—1993 中，对比例还作了以下规定：

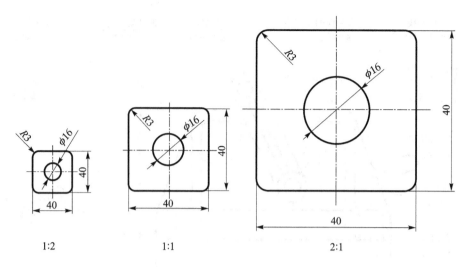

图1-6 不同比例绘制的图形

① 通常在表达清晰、布局合理的条件下,应尽可能选用原值比例,以便直观地了解机件的形貌。

② 绘制同一机件的各个视图时,应尽量采用相同的比例,并将其标注在标题栏的比例栏内。

③ 当图样中的个别视图采用了与标题栏中不同的比例时,可在该视图名称的下方或右侧标注比例。

表1-3 绘图的比例

种类		比 例				
原值比例		1:1				
放大比例	优先使用	5:1	2:1	$5\times10^n:1$	$2\times10^n:1$	$1\times10^n:1$
	允许使用	4:1	2.5:1	$4\times10^n:1$	$2.5\times10^n:1$	
缩小比例	优先使用	1:2	1:5	$1:10^n$	$1:2\times10^n$	$1:1\times10^n$
	允许使用	1:1.5	1:2.5	1:3	1:4	1:6
		$1:1.5\times10^n$	$1:2.5\times10^n$	$1:3\times10^n$	$1:4\times10^n$	$1:6\times10^n$

1.1.5 字 体

字体是技术图样中的一个重要组成部分。国家标准GB/T 14691—1993规定了图样上汉字、字母、数字的书写规范。

书写字体的基本要求与原则:字体工整、笔画清楚、间隔均匀、排列整齐。按照以上原则的要求,标准从以下几个方面作了一些具体规定。

1. 字 高

字体的高度代表了字体的号数。字体高度 h 的公称尺寸(单位为mm)系列有8种:1.8,2.5,3.5,5,7,10,14,20。当还需要书写更大的字时,其字体高度按照 $\sqrt{2}$ 比率递增。

2. 汉　字

汉字应写成长仿宋体，并采用国家正式公布的简化字，高度不应小于 3.5 mm，其字宽一般为字高的 $1/\sqrt{2}$。

3. 字母与数字

字母与数字可写成直体与斜体两种形式，常用斜体。斜体字字头向右倾斜，与水平基准线成 75°。数字与字母分 A 型和 B 型，A 型字体的笔画宽度为字高的 1/14，B 型字体的笔画宽度为字高的 1/10。A 型字体用于机器书写，B 型字体用于手工书写。用于指数、分数、极限偏差、注脚等的数字及字母，一般采用"小一"号的字体。

1.1.6　尺寸标注

图样中的图形主要用来表达机件的形状，而机件的真实大小则需通过尺寸来确定。尺寸的标注必须严格遵守国家标准 GB/T 4458.4—2003 和 GB/T 16675.2—1996 中的规则。

1. 标注尺寸的基本规则

① 机件的真实大小应以图样上标注的尺寸数字为依据，与图形的大小及绘图的准确度无关。

② 图样中的尺寸以 mm 为单位时，不需标注单位。如采用了其他单位，则必须注明相应单位的代号或名称，如 45°，20 cm。

③ 图样中的尺寸应为该机件最后完工的尺寸，否则应另外加说明。

④ 机件的每一个尺寸，一般应只标注一次，且应标注在反映该结构最清晰的图形上。

⑤ 标注尺寸时，应尽可能使用符号和缩写词。常用的符号和缩写词见表 1-4。

表 1-4　尺寸标注中常用符号和缩写词

名　称	符号或缩写词	名　称	符号或缩写词
直径	φ	45°倒角	C
半径	R	深度	↓
球直径	Sφ	沉孔	⊔
球半径	SR	埋头孔	∨
厚度	t	均布	EQS

⑥ 若图样中的尺寸全部相同或某个尺寸和公差占多数时，可在图样空白处作总的说明，如"全部倒角 C1"、"其余圆角 R4"等。

⑦ 同一要素的尺寸应尽可能集中标注。

⑧ 尽可能避免在不可见的轮廓线（虚线）上标注尺寸。

2. 尺寸的组成与标注

① 尺寸一般由尺寸界线、尺寸线和尺寸数字组成，见图 1-7。

② 尺寸界线用细实线绘制，并应由图形

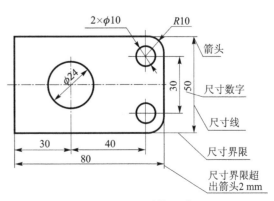

图 1-7　尺寸的组成

的轮廓线、轴线或对称中心线引出,也可利用轮廓线、轴线或对称中心线作尺寸界线,并超出尺寸线的终端 2 mm 左右。

③ 尺寸线也用细实线绘制。一端或两端带有终端符号(一般是箭头)。尺寸线不能用其他图线代替,也不得与其他图线重合或画在其延长线上。标注线性尺寸时,尺寸线必须与所标注的线段平行。

④ 尺寸数字一般注写在尺寸线的上方,也允许注写在尺寸线的中断处。尺寸数字高度一般为 3.5 mm,其字头方向一般应按照图 1-8(a)所示的方向注写;应避免在图中 30°范围内注写尺寸。当无法避免时,可按图 1-8(b)的形式引出标注。

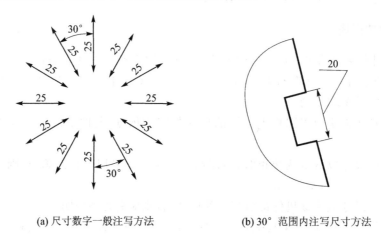

(a) 尺寸数字一般注写方法　　　(b) 30°范围内注写尺寸方法

图 1-8　线性尺寸数字标注

1.2　投影法与平面视图

1.2.1　正投影法绘图

灯光下的物体,在地面或墙上会出现它的影子,这就是物体在地面或墙上的投影。其中,光线称为投影线,影子所在的平面称为投影面(见图 1-9(a))。这种投影方法中,影子随物体与光源或物体与投影面之间的距离改变而产生大小变化,所以不能反映物体的真实形状。设想将光源移到无限远处(如太阳),投影线变成相互平行了,若投影线与投影面垂直,则称正投影(见图 1-9(b));若投影线与投影面倾斜,则称斜投影(见图 1-9(c))。由图 1-9(b)可见,正投影在投影面上反映了物体的真实形状和大小,而与物体到投影面的距离无关,因此,工程图样主要采用正投影方法绘图。

以相互垂直的三个平面作为投影面,便组成了三投影面体系,如图 1-10 所示。正立放置的投影面称为正立投影面,简称正面,用 V 表示;水平放置的投影面称为水平投影面,简称水平面,用 H 表示;侧立放置的投影面称为侧立投影面,简称侧面,用 W 表示。为了使三个投影图样在同一平面上展开,规定 V 面不动,将 H 面绕 OX 轴向下旋转 90°,将 W 面绕 OZ 轴向右旋转 90°,使 H、V、W 三个投影面共面,就得到三个视图。

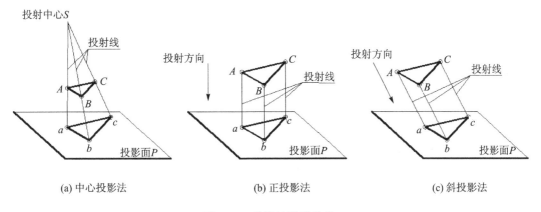

图 1-9 投影法及其分类

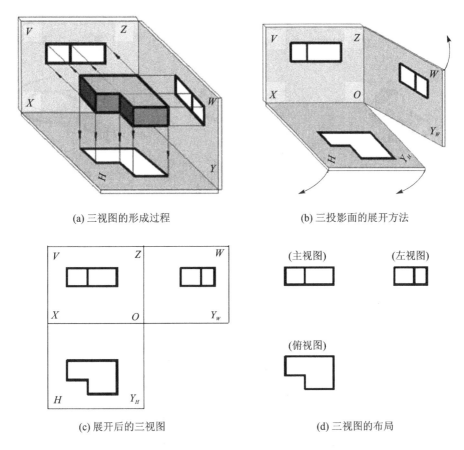

图 1-10 三视图的形成

1.2.2 视 图

视图就是将物体向投影面投射所得到的图形。
- 主视图——物体的正面投影；
- 俯视图——物体的水平投影；

● 左视图——物体的侧面投影。

主、俯视图长相等且对正,主、左视图高相等且平齐,俯、左视图宽相等且对应(见图1-11)。

主视图反映:上、下、左、右。
俯视图反映:前、后、左、右。
左视图反映:上、下、前、后。

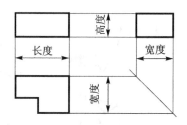

图1-11 视图的对应关系

1.2.3 物体投影的三视图

机械零件的结构形状多种多样,但都是由一些基本立体变化、组合而成的。常见的基本立体有棱柱、棱锥、圆柱、圆锥、圆球、圆环等(见图1-12)。如果把某些基本立体进行组合就成为简单的机械零件(见图1-13)。图1-13(a)由棱柱和圆柱组成,图1-13(b)由球、锥台和圆柱组成,图1-13(c)由圆环和圆柱组成,因此,熟练掌握基本立体的三视图是很重要的。

图1-12 基本立体

   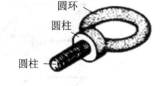

(a) 由棱柱和圆柱组成　　(b) 由球、锥台和圆柱组成　　(c) 由圆环和圆柱组成

图1-13 简单机器零件

1. 棱　柱

以图1-14所示六棱柱(机械零件中6角形螺母的外形)为例分析,由6个棱面和上、下底面组成,各棱线相互平行。上、下底面是水平面,因此,在俯视图上反映的实形为正六边形,在主视图和左视图上则积聚成两条平行的直线。同理可画出各棱的投影。

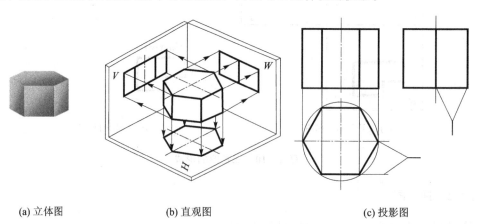

(a) 立体图　　　　(b) 直观图　　　　(c) 投影图

图1-14 六棱柱三视图

2. 棱 锥

以图 1-15 所示的正三棱锥为例分析,三棱锥底面是水平面,在俯视图反映实形;在主视图和左视图积聚成一条直线。顶点的三个投影为 s,s',s'',由此可画出三个棱面的三视图。

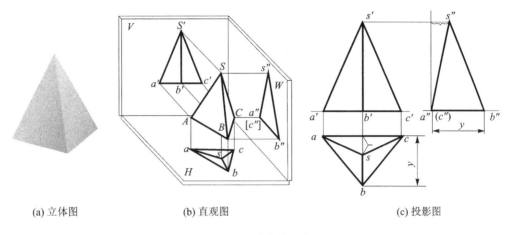

(a) 立体图　　　　(b) 直观图　　　　(c) 投影图

图 1-15　三棱锥的三视图

3. 圆 柱

图 1-16 所示圆柱体的顶面和底面是水平面,在俯视图反映实形;在主视图和左视图积聚成一条直线。圆柱面在俯视图上积聚成圆,在主视图和左视图各为轮廓素线的投影。

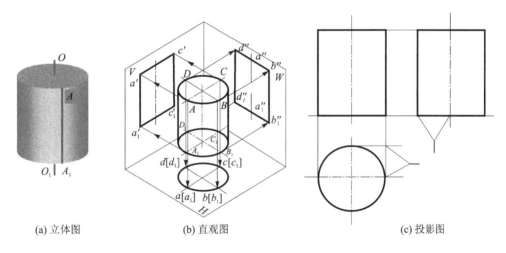

(a) 立体图　　　　(b) 直观图　　　　(c) 投影图

图 1-16　圆柱的三视图

4. 圆 锥

图 1-17 所示圆锥体的底面是水平面,在俯视图反映实形;在主视图和左视图积聚成一条直线。圆锥面的顶点 S 的三个投影点为 s,s',s''。圆锥面在主视图、左视图和俯视图各为轮廓素线的投影。

5. 球

见图 1-18,球的三个视图都是圆,且直径相等。

6. 圆 环

如图 1-19 所示,圆环是以圆为母线,以与圆共面但不通过圆心的轴线旋转而成的。靠近

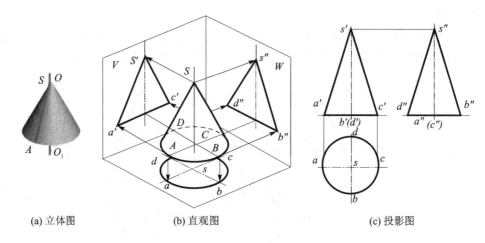

图 1-17 圆锥的三视图

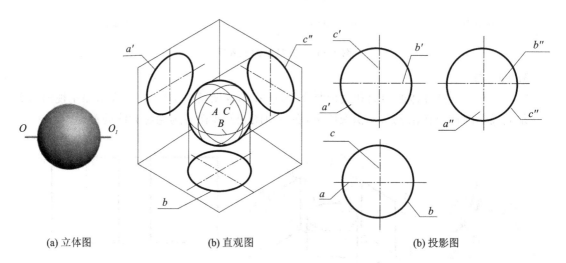

图 1-18 球的三视图

轴的半个环面叫内环面。远离轴的半个环面叫外环面。圆环的三视图如图 1-19 所示。

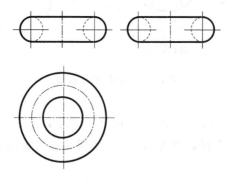

图 1-19 圆环的视图

1.3 常用机件的画法

根据机械制图国家标准规定,机件的表达方法有基本视图、向视图、局部视图、斜视图、剖视图、断面图、局部放大图、简化画法以及其他规定画法。

1.3.1 基本视图

如前所述,一般机械零件常用三视图来表达。对于比较复杂的零件,如果用三视图表达还不够,则可用 6 个基本视图表达,如图 1-20(a)所示。各个视图的名称和布置见图 1-20(b),各视图间应保持长对正、宽相等、高平齐的投影规律。

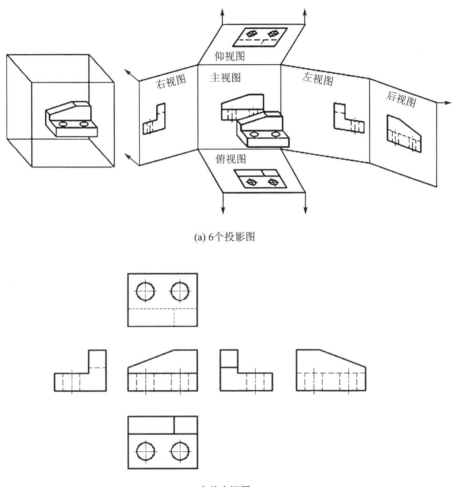

(a) 6个投影图

(b) 6个基本视图

图 1-20 基本视图

1.3.2 向视图

向视图是可自由配置的视图。当基本视图不能按投影关系配置或不能画在同一张图纸上时,可将其配置在适当位置,并称这种视图为向视图,如图1-21所示。

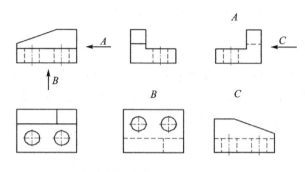

图1-21 向视图

1.3.3 局部视图

将机件的某一部分向基本投影面投射所得的视图称为局部视图。

当机件的主体结构已由基本视图表达清楚,还有部分结构未表达完整时,可用局部视图来表达。

如图1-22所示的零件图,用主视图和俯视图表达后,在表达左侧结构和右边凸起的形状时,若再画出左视图和右视图,显得繁琐,这时用局部视图 A 和 B 即可。

一般在局部视图上方标出视图的名称"×"("×"为大写拉丁字母),在相应的视图附近用箭头指明投影方向,并注上同样的字母,当局部视图按投影关系配置,中间又没有其他图形隔开时,可省略标注。

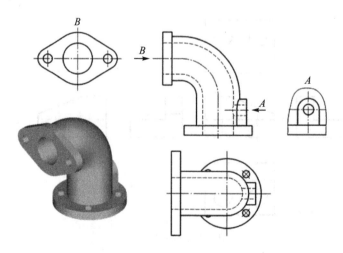

图1-22 局部视图

1.3.4 斜视图

当基本视图不能反映零件倾斜部分的实际形状时,可选用平行于零件倾斜部分的辅助投影面,将倾斜结构向辅助投影面投影,所得的视图称为斜视图,如图1-23所示。斜视图只适用于表达机件倾斜部分的局部形状,其余部分不必画出,其断裂边界处用波浪线表示。

斜视图通常按向视图形式配置。必须在视图上方标出名称"×",用箭头指明投影方向,并在箭头旁水平注写相同字母。斜视图一般按投影关系配置,便于看图。必要时也可配置在其他适当位置。在不致引起误解时,允许将倾斜图形旋转便于画图,旋转后的斜视图上应加注旋转符号,如图1-23(c)所示。

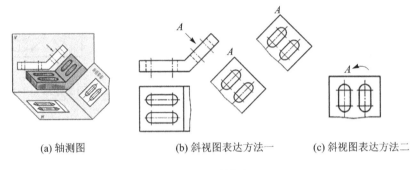

(a) 轴测图　　　　　(b) 斜视图表达方法一　　　(c) 斜视图表达方法二

图1-23　斜视图

1.3.5 剖视图和断面图

为了清楚地表达零件内部或被遮盖部分的结构形状,避免图面出现过多虚线影响清晰度,可采用剖视图或断面图。

1. 剖视图

当机件的内部结构比较复杂时,若用视图表示,则图中细虚线较多,且图形既不清晰也不便于标注尺寸。因此,常采用剖视的方法表达机件的内部结构形状。

如图1-24所示的机件,假想用剖切面将其沿前后对称面剖开,将观测者与剖切面之间的半边零件移去,其余部分向投影面投影(见图1-25),得到的图形称为剖视图。被剖切的面上应画剖面线。同一零件各剖视图中的剖面线方向、间隔应一致。

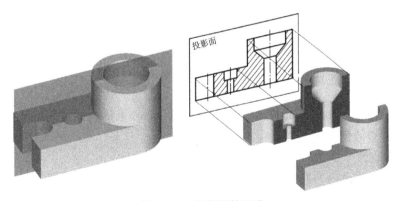

图1-24　剖视图的形成

图 1-25 的剖切面剖开整个零件,所得的剖视图称为全剖视图。

对于结构对称的零件,且内外形又都需要表达时,可采用半剖视图(见图 1-26),以中心线为界,一半画成剖视图,另一半画成外形图。

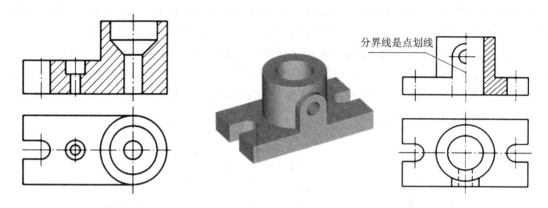

图 1-25　剖视图　　　　　　　　　　图 1-26　半剖视图的画法

用剖切平面将零件的局部剖开后得到的剖视图称为局部剖视图,如图 1-27 所示。局部剖视图是一种比较灵活的表达方法,其剖切位置和范围可根据需要选定。

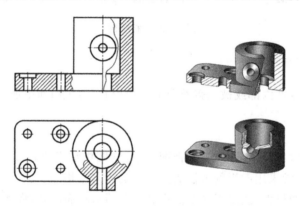

图 1-27　局部剖视图

2. 断面图

假想用剖切平面将零件某处剖开,仅画出其剖面形状称为断面图,如图 1-28(a)所示。断面图一般用于表达零件某处的断面形状,如零件上的槽、孔、筋板等。断面图上也要画出剖面线。

断面图可分为移出断面图(图 1-29(a))和重合断面图(图 1-29(b))两种。

1) 移出断面图

画在视图轮廓线之外的断面图,称为移出断面图。移出断面的轮廓线用粗实线绘制,应尽量配置在剖切符号的延长线上。

2) 重合断面图

画在视图轮廓线之内的断面图,称为重合断面图。重合断面图的轮廓线用细实线绘制。

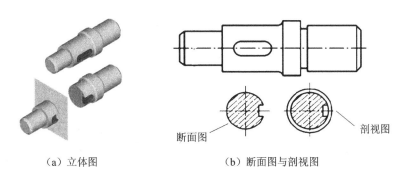

(a) 立体图　　　(b) 断面图与剖视图

图 1-28　断面与剖视的区别

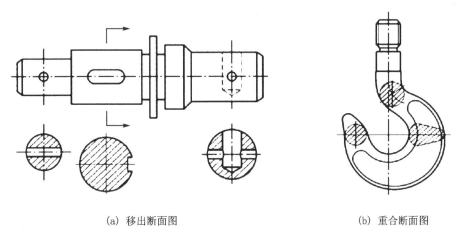

(a) 移出断面图　　　(b) 重合断面图

图 1-29　断面图

1.3.6　局部放大图

为了清楚地表达零件上某些细小结构,可采用大于原图的比例画出,称为局部放大图,如图 1-30 所示。

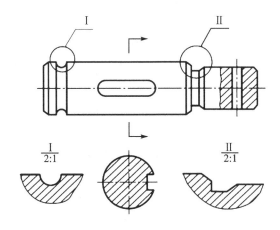

图 1-30　局部放大图

1.3.7 简化画法

零件上相同的齿、槽、孔等,当按一定的规律分布时,只需画出几个完整的形状,其余用细实线连接并标明其总数,如图1-31所示。

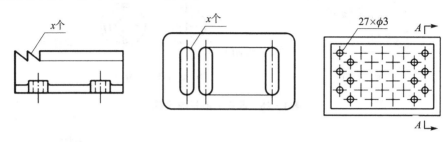

图1-31 简化画法

1.4 零件的技术要求

1.4.1 公差与互换性的概念

1. 加工误差和公差

由于受加工设备能力、操作者熟练程度、检测手段与精度等众多因素的影响,无论采用什么样的加工方法,都不可能使生产出来的零件的几何参数(形状、尺寸、位置)与设计的几何参数完全相同,总有一些差异。同理,按同一张图纸生产出来的同一批零件之间,几何参数也一定会存在一定程度的差异。

零件加工后实际得到的几何参数与理想几何参数之间的差异,就称为加工误差。

零件的加工误差按其几何特征不同分为尺寸误差、几何形状误差和位置误差三类。

1)尺寸误差

尺寸误差是工件加工后的实际尺寸与理想尺寸(基本尺寸)之差。

2)几何形状误差

几何形状误差包括宏观几何形状误差和微观几何形状误差。

宏观几何形状误差是指加工出来的零件形状与设计理想的形状之间的误差。比如,希望加工出来的某个截面形状是正圆,而实际零件的截面的半径并不是处处相等;希望生产的是直杆,但实际零件却有一点弯曲等。这些现象通常是由机床、夹具、刀具、工件所组成的整个加工工艺系统的误差造成的。衡量宏观几何形状误差的有圆度、圆柱度、直线度和平面度等。

微观几何形状误差也称为表面粗糙度,是指在加工后,刀具在工件表面上留下的大量的、微小的凹凸不平。衡量微观几何形状误差的是表面粗糙度。

3)位置误差

位置误差指工件加工后,各表面之间或中心线之间的实际相互位置与理想相互位置的差值。衡量位置误差的有平行度、垂直度和同轴度等。

零件的各种误差会影响零件的使用和装配,但零件的各种误差又绝不可能避免或完全消除。降低加工制造误差(提高加工精度)将使加工难度和成本明显增加,所以在实际生产中,人们是根据零件在使用中的实际需求,将零件的各种误差控制在一定的范围内。即在设计零件时,给出零件的几何参数是一个范围,只要零件的实际几何参数在这个范围内,就是合格的产品。比如:在设计某个圆柱形零件的直径时,规定的尺寸是 $\phi 50^{+0.02}_{0}$ mm,意思是零件的尺寸为 50～50.02 mm 即为合格产品。在加工零件时,必须保证各种误差值控制在公差范围内,否则为不合格产品。

2. 互换性与标准化

1) 互换性

互换性,顾名思义,指可以互相替换使用。如果一批零件的加工误差都控制在规定的范围内,就可实现互换。

如果机器或部件由若干零件组成,其中的每一个零件都加工出一批,那么互换性是指在装配时,只要从每一种零件(合格产品)中任取一件,就能完成正常装配,且装配后能满足机器或部件的使用要求。比如,拿来任意一对 M12 的螺母和普通螺栓,就可以相互旋合;拿任何一个 U 盘,就能接到任一计算机的 USB 接口中。互换性用在批量生产中。

2) 互换性的分类

互换性按其程度分为完全互换性(绝对互换)和不完全互换性(相对互换)。

完全互换性是指不限定互换范围,合格的零部件装配或更换时不需要挑选便可相互替换。不完全互换性是指允许零件在一定范围内互换。当机器设备的精度要求很高时,其零件的加工精度就会要求很高,这样就会使加工困难,制造成本提高,甚至难以实现。这时,可采取的措施之一就是适当降低零件的精度,加工后将零件按实测尺寸分成若干组,使每组内的尺寸差别比较小,装配时,在组内实现互换,较大的孔选择安装较大的轴,较小的孔选择安装较小的轴。

3) 互换性的意义

在设计方面,有利于最大限度采用标准件和通用件,大大简化绘图和计算工作,缩短设计周期;在制造方面,有利于组织专业化生产,采用先进工艺和高效率的专用设备,提高生产效率;在使用、维修方面,可以减少机器的维修时间和费用。

4) 标准化

现代化工业生产的特点是规模大,协作单位多,互换性要求高。为了正确协调各生产部门和准确衔接各生产环节,必须有一种协调手段,使分散的、局部的生产部门和生产环节保持必要的技术统一,成为一个有机的整体,以实现互换性生产。

标准与标准化就是联系这种关系的主要途径和手段,是实现互换性的基础。标准是对需要协调统一的重复性事物做出统一的规定,标准化是对重复性事物制订、发布和实施标准,以达到统一,获得最佳的秩序和效益。

我国的技术标准分三级:国家标准(GB)、部门标准(专业标准,如 JB)和企业标准。

1.4.2 尺寸公差与配合

1. 基本术语

以图 1-32 中孔的尺寸标注为例,孔的标注是 $\phi 50^{+0.007}_{-0.018}$。其中,$\phi 50$ 称为基本尺寸;上标 +0.007 称为上偏差,表示零件加工时从基本尺寸向上的偏差量必须限制在 0.007 mm 以内,即允许零件的最大尺寸(最大极限尺寸)是 50.007 mm;下标 -0.018 称为下偏差,表示零件加工时从基本尺寸向下的偏差量必须限制在0.018 mm以内,即零件的最小尺寸(最小极限尺寸)是49.982 mm;允许零件加工误差的范围(公差)是0.025 mm(上偏差减下偏差)。

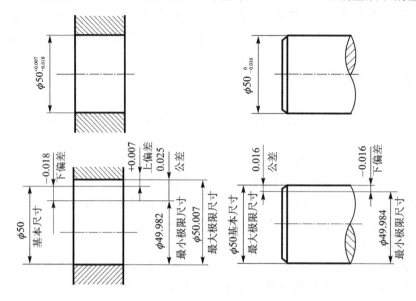

图1-32 轴孔配合基本术语

同理,图1-32中轴的基本尺寸是$\phi 50_{-0.016}^{0}$,上偏差是0,下偏差是−0.016,最大极限尺寸是50,最小极限尺寸是49.984,公差是0.016。

两个相互配合的孔与轴的基本尺寸一定是相同的,或者说,当装配在一起的轴和孔的直径相同时,称两者的关系是配合关系,画图时只画一条线。当两个基本尺寸不同的孔与轴装配在一起时,表明轴和孔之间不存在配合关系,轴与孔之间有间隙,画图时要画出两者的间隙来。

零件的公差值越小,说明允许零件的加工误差值越小,即加工精度越高,制造越困难。

2. 公差带图

1) 公差值的大小决定了零件的加工精度

假设存在A轴和B轴,A轴的设计尺寸是$\phi 50_{-0.002}^{0}$,B轴的设计尺寸是$\phi 50_{-0.012}^{0}$,则A轴的公差为0.002,B轴的公差是0.012。在加工时允许A轴的最大极限尺寸是50 mm,最小极限尺寸是48.998 mm,允许加工误差范围是0.002 mm;而B轴的尺寸只要在49.988~50 mm都合格,允许加工误差的范围(公差)是0.012 mm。很明显,A轴允许加工误差的范围比B轴要小得多,故A轴的加工精度比B轴要高,加工困难。

再比如,C轴的设计尺寸是$\phi 50_{-0.012}^{0}$,D轴的设计尺寸是$\phi 50_{-0.006}^{+0.006}$。虽然看起来两轴标注的上、下偏差不同,极限尺寸不同,但其允许零件加工的误差范围(公差)都是0.012 mm,所以加工精度、加工难度都是相同的。

2) 公差的位置影响装配性能

比较上述的C、D两轴,可见其装配性能是不同的,若将这两根轴与同一个孔进行装配,由于C轴比D轴要小,所以C轴装配更容易些。

为便于分析和理解,常将轴、孔的公差用图示的方法画出来(见图1-33),称为公差带图。

公差带图中通常不画孔、轴的具体结构和基本尺寸,而是用0线表示相互配合的孔与轴的基本尺寸。"+"表示比基本尺寸大,"−"表示比基本尺寸小;矩形表示轴与孔的公差范围。

从图 1-33 中可以看出，轴的设计尺寸是 $\phi 50_{-0.016}^{0}$，孔的设计尺寸是 $\phi 50_{-0.018}^{+0.007}$。按照这样的设计要求加工出来的所有合格的轴的尺寸都为 $\phi 49.984 \sim \phi 50$，而孔的尺寸都为 $\phi 49.982 \sim \phi 50.007$。

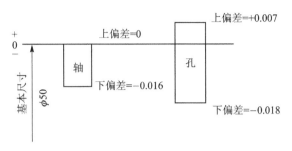

图 1-33 公差带图

按照图 1-33 所示的公差要求加工出的一批孔和轴，在进行装配时，如果刚好拿到的是这批孔中较大的(尺寸为 $\phi 50 \sim \phi 50.007$，零线以上)，那么这个孔将比所有轴的尺寸大，与轴的装配就会比较容易；如果拿到的孔是较小的孔，又刚好拿到了较大的轴，那么孔的尺寸小于轴的尺寸，装配就会比较困难。

3. 配　合

基本尺寸相同，装配在一起的轴和孔公差带之间的关系称为配合。如果孔的公差带在轴的公差带之上，即所有孔的尺寸均大于轴的尺寸，则称该孔、轴的配合关系为间隙配合，如图 1-34(a)所示。如果孔的公差带在轴的公差带之下，即所有孔的尺寸均小于轴的尺寸，则称该孔、轴的配合关系为过盈配合，如图 1-34(b)所示。除上述两种情况外，孔轴的公差带将有部分的重合，此时从加工好的孔、轴中任意抽出一对，有可能孔比轴尺寸大，也有可能孔比轴尺寸小，这种孔轴配合关系称为过渡配合，如图 1-34(c)所示。

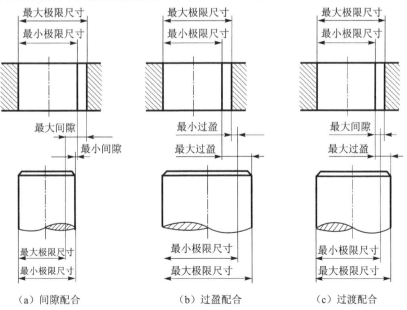

(a) 间隙配合　　　　　(b) 过盈配合　　　　　(c) 过渡配合

图 1-34 配合类别

4. 标准公差系列

引入公差的概念后,一个零件的尺寸就由两部分组成:一个是基本尺寸,一个是公差。公差的大小决定零件的加工精度,要根据零件的使用要求确定。但具体的数值又不是任意的,因为国家标准中已经对此作出了相关的规定,见表1-5。设计时,要从国家标准规定的标准公差表中选择具体数值。

国家标准 GB/T 1800 中将公差(加工精度)划分为 20 个等级,分别为 IT01、IT0、IT1、IT2、IT3、…、IT17、IT18。IT 是标准公差的代号,后面的数值是公差的等级;公差等级中的数值越小,对应的公差也就越小,加工精度要求就越高。表1-5所列是部分 20 级公差值。

表1-5 部分标准公差值(摘自 GB/T 1800.3—1998)

基本尺寸 /mm		标准公差																		
		IT01	IT0	IT1	IT2	IT3	IT4	IT5	IT6	IT7	IT8	IT9	IT10	IT11	IT12	IT13	IT14	IT15	IT16	IT17	IT18
大于	至	/μm													/mm						
—	3	0.3	0.5	0.8	1.2	2	3	4	6	10	14	25	40	60	0.1	0.14	0.25	0.4	0.6	1	1.4
3	6	0.4	0.6	1	1.5	2.5	4	5	8	12	18	30	48	75	0.12	0.18	0.3	0.48	0.75	1.2	1.8
6	10	0.4	0.6	1	1.5	2.5	4	6	9	15	22	36	58	90	0.15	0.22	0.36	0.58	0.9	1.5	2.2
10	18	0.5	0.8	1.2	2	3	5	8	11	18	27	43	70	110	0.18	0.27	0.43	0.7	1.1	1.8	2.7
18	30	0.6	1	1.5	2.5	4	6	9	13	21	33	52	84	130	0.21	0.33	0.52	0.84	1.3	2.1	3.3
30	50	0.6	1	1.5	2.5	4	7	11	16	25	39	62	100	160	0.25	0.39	0.62	1	1.6	2.5	3.9
50	80	0.8	1.2	2	3	5	8	13	19	30	46	74	120	190	0.3	0.46	0.74	1.2	1.9	3	4.6
80	120	1	1.5	2.5	4	6	10	15	22	35	54	87	140	220	0.35	0.54	0.87	1.4	2.2	3.5	5.4
120	180	1.2	2	3.5	5	8	12	18	25	40	63	100	160	250	0.4	0.63	1	1.6	2.5	4	6.3
180	250	2	3	4.5	7	10	14	20	29	46	72	115	185	290	0.46	0.72	1.15	1.85	2.9	4.6	7.2
250	315	2.5	4	6	8	12	16	23	32	52	81	130	210	320	0.52	0.81	1.3	2.1	3.2	5.2	8.1
315	400	3	5	7	9	13	18	25	36	57	89	140	230	360	0.57	0.89	1.4	2.3	3.6	5.7	8.9
400	500	4	6	8	10	15	20	27	40	63	97	155	250	400	0.63	0.97	1.55	2.5	4	6.3	9.7

从表1-5中可以看出,从 IT01 至 IT18,公差值越来越大,加工精度要求越来越低。其中,IT01、IT0 要求加工很高,常称其为高精密级;IT1~IT4 称为精密级;IT5~IT13 称为一般精度等级;IT14~IT18 称为低精度等级。

当零件的尺寸不同时,同一公差等级对应的标准公差的公差值是不相同的。尺寸越大,对应同一等级的公差值也越大。比如从表1-5可知,直径为 40 mm 的轴,公差等级为 IT6(或称 6 级精度)时,公差值是 0.016 mm;而直径为 400 mm 的轴,公差等级依然为 IT6 时,公差值则是 0.036 mm。因此,从精度等级可以看出对零件加工精度的要求,但具体公差值的大小还要到表中去查取。

5. 基本偏差系列与基准制

1) 基本偏差系列

公差带是由公差带大小和公差带位置两部分构成的。标准公差规定了公差带的大小,而位置则由基本偏差(公差带中靠近零线的那个偏差)确定。国家标准对基本偏差也作了相关规定。

国家标准对轴和孔分别规定了28种基本偏差系列,用字母或字母组合表示。孔的基本偏差代号用大写字母表示,轴的基本偏差代号用小写字母表示,如图1-35所示。

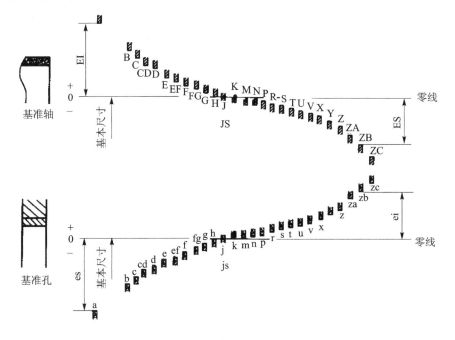

图1-35 孔、轴的基本偏差系列

从图1-35中可以看出,当孔的基本偏差代号为A～G时,公差带全部在基本尺寸之上,加工出来的孔的尺寸都比基本尺寸大;当孔的基本偏差代号为M～ZC时,公差带全部在基本尺寸之下,加工出来的孔的尺寸都比基本尺寸小;当孔的基本偏差代号为JS～K时,公差带与基本尺寸相交,加工出来的孔的尺寸有可能比基本尺寸大,也有可能比基本尺寸小;基本偏差代号H是个特殊的位置,基本偏差为零,公差带在基准线(0线)之上。

轴与孔刚好相反,当轴的基本偏差代号为a～g时,公差带全部在基本尺寸之下,加工出来的轴的尺寸都比基本尺寸小;当轴的基本偏差代号为m～zc时,公差带全部在基本尺寸之上,加工出来的轴的尺寸都比基本尺寸大;当轴的基本偏差代号为js～k时,公差带与基本尺寸相交,加工出来的轴的尺寸有可能比基本尺寸大,也有可能比基本尺寸小;基本偏差代号h的基本偏差为零,公差带在基准线(0线)之下。

2) 基准制

如果想得到一种轴、孔的配合方式,可以有多种选择。比如,希望得到轴、孔的某种间隙配合,可先选孔的基本偏差是A,然后去找配合间隙量合适的轴的基本偏差,如f;也可以先选孔的基本偏差是C,然后再找配合间隙量合适的轴的基本偏差,如d。这样的结果很多,不利于规范和统一。为此国家标准规定了两种基准制,即基孔制与基轴制。

基孔制:先将孔的基本偏差定为H,再根据配合需要去选合适的轴。

基轴制:先将轴的基本偏差定为h,再根据配合需要去选合适的孔。

当采用基孔制后,孔的基本偏差是H,公差带在零线以上,如图1-35下方的阴影线所示。这时,只要轴的基本偏差在h之前,轴的尺寸就一定比孔小,为间隙配合,且基本偏差代号离h越远(a最远),配合间隙量就越大;只要轴的基本偏差在P之后,就一定是过盈配合,且代号离

p 越远(zc 最远),配合过盈量越大;当轴的基本偏差为 js~n 时,是过渡配合。

同理,若采用基轴制,轴的基本偏差是 h,公差带在零线以下。这时,只要孔的基本偏差在 H 之前,就一定是间隙配合;孔的基本偏差在 P 之后,就一定是过盈配合;孔的基本偏差为 JS~N 时,是过渡配合。图 1-36 是孔、轴不同配合形式的示意图。

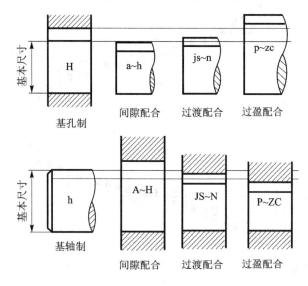

图 1-36 孔、轴配合示意图

采用基准制后,就很容易读出两个零件的配合形式了。比如:$\phi 50 \dfrac{H7}{f6}$,表示轴孔配合的基本尺寸是 $\phi 50$,采用的是基孔制配合,孔的标准公差(精度等级)为 IT7 级,轴的基本偏差代号是 f,标准公差为 IT6 级,轴孔配合形式为间隙配合。轴的加工精度要求比孔的高一级。再如:$\phi 150 \dfrac{P6}{h5}$,表示轴孔配合的基本尺寸是 $\phi 150$,采用的是基轴制配合,孔的基本偏差代号是 P,配合形式是过盈配合。孔精度为 IT6 级,轴精度为 IT5 级。

前面介绍公差与配合的相关问题时,是以轴、孔为例进行说明的。在实际问题中,外表面的公差与配合问题均与轴相同,内表面的公差与配合问题均与孔相同。零件图中,公差的标注形式如图 1-37 所示。

装配图中公差配合的标注形式如图 1-38 所示。若零件选用的是标准件(图中的轴承),可不标注其公差。如图中的 $\phi 62J7$,只标注了轴承孔的公差而没有标注轴承的公差。

在两种基准制之间,优先选用基孔制;一般情况下,孔的标准公差等级比轴低一级或取相同等级。

3)不同配合形式的应用

间隙配合:a~h(或 A~H)一般用于有相对运动、有活动结合的部位。

过渡配合:js、j、k、m、n(或 JS、K、J、M、N)一般用于配合件对中性要求高,又需要经常拆卸的静止结合部位。

过盈配合:p~zc(或 P~ZC)一般用于无相对运动、靠过盈传递扭矩或有冲击负载的部位。

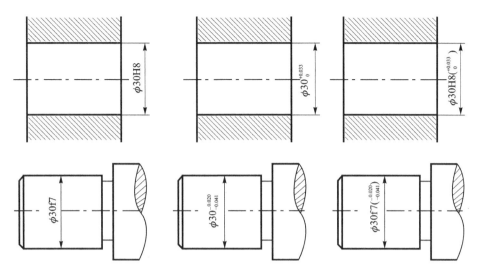

图 1-37 零件图中尺寸公差的标注

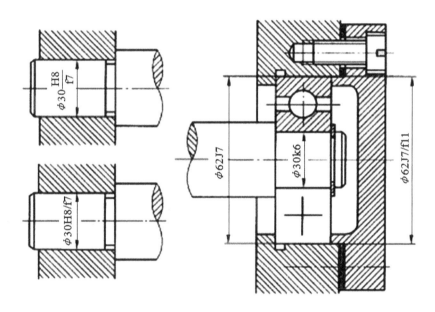

图 1-38 装配图中公差配合的标注

1.4.3 形状与位置公差

零件的形状与位置(简称形位)误差将直接影响机械产品的工作精度、运动平稳性、密封性、耐磨性、使用寿命和可装配性等。为了满足零件的使用要求,保证零件的互换性和制造经济性,在设计时需要对零件的形位误差给予必要而合理的限制,即应对零件规定形位公差。

1. 形位公差的项目与含义

形位公差项目与符号如表 1-6 所列。

表 1-6　形位公差项目与符号

公差类型	几何特征	符　号	有无基准	公差类型	几何特征	符　号	有无基准
形状公差	直线度	—	无	位置公差	位置度	⊕	有或无
	平面度	▱	无		同心度（用于中心点）	◎	有
	圆度	○	无				
	圆柱度	⌭	无		同轴度（用于轴线）	◎	有
	线轮廓度	⌒	无				
	面轮廓度	⌓	无		对称度	⌯	有
方向公差	平行度	∥	有		线轮廓度	⌒	有
	垂直度	⊥	有		面轮廓度	⌓	有
	倾斜度	∠	有	跳动公差	圆跳动	↗	有
	线轮廓度	⌒	有		全跳动	⌰	有
	面轮廓度	⌓	有				

2．常见形位公差的含义

1）直线度

直线度公差用于控制零件上被测直线相对理想直线所允许的最大变动量。零件上的直线要素有面与面的交线、轴线、对称中心线等。直线度的标记及含义见图 1-39。图 1-39(a)中，标记的含义是：要求控件箭头指向处棱线的直线度，且直线度公差值为 0.1（未注单位默认为 mm，以后同），即要求棱线的形状变动量控制在相距为 0.1 mm 的两平面之间。

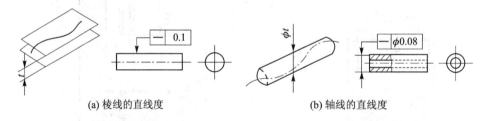

(a) 棱线的直线度　　　　　　(b) 轴线的直线度

图 1-39　直线度的标记及含义

图 1-39(b)中标记的箭头指向了标注直径的尺寸线，这种标注的含义是控制该回转体轴线的形状公差，即要求将该轴轴线的形状变动量控制在 $\phi 0.08$ 的圆柱范围之内。

形位公差的箭头指向被测要素，如果指在标注直径的尺寸线上，则表示被测要素是该回转体的轴线；第一个矩形框内是形位公差的代号，后面的数字是公差的大小。

2）圆　度

圆度公差用于控制回转体表面垂直于轴线的任一横截面轮廓的形状误差。如图 1-40 所示，表示圆台的任一横截面的形状要控制在两个圆之内（如右侧图所示），两个圆的半径差是 0.1 mm。

3）圆柱度

圆柱度公差用于控制被测零件圆柱面的形状误差，如图 1-41 所示。图中标记的含义是被测圆柱面必须位于半径差为 0.1 mm（公差值）的两同轴圆柱面之间。

同理，可用相似的方法标记平面度、线轮廓度和面轮廓度的形状公差。

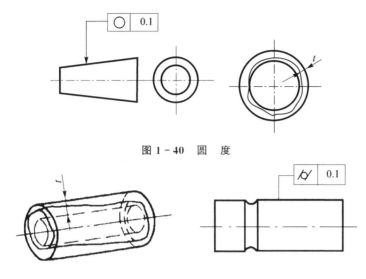

图 1-40 圆 度

图 1-41 圆柱度

4) 位置度

位置度属于位置公差,与形状公差的区别在于位置公差是控制各形体之间的相互位置,所以在公差的标注中有基准要素。

如图 1-42 所示,B 从标注直径的尺寸线引出,表示 B 基准指的是右侧圆柱的轴线;A 从右端面的延长线引出,表示 A 基准指的是右侧端面。

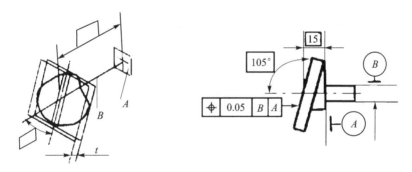

图 1-42 位置度

形位公差指向左侧平面,表明被测要素为左侧平面;从形位公差的符号看出要求控制被测要素的位置度公差;公差值 0.05 表示该平面的位置要控制在间距为 0.05 mm 的两个平行平面之间;后面基准 A、B 是指要保证两个平行平面与位置基准 B 所指的轴线夹角是 105°,同时保证两平行平面的中心对称面距基准 A 所指的右侧端面的距离为 15 mm。

5) 跳动公差

跳动公差对被测零件的形状、位置误差有较综合的控制能力,且检测方便,生产中得到广泛的应用。

跳动公差可分为圆跳动和全跳动。圆跳动是指被测要素回转一周,而测试用表的位置固定,即只测圆周上的跳动量。全跳动是指被测要素连续回转且测试用表做直线移动,即测整个圆柱面上的跳动量。

跳动公差可用于测量回转面、端面和斜向面。

图1-43所示为全跳动公差,基准是左右两侧圆柱的轴线,公差值为0.1 mm。表示要求整个回转体表面要控制在半径差为0.1 mm的两个同轴圆柱面之间,两个同轴圆柱面的轴线是基准$A-B$所指的轴线。

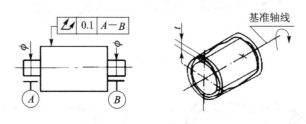

图1-43 全跳动公差

1.4.4 表面粗糙度

1. 表面粗糙度的概念

表面粗糙度是指零件的加工表面上具有的较小间距和峰谷所形成的微观几何形状误差(见图1-44)。通常用Ra来表示和评定表面粗糙度的大小,Ra值越大,说明表面越粗糙。

2. 表面粗糙度对零件使用性能的影响

① 零件相对运动的表面越粗糙,摩擦系数就越大,结合面的磨损也就越快。

② 在相互配合又有相对运动的表面上,表面越粗糙,越易磨损,使配合面的间隙越大。

③ 表面粗糙度增大,会降低零件的抗疲劳强度。

此外,粗糙度还影响零件的耐腐蚀性、结合密封性、摩擦发热、美观等。

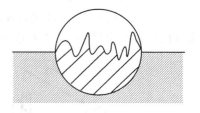

图1-44 表面粗糙度

3. 表面粗糙度的标注及含义

1) 表面粗糙度符号及含义

表面粗糙度的符号及含义见表1-7。

表1-7 表面粗糙度的符号及含义

符　号	意　义
∨	基本符号,表示表面可用任何方法获得。当不加注粗糙度参数值或有关说明时,仅适用于简化代号标注
∨	扩展图形符号,表示表面用去除材料方法获得,例如车、铣、钻、磨、剪切、抛光、腐蚀和电火花加工等
∨	扩展图形符号,表示表面用不去除材料方法获得,例如铸造、锻造、冲压、热轧、冷轧和粉末冶金等;或者用于保持原供应状况的表面(包括保持上道工序的表面)
∨ ∨ ∨	在上述三个符号的长边上均可加一横线,用于标注有关参数和说明
∨ ∨ ∨	在上述三个符号上均可加一小圆圈,表示所有表面具有相同的表面粗糙度要求

2) 表面粗糙度在图样上的标注

① 粗糙度符号的尖角由外向内指向零件的表面。

② 粗糙度可直接标注在零件的表面上,也可以标注在表面线的延长线上或尺寸界线上。

③ 相同的粗糙度要求可在图的右上角用其余加上相应的粗糙度符号表示。

④ 表示粗糙度大小的数值一定是朝向斜上方或左侧的,不可朝下或朝右。

1.5 工程图

工程图主要包括零件图和装配图,零件图表示零件的结构形状、大小和有关技术要求,并根据它加工制造和检验零件。装配图表示机器或部件的工作原理、零件间的装配关系和技术要求,用于指导机器或部件的装配、检验、调试、操作或维修。产品在设计过程中,一般先画出装配图,再根据装配图绘制零件图。装配时,根据装配图将零件装配成部件或机器。因此,零件与部件、零件图与装配图之间的关系十分密切。

1.5.1 零件图

1. 零件图的内容

轴承座是整体轴承中的一个重要零件,其形状如图 1-45 所示。图 1-46 是它的零件图。

从图 1-45 中可以看出,一张完整的零件图必须包括下列内容:

① 一组视图。用各种表达方法完整、清楚地表达零件的内外结构形状。

② 完整的尺寸。零件图应标注出制造和检验零件所需的全部尺寸。

③ 技术要求。技术要求是用规定的符号、数字、字母或文字注解,说明零件在加工、检验或装配时应达到的一些技术要求,如零件的表面粗糙度、尺寸公差、几何公差以及热处理等方面的要求。

图 1-45 轴承座立体图

④ 标题栏。标题栏放在图样的右下角,用来填写零件的名称、材料、比例、图号及有关责任人的签字等内容。

2. 零件图的看图方法与步骤

1) 标题栏

了解零件的名称、材料、绘图比例等内容。由图 1-46 可知,零件名称为轴承座;材料是 HT150,比例为 1∶1。

2) 分析视图

找出主视图,分析各视图之间的投影关系及所采用的表达方法。由图 1-46 可以看出,表达轴承座共有三个基本视图。主视图是局部剖视图,左视图是全剖视图。主视图、左视图清楚地反映了轴承座的内部结构形状,俯视图反映外形结构。

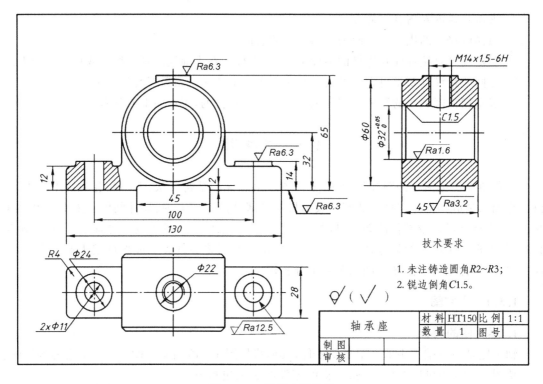

图 1-46 轴承座零件图

1.5.2 装配图

1. 装配图的内容

1)一组视图

一组视图用来清晰、准确地表达出机器的工作原理、各零件的相对位置、装配关系、连接方式和重要零件的形状结构。

2)必要的尺寸

装配图上要有表示机器或部件的规格、装配、检验和安装时所需要的一些尺寸。

3)技术要求

技术要求是说明机器或部件的性能和装配、调整、试验等所必须满足的技术条件。

4)零件的序号、明细栏和标题栏

明细栏用于说明每个零件的名称、代号、数量和材料等;标题栏包括零部件名称、比例、绘图及审核人员的签名等。

2. 读装配图的顺序和方法

1)概括了解

查看标题栏和说明书,大致了解机器或部件的功用、性能和工作原理。

2)了解各零件的信息

根据明细栏查找、了解各零件的序号、名称、数量,并根据相应的序号,到视图中查找各零件的位置。

3) 分析视图

细读图之前,要先分析各视图的表达方法,如:用了几个基本视图和向视图;各个视图是从哪个位置剖切向哪个方向投影的,表示的是哪个位置的结构;哪个视图表达的装配关系最多、最清楚(一般是剖视的主视图),等等。然后根据各零件的工作原理、装配或传动关系,大致确定各零件的位置和粗略形状。

4) 细读视图

根据机器(部件)的工作原理,可知各零件的作用;根据零件的作用,可粗略了解零件的结构类型,如支架、箱体、端盖、轴等;根据一个零件剖面线相同、三视图尺寸对应等信息,逐步读出各零件的结构,读懂各零件之间的装配尺寸及技术要求中的各项内容。

图 1-47 所示为装配图。

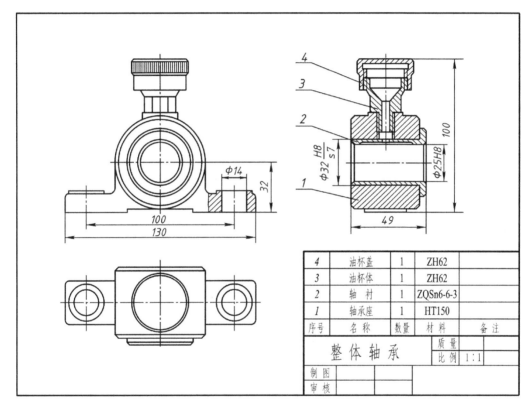

图 1-47 整体轴承装配图

读图步骤如下:

① 从标题栏可知,图中所画设备是一个整体轴承,绘图比例为 1:1 等信息。

② 从明细栏可知,该整体轴承由轴承座、轴衬、油杯体和油杯盖组成。对应序号查找图中各零件的位置,轴衬安装在轴承座内,油杯体与轴承座、油杯体与油杯盖是螺纹连接。

③ 视图表达方案用了三个基本视图。其中,主视图采用了局部剖视图,左视图采用了全剖视图,俯视图采用了外形视图。从左视图可以看出轴衬的结构及其与轴承座之间的装配关系,油杯和油杯体的结构、位置及其与轴承座的装配关系。

第2章 工程材料与热处理

2.1 工程材料的分类

材料是人类用来制作各种产品的物质,是先于人类存在的,是人类生活和生产的物质基础,反映人类社会文明的水平。工程材料主要用来制造工程构件和机械零件,其分类方法较多。按其应用领域可分为机械工程材料、建筑工程材料、电工材料、生物工程材料和能源工程材料等;按用途可分为结构材料、功能材料和工具材料;按成分特点可分为金属材料和非金属材料(无机非金属材料、有机高分子材料、复合材料),见表2-1。

表2-1 工程材料成分特点分类

金属材料	黑色金属材料	钢	碳钢
			低合金钢
			合金钢
		铸铁	灰铸铁
			球墨铸铁
			蠕墨铸铁
			可锻铸铁
			合金铸铁
	有色金属及合金	铝及其合金	
		锌及其合金	
		铜合金	
		镁合金	
		滑动轴承及其合金	
		贵金属(金、银等)	
		稀土金属(钕、铈等)	
		稀有金属(钚、铀等)	
非金属材料	有机高分子材料	塑料	
		橡胶	
		合成纤维	
	无机非金属材料	陶瓷	
		玻璃	
		水泥	
	复合材料	金属基复合材料	纤维增强金属、粒子增强金属等
		陶瓷基复合材料	增强陶瓷等
		树脂基复合材料	高聚纤维、玻璃纤维增强塑料、增强橡胶等

近年来,尽管非金属材料特别是高分子材料以及复合材料发展非常迅速,但金属材料仍是目前最主要的机械工程材料,尤其是钢铁材料,仍然在机械工程中处于首要地位。

金属材料包括纯金属与合金。所谓合金,是指由两种或两种以上的金属元素或金属元素与非金属元素组成的具有金属特性的材料。

金属材料具有较高的强度、良好的塑性、高的导电性、导热性以及金属光泽等特性。

金属材料除具有上述共同特性外,本身的性能亦具有多样性和多变性。不同化学成分的材料可以具有不同的性能,即使同一种金属材料,其性能也能够改变,可以通过不同的加工和处理使金属材料得到所需要的性能。

2.2 金属材料的力学性能

金属材料是使用最广泛的工程材料,为了合理地使用和加工金属材料,必须了解其在工程领域内的材料性能。

在使用性能中,当零件的材料不能满足使用中要求的某项性能时,就不能正常地工作,称为失效。

在通常的机械零件设计中选择材料时,往往以其力学性能为主要依据。材料的力学性能是指材料在外力作用下所表现出来的行为。力学性能指标通常是通过各种不同的试验来测定的。

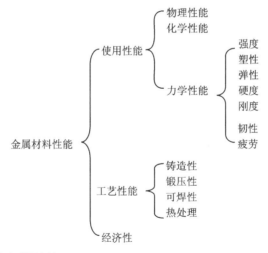

2.2.1 静载荷下的力学性能

静载荷下材料的力学性能主要包括强度、刚度、弹性、塑性和硬度。除硬度可用硬度计测试外,其余皆通过静拉伸试验测得。

材料拉伸试验是用标准试样(见图 2-1)在拉伸试验机上拉伸。试样受力从零开始,随着载荷逐步增大,试样有规律地伸长,直至被拉断。利用拉力和试样伸长的数值变化可绘制出载荷-伸长图,如图 2-2(a)所示。当外力小于 P_e 时,变形与拉力成正比,属弹性变形范围。达到 P_s 时,变形大大增加,而外力并无明显变化,此阶段称为屈服。以后所产生的变形为塑性变形,而且变形量与外力不成比例关系,达到 P_b。即最大载荷时,试样局部截面上直径缩小,称颈缩。由于颈缩部位明显伸长,所以总拉力开始下降,直至颈缩区断裂。

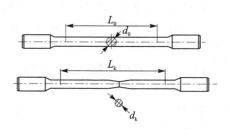

图 2-1　拉伸试验机与拉伸试样

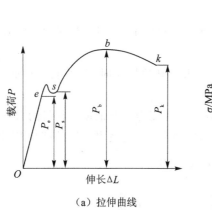
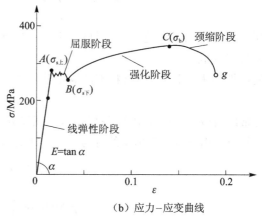

（a）拉伸曲线　　　　　　　　　（b）应力-应变曲线

图 2-2　低碳钢拉伸试验

1. 强　度

金属材料在外力作用下抵抗变形和断裂的能力称为强度。按照外力性质不同，强度又可分为抗拉强度、抗压强度、抗剪强度、抗扭强度和抗弯强度等。抗拉强度是最基本的强度指标。

如果用拉力 $P(N)$ 除以试样的原始截面积 $F_0(mm^2)$，则得到应力 σ。公式如下：

$$\sigma = \frac{P}{F_0}$$

如果用伸长量 ΔL 除以试样的原始长度 L_0，则得到应变 ε。公式如下：

$$\varepsilon = \frac{\Delta L}{L_0}$$

根据 σ 和 ε 可画出应力-应变曲线（见图 2-2(b)），其形状与拉伸曲线相似，只是坐标不同。应力-应变曲线消除了试样面积对拉伸曲线的影响，在应力-应变图上可直接读出材料承受静载荷下的强度指标。按照拉伸过程中出现的弹性变形、塑性变形及断裂等阶段，强度指标有弹性极限、屈服极限和强度极限。

1) 弹性极限

弹性极限，是指材料在外力作用下，能保持弹性变形的最大应力，以 σ_e 表示。

$$\sigma_e = \frac{P_e}{F_0}$$

式中：P_e 为弹性极限载荷(N)。

2) 屈服极限(屈服强度)

屈服极限,是指材料在外力作用下开始产生屈服时的应力,以 σ_s 表示。

$$\sigma_s = \frac{P_s}{F_0}$$

式中:P_s 为屈服极限载荷(N)。

除低碳钢和中碳钢等少数合金有屈服现象外,许多金属材料没有明显的屈服现象(如高强度钢等)。因此,对这些材料,规定以产生 0.2% 的残余塑性变形时的应力作为屈服强度,以 $\sigma_{0.2}$ 表示。

$$\sigma_{0.2} = \frac{P_{0.2}}{F_0}$$

式中:$P_{0.2}$ 为产生 0.2% 残余变形时的载荷(N)。

机器零件在工作中一般是不允许产生塑性变形的,所以屈服强度 σ_s 是金属材料最重要的力学性能指标之一,也是绝大多数零件设计时的依据。脆性材料(如灰铸铁)拉伸时几乎不发生塑性变形,不仅没有屈服现象,也不产生颈缩。断裂是突然发生的,最大载荷即是断裂载荷。

3) 强度极限(抗拉强度)

强度极限,是指材料在拉力的作用下,断裂时能承受的最大应力,用 σ_b 表示。

$$\sigma_b = \frac{P_b}{F_0}$$

式中:P_b 为试样所能承受的最大载荷(N)。

强度极限 σ_b 是材料的主要性能指标,也是设计和选材的重要依据之一,同时它还是脆性材料零件设计的依据。

2. 刚　　度

材料在外力作用下、在弹性变形范围内抵抗变形的能力称为刚度。刚度的大小常用弹性变形范围内应力与应变的比值(弹性模量)表示,公式如下:

$$E = \frac{\sigma}{\varepsilon}$$

一般地,零件都在弹性变形状态下工作,但对于要求弹性变形小的零件,如柴油机曲轴、精密机床主轴等,应选刚度大的材料。在室温下,钢的弹性模量 E 为 190 000～220 000 N/mm^2。

3. 塑　　性

材料在外力作用下产生永久变形而不被破坏的能力称为塑性。塑性常用延伸率 δ 和断面收缩率 ψ 表示,公式如下:

$$\delta = \frac{\Delta L}{L_0} \times 100\% = \frac{L_k - L_0}{L_0} \times 100\%$$

$$\psi = \frac{\Delta F}{F_0} \times 100\% = \frac{F_0 - F_k}{F_0} \times 100\%$$

式中:L_0 为试样的原始长度(mm);L_k 为试样拉断后的长度(mm);F_0 为试样原始截面积(mm^2);F_k 为试样断口处的截面积(mm^2)。

δ 和 ψ 越大,表示材料的塑性越好。工程上一般把 $\delta > 5\%$ 的材料称为塑性材料,如低碳钢、防锈铝合金等;把 $\delta < 5\%$ 的材料称为脆性材料,如铸铁。良好的塑性是顺利进行压力加工的重要条件。

4. 硬 度

材料在被更硬的物体压入时表现出的抵抗能力称为硬度。压痕深度或压痕单位面积上所承受的载荷均可作为衡量硬度的指标。广泛应用的有布氏硬度和洛氏硬度。

1) 布氏硬度

用规定的载荷 P 把直径为 D 的淬硬钢球或硬质合金球压入试样表面,保持一定时间再卸除载荷后,以压痕单位球面积上所承受的压力表示材料的硬度,用符号 HBS(HBW) 表示,习惯上用单位 kgf/mm^2 表示,但不需要标出。当压头采用淬硬钢球时,硬度用 HBS 标注;当压头采用硬质合金球时,硬度用 HBW 标注。布氏硬度测试原理如图 2-3 所示。布氏硬度测试材料的硬度值数据比较准确,但不能测太薄以及硬度较高的材料。

$$HBS(HBW) = \frac{P}{F} = \frac{P}{\pi Dh}$$

式中:F 为压痕球面积。

2) 洛氏硬度

洛氏硬度用压痕深度表示。常用的两类压头是 120°锥角的金刚石和直径为 1.588 mm (1/16 in)的淬硬钢球。广泛应用的洛氏硬度测试法有 HRA、HRB 和 HRC 三种。符号 HR 前面的数字为硬度值,后面为使用的标尺。HRA 用于测量高硬度材料,如硬质合金、表淬层和渗碳层。HRB 用于测量低硬度材料,如有色金属和退火、正火钢等。HRC 用于测量中等硬度材料,如调质钢、淬火钢等。

洛氏硬度试验的原理如图 2-4 所示。先加预载荷 P_1,使压头与试样表面紧密接触,并压到 h_0 的位置,作为衡量压入深度的起点。后加主载荷 P_2,使压头继续压入到深度 h_2,然后卸除 P_2 保留 P_1,h_1 是试样弹性变形的恢复高度,h_1 和 h_0 之间的差值 h 则是压头在主载荷作用下压入金属表面的深度。因此,h 值的大小可以衡量材料对局部表面塑性变形的抗力,即材料的硬度 h 值越小,则材料越硬。洛氏硬度测量简单、迅速,压痕小,适用范围广,可测薄和硬的材料,但测量结果分散度大,准确度不如布氏硬度测试方法。

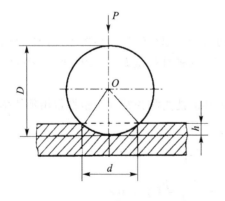
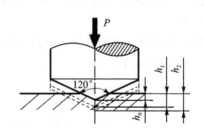

图 2-3 布氏硬度测试原理　　图 2-4 洛氏硬度测试原理

除布氏、洛氏硬度测试外,还有维氏硬度试验 HV、肖氏硬度试验 HS 及显微硬度试验等。

硬度也是重要的力学性能指标,它影响到材料的耐磨性。一般来说,硬度越高,耐磨性也越好。硬度和强度一样,都反映了材料对塑性变形的抗力,因此,强度越高,硬度也越高。

实践表明,一些材料的布氏硬度 HBS 和强度极限 σ_b 之间存在着近似关系。因此,可以根据 HBS 粗略地估算出材料的 σ_b。由于硬度测定简单易行,且不破坏零件,因此,生产中常通过测定硬度来检查热处理零件的力学性能。

2.2.2 动载荷下的力学性能

1. 冲击韧性

材料抵抗冲击载荷的能力称为冲击韧性,简称韧性。

不少机器零件在工作时要承受冲击载荷,如火车挂钩、锻锤的锤头和锤杆、冲床的连杆和曲轴、锻模、冲模等。对于这些零件,如果仍用静载荷作用下的强度指标来进行设计计算,就很难保证零件工作时的安全性,必须根据材料的韧性来设计。

韧性的大小是以材料受冲击破坏时单位截面积上所消耗的能量来衡量的。工程上通常用摆锤一次冲击试验加以测定,其原理如图 2-5 所示。

将被测材料按标准尺寸做成试样,按图将试样安放在试验机支座上,使具有重量为 G 的摆锤自高度 H 处落下,冲断试样,此时,摆锤对试样所做的功为

$$A_k = G(H - h)$$

A_k 除以试样断口处的截面积 $F(\text{cm}^2)$,即得冲击韧性 a_k,公式如下:

$$a_k = \frac{A_k}{F} = \frac{G(H-h)}{F} \quad (\text{单位}:\text{J}/\text{cm}^2)$$

冲击韧性的大小除了取决于材料本身外,还受试样的尺寸、缺口形状和试验温度等因素的影响。

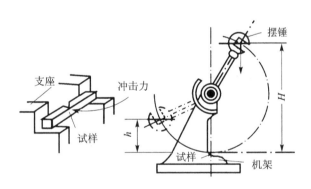

图 2-5 摆锤冲击试验示意图

2. 疲劳强度

很多零件在工作过程中受到大小、方向反复变化的交变应力的作用,如轴、弹簧、齿轮、滚动轴承等。在交变应力的长期作用下,零件会在远小于强度极限,甚至小于屈服极限的应力下断裂,即疲劳断裂。它与静载荷下的断裂不同,无论是塑性材料还是脆性材料,断裂都是突然发生的,之前并没有明显的塑性变形,因此具有很大的危险性。对于矿山、冶金、动力、运输机械以及航空航天等工业部门,疲劳是零件或构件的主要失效形式。统计结果表明,在各种机械的断裂事故中,大约有 80% 以上是由于疲劳失效引起的。因此,对于承受交变应力的设备,疲劳分析在设计中占有重要的地位。交变应力 σ 与断裂前应力循环次数 N 之间的关系通常用疲劳试验得到的疲劳曲线来描述,如图 2-6 所示。

曲线表明,当应力低于某一值时,材料可经受无限次应力循环而不断裂,此应力值叫做疲

劳强度或疲劳极限。当应力循环对称时,疲劳极限用 σ_{-1} 表示。一般规定,对于钢铁材料零件,如 N 达 10^7 次,仍不发生疲劳断裂,就可认为能经受无限次应力循环而不发生疲劳断裂。对于有色金属零件,N 为 10^8 次。

在不改变构件的基本尺寸和材料的前提下,减小应力集中和改善表面质量等因素可以提高构件的疲劳极限。

1) 缓和应力集中

截面突变处的应力集中是产生裂纹以及裂纹扩展的重要原因,通过适当加大截面突变处的过渡圆角以及其他措施,有利于缓和应力集中,从而可以明显提高构件的疲劳强度。

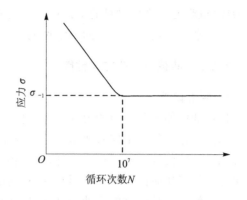

图 2-6 疲劳曲线示意图(对数坐标)

2) 提高构件表面层质量

在应力非均匀分布的情形(如弯曲和扭转)下,疲劳裂纹大都从构件表面开始形成和扩展。因此,采用机械的或化学的方法对构件表面进行强化处理,有助于改善表面层质量,明显提高构件的疲劳强度。

采用表面热处理和化学处理(如表面高频淬火、渗碳、渗氮等)、冷压机械加工(例如表面滚压和喷丸处理等),都有助于提高构件表面层的质量。

采用这些表面处理方法,一方面可以提高构件表面的材料强度;另一方面,可以在表面层中产生残余压应力,抑制疲劳裂纹的形成和扩展。

喷丸处理方法近年来得到广泛应用,并取得了明显的效益。这种方法是将很小的钢丸、铸铁丸、玻璃丸或其他硬度较大的小丸以很高的速度喷射到构件表面上,使表面材料产生塑性变形而强化,同时产生较大的残余压应力。

2.3 常用铁碳合金材料

钢和铸铁都是铁碳合金,在工业上的应用非常广泛。根据铁碳合金中的含碳量,将钢铁材料分为工业纯铁、钢和铸铁。含碳量在 0.02%~2.11% 的铁碳合金称为钢;高于 2.11% 的铁碳合金称为生铁,铸造生铁也称为铸铁;低于 0.02% 的铁碳合金称为工业纯铁。

2.3.1 工业用钢

钢的种类繁多,按化学成分可分为碳素钢和合金钢,按杂质含量(如磷和硫等)可分为普通碳钢、优质碳钢和特殊碳钢,按用途可分为结构钢、工具钢和特殊性能钢。

1. 碳素钢

含碳量为 0.25%~0.6% 的钢称为中碳钢,低于 0.25% 的钢称为低碳钢,高于 0.6% 的钢称为高碳钢。碳素钢的含碳量一般在 1.4% 以下。

碳素钢冶炼方便,价格低廉,工艺性能良好,其力学性能可满足一般工程构件、机械零件和工具的使用要求,因此在工业中的应用非常广泛。常见碳素钢的种类、牌号、性能特点及用途见表 2-2。

表 2-2 常见碳素钢的种类、牌号、性能特点及用途

种类	常用牌号举例	牌号意义	性能特点	主要用途
普通碳素结构钢	Q195	Q 代表材料的屈服强度(MPa)。如:Q195 的屈服强度为 195 MPa	塑性和韧性好,但强度不高	薄板、铁丝、钉子
	Q235			钢管、轴、拉杆
	Q255			轧辊、连杆、键、销
优质碳素结构钢	08、10、15、20、25	数字前无符号,代表优质碳素结构钢;数字代表含碳量,单位是 0.01%。如:45 钢的含碳量为 0.45%	强度低,塑性好,焊接性好	多用冲压件和焊接构件,如垫圈、螺钉、螺母等
	30、35、40、45、50、55		强度高,韧性和机械加工性能好	轴类、齿轮、丝杠、连杆
	60、65、70		热处理后弹性高	弹簧、弹性垫片
碳素工具钢	T7、T8、T10A、T12A	T 代表碳素工具钢;数字代表含碳量,单位是 0.1%。如:T7 钢的含碳量为 0.7%	淬火后硬度很高	木工刃具、简单的小型工具或模具,如车刀、钻头、丝锥、冲模

2. 合金钢

为提高钢的性能,在炼钢时加入某些合金元素,就得到了合金钢。与碳素钢相比,合金钢具有更高的强度和韧性,或者具有某些特殊性能。常见合金钢的种类、牌号、性能特点及用途见表 2-3。

表 2-3 常见合金钢的种类、牌号、性能特点及用途

种类	常用牌号举例	牌号含义	性能特点	主要用途
低合金高强度钢	Q345	Q 代表材料的屈服强度(MPa)。如:Q345 的屈服强度为 375 MPa	具有良好的综合力学性能,塑性、焊接性、冲击韧性较好,一般在热轧或正火状态下使用	适于制作桥梁、船舶、车辆、管道、锅炉、各种容器、油罐、电站、厂房结构、低温压力容器等结构件
合金结构钢	20CrMnTi、40Cr、50CrVA、60Si2Mn	前两位数字代表含碳量,单位是 0.01%;元素符号表示所含的合金元素;元素符号后面的数字表示合金元素含量,单位是 1%(小于 1.5%则不标出)。如 60Si2Mn,表示平均含碳量为 0.60%,平均含硅量为 2%,含锰量小于 1.5%	良好的强度、硬度、韧性等。牌号不同,其具体性能的侧重点不同,如轴承钢具有高硬度、高耐磨性,接触疲劳强度高;弹簧钢具有高抗拉强度和高屈强比,以及较好的塑性	重要的工程结构件,如齿轮、轴、轴承、弹簧等

续表 2-3

种 类	常用牌号举例	牌号含义	性能特点	主要用途
合金工具钢	3Cr2W8V、9SiCr、W18Cr4V	第一位数字表示含碳量,单位是 0.1%(大于1%时不标);元素符号表示所含的合金元素;元素符号后面的数字表示合金元素含量,单位是1%(小于1.5%则不标出)。如 3Cr2W8V,表示平均含碳量为0.30%,平均含铬量为2%,平均含钨量为8%,含钒量小于1.5%	硬度高,耐磨性高,良好的尺寸稳定性和抗疲劳性等	刀具、量具、模具等
不锈钢	11Cr17、2Cr13、0Cr18Ni9、03Cr19Ni10、01Cr19Ni11	含碳量+合金元素符号+该元素百分含量+……含碳量以千分之一为单位。含碳量的表示方法:①当平均含碳量≥1.00%时,用两位数字表示;②当1.0%>平均含碳量≥0.1%时,用一位数字表示;③当0.1%>含碳量上限>0.03%时,用"0"表示;④当0.03%≥含碳量上限>0.01%时(超低碳),用"03"表示;⑤当含碳量上限≤0.01%时(极低碳),用"01"表示	具有优良的耐蚀性性能	用于要求耐蚀的燃气轮机零件、医疗器械、食品机械、量具

2.3.2 铸 铁

铸铁中碳和硅的含量较高,还含有较多的磷、锰和硫等杂质。因此,与钢相比,铸铁的力学性能,特别是抗拉强度、塑性和韧性低很多。但是,铸铁具有优良的铸造性能、耐磨性、减振性、切削加工性能,而且成本较低,生产工艺和设备简单,因而在工业中得到广泛应用(见图 2-7)。

碳在铸铁中的存在形式有渗碳体(Fe_3C)和石墨两种。石墨的存在形态是决定铸铁组织和性能的关键,影响铸铁石墨化的主要因素是化学成分和冷却速度。一般来说,碳和硅的含量高、冷却速度越慢,越有利于铸铁石墨化。

根据碳的存在形式,铸铁分为白口铸铁、灰铸铁、可锻铸铁、球墨铸铁和蠕墨铸铁。白口铸铁断口呈银白色,由于碳在白口铸铁中主要以渗碳体存在,因此白口铸铁硬而脆,难以切削加工,很少直接使用。一般用作炼钢原料和可锻铸铁毛坯,农业上有时利用其硬度高和耐磨性好的特点来制造犁铧等零件。灰铸铁、可锻铸铁、球墨铸铁和蠕墨铸铁在工业上的应用比较广泛,其常用牌号和用途见表 2-4。

(a) 大型机床的床身

(b) 汽缸体

图 2-7 铸铁的应用

表 2-4 灰铸铁、可锻铸铁、球墨铸铁和蠕墨铸铁的主要牌号及用途

类别	石墨形态	常用牌号举例及牌号含义	性能特点	主要用途
灰铸铁	石墨呈片状,对基体有割裂作用	普通灰铸铁: HT100、HT150、HT200。 牌号含义: HT 表示灰铸铁; 数字表示最低抗拉强度(MPa)。 如 HT100,表示最低抗拉强度为 100 MPa 的灰铸铁	抗拉强度低,塑性和韧性差,抗压、耐磨、减振性好,缺口敏感性小,有优良的铸造工艺性能和切削加工性能	HT100 用于小负荷的非重要件的制造,如盖板、防护罩等; HT150 和 HT200 主要用于承受中等负荷的零件,如机座、箱体和支架等
	石墨呈片状,但细小、分散	孕育铸铁: HT250、HT300、HT350。 牌号含义:同普通灰铸铁	抗拉强度和硬度优于普通灰铸铁	机体、阀体、重型机床床身、高压油缸、泵体和阀体等
可锻铸铁	石墨呈团絮状	黑心可锻铸铁: KTH300-06、KTH330-08、KTH350-10、KTH370-12。 牌号含义: KTH 表示黑心可锻铸铁; 第 1 组数字表示最低抗拉强度(MPa); 第 2 组数字表示最小伸长率,单位为 1‰。 如 KTH300-06,表示黑心可锻铸铁,最低抗拉强度为 300 MPa,最小伸长率为 6‰	强度高、塑性和韧性好	生产周期长,成本高,应用受到限制,主要用于制造形状小而复杂,且韧性较高的小型薄壁结构件,如管接头、汽车差速器壳和汽车制动器支架和转向结壳和农机件等
		珠光体可锻铸铁: KTZ450-06、KTZ550-04、KTZ650-02、KTZ700-02。 牌号含义: KTZ 表示珠光体可锻铸铁; 两组数字含义与黑心可锻铸铁相同		用于制造承受较高载荷、耐磨和有一定韧性的重要零件,如曲轴、凸轮轴、连杆、万向接头、扳手、齿轮、活塞环和传动链条等

续表 2-4

类别	石墨形态	常用牌号举例及牌号含义	性能特点	主要用途
球墨铸铁	石墨呈球状	QT400-18、QT450-10、QT500-7、QT600-3、QT700-2、QT800-2。牌号含义：QT表示球墨铸铁；两组数字含义与可锻铸铁相同	良好的铸造性能、切削加工性能、减振性、耐磨性；抗拉强度高，塑性和韧性优于其他铸铁	形状复杂且承载较大的汽车零件，如曲轴、阀盖、机油泵齿轮泵、缸体、缸套和传动齿轮等
蠕墨铸铁	石墨呈蠕虫状	RuT260、RuT300、RuT340、RuT380、RuT420。牌号含义：RuT表示蠕墨铸铁，数字表示最低抗拉强度。例如：牌号RuT300表示最低抗拉强度为300 MPa的蠕墨铸铁	蠕墨铸铁的强度、塑性和抗疲劳性能优于灰铸铁，其力学性能介于灰铸铁与球墨铸铁之间	常用于制造承受热循环载荷的零件和结构复杂、强度要求高的铸件。如柴油机汽缸、汽缸盖、排气阀、液压阀的阀体和耐压泵的泵体等

2.4 钢的热处理

钢的热处理是将钢在固态下加热、保温和冷却，从而改善钢的内部组织，以获得预期性能的工艺方法。与其他工艺相比，热处理的主要特点在于只通过改变钢材内部组织来调整其力学性能，而不改变它的化学成分。

热处理能充分发挥材料的潜力，提高零件的使用性能，延长零件的使用寿命。此外，热处理还可以改善零件的加工工艺性能，提高加工质量，减少刀具磨损。因此，热处理工艺在机械制造业中应用极为广泛。据统计，在机床制造业中，60%～70%的零件需热处理；在汽车行业，这一比例达到了70%～80%；模具和滚动轴承类零件则几乎100%的零件需要热处理。

2.4.1 热处理工艺简介

热处理工艺过程都经过加热、保温和冷却过程，可用图2-8所示的热处理工艺曲线表示。

热处理之所以能使钢的性能发生变化，其根本原因是由于铁具有同素异晶转变，使钢在固态下加热和冷却过程中，内部发生了组织与结构的变化。钢热处理后的性能取决于钢的化学成分以及所采用的热处理工艺。

表2-5是45钢经840℃加热后，采用不同的冷却速度得到的力学性能。从表中可以看出，不同的冷

图2-8 热处理工艺曲线

却方法对应的力学性能有很大的区别。通过大量的实验研究可以证明，在钢的处理过程中，采用不同的冷却条件，其转变产物的组织和力学性能将产生很大的差别。热处理工艺就是利用这一特点，将零件在固体范围内进行加热、保温和冷却，以改变其内部组织，获得所需要的性能。

表 2-5 45钢经840℃加热后,不同条件冷却后的力学性能

冷却方法	强度极限 σ_b/MPa	屈服强度 σ_s/MPa	伸长率 δ/%	洛氏硬度 HRC
炉冷	519	272	32.5	15~18
空冷	657~706	333	15~18	18~24
油冷	882	608	18~20	40~50
水冷	1078	706	7~8	52~60

常见的热处理工艺有:
① 整体热处理:退火、正火、淬火、回火。
② 表面热处理:表面淬火(感应淬火和火焰淬火)。
③ 化学热处理:渗碳、渗氮、碳氮共渗、氮碳共渗。

2.4.2 整体热处理工艺

1. 退　火

退火是将工件加热到适当温度,保温一定时间,然后缓慢冷却的热处理工艺。实际生产中常采用随炉冷却的方式。

退火的主要目的:细化晶粒,降低硬度,改善钢的成形和切削加工性能,匀化钢的化学成分和组织,消除内应力等。

常用退火工艺方法及应用见表 2-6。

表 2-6 常用退火方法及应用

名　称	工　艺	目　的	应　用
完全退火	将钢加热至适当温度,保温一定时间,炉冷至室温	细化晶粒,消除过热组织,降低硬度和改善切削加工性能	含碳量小于0.77%的铸、锻件,有时也用于焊接结构
球化退火	将钢加热至750℃左右,保温一定时间,炉冷至室温,保温后出炉空冷,使钢中碳化物球化退火工艺	降低硬度,改善钢的切削加工性,并为以后的热处理做好组织准备	含碳量≥0.77%的钢
去应力退火(低温退火)	将钢加热至500~600℃,保温一段时间,然后炉冷至室温	消除残余应力	消除铸、锻、焊接件,冷冲压件以及机加工工件中的残余应力

2. 正　火

正火是将钢加热到适当温度,保温一定时间,出炉后在空气中冷却的热处理工艺。

正火与退火的主要差别:正火是出炉后在空气中冷却,冷却速度较快,得到比退火更细密的组织,强度和硬度也稍高一些。

正火的主要目的:细化晶粒,消除锻、轧后的组织缺陷,改善钢的力学性能(强度、韧性和塑性)。

正火的主要应用：
① 对低、中碳素钢,用正火作为预备热处理,以调整硬度,改善切削加工性。
② 对力学性能要求不高的结构、零件,可用正火作为最终热处理,以提高其强度、硬度和韧性。

由于正火不占用设备,工艺成本低,操作简单,因此实际生产中,常用正火代替退火。

3. 淬 火

将钢加热到适当温度,保温后急速冷却(水冷或油冷等)的热处理方法叫做淬火。

淬火可以显著提高材料的强度、硬度,是强化钢材性能的最重要的热处理方法。许多重要的机械零件、各类工具、模具,以及如刀剪之类的日常用品等都需要淬火来提高其力学性能。常用的淬火方法及应用见表2-7。

表2-7 常用淬火方法及应用

淬火方法	水冷却	油冷却	食盐水溶液冷却
特点	成本低,有较强的冷却能力,使用安全	冷却速度远小于水冷,可减少淬火时工件的变形与开裂	冷却能力强,约为水的10倍
应用	主要用于碳素钢	主要用于合金钢	主要用于形状简单而尺寸较大的低、中碳素钢

需要注意的是,淬火后的零件必须进行回火。原因是淬火得到的组织不稳定,而且淬火后零件的脆性和内应力比较大。

4. 回 火

回火是将淬火后的零件重新加热至一定的温度,保温后在空气中冷却的热处理方法。回火虽然工艺简单,但却决定了钢材最终的使用性能。回火可稳定组织(从而也稳定了零件尺寸),降低脆性,减小内应力,调整硬度等。

回火种类及应用有低温回火、中温回火和高温回火。

1) 低温回火

低温回火,是指将淬火后的零件加热到150~250℃,保温后冷却到室温,可减小淬火应力和脆性,以及保持淬火后的高硬度(58~64HRC)和耐磨性;主要用于处理量具、刃具、模具、滚动轴承以及渗碳、表面淬火的零件。

2) 中温回火

中温回火,是指将淬火后的零件加热到350~500℃,保温后冷却到室温,可获得高的弹性极限、屈服强度和较好的韧性。其硬度一般为35~50HRC,主要用于处理各种弹簧、锻模、冷作模具等。

3) 高温回火

高温回火,是指将淬火后的零件加热到500~650℃,保温后冷却到室温。钢件淬火并高温回火的复合热处理工艺称为调质。硬度一般为200~350HBS。通过调质处理可获得强度、塑性、韧性都较好的综合力学性能,广泛用于各种重要结构件(如轴、齿轮、连杆、螺栓、热作模具等),也可作为某些精密零件的预先热处理。

2.4.3 表面淬火

表面淬火,就是采用高速加热法使零件表面层快速达到淬火温度,而不等其热量传至内部,立即迅速冷却使表面层淬硬。表面淬火不改变零件的化学成分,仅改变其表层组织,从而使零件表面获得高硬度和高耐磨性,而零件心部仍保持良好的韧性和塑性。

根据加热方法的不同,表面淬火可以分为感应加热表面淬火、火焰加热表面淬火等,其示意图见图 2-9。感应淬火主要用于齿轮、凸轮、曲轴等零件的大批量生产,火焰淬火只用于单件、小批量生产的零件。

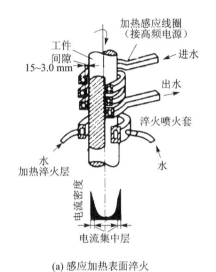
(a) 感应加热表面淬火

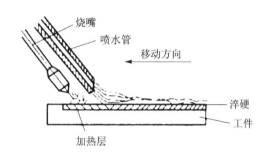
(b) 火焰加热表面淬火

图 2-9 表面淬火

2.4.4 化学热处理

将工件放在适当的活性介质中加热、保温,使某些元素渗入工件表层,以改变表层化学成分、组织和性能的热处理工艺,称为化学热处理。化学热处理与其他热处理相比,不仅改变了钢的组织,而且也改变了表层的化学成分,从而使零件表面获得与心部不同的性能。

根据渗入元素的不同,化学热处理有渗碳、渗氮和碳氮共渗等方法。其工艺过程为:分解→吸收→扩散,即介质在一定的温度下发生化学分解,产生的活性原子被零件表面吸收,并由表面向中心扩散,形成一定厚度的渗层。

渗碳和渗氮(即氮化)的应用最为广泛。渗碳后的零件经过淬火和低温回火后,兼有高碳钢和低碳钢的性能,表面获得高硬度和强度,而心部仍保持良好的韧性和塑性,从而使这类零件既能承受磨损和较高的表面接触应力,又能承受弯曲应力及冲击载荷。

与渗碳相比,渗氮后零件表面硬度、耐磨性和疲劳强度显著提高,具有良好的耐蚀性、抗咬合性、热稳定性等,而且不需要后续的热处理。因此,渗氮在机械行业得到广泛应用,特别适宜于精密零件的最终热处理,如曲轴、磨床主轴、精密机床丝杠、量具和热作模具等。

2.5 有色金属

工业上常把铁及其合金(主要是钢铁材料)称为黑色金属,除此之外的金属及合金统称为有色金属。与黑色金属相比,有色金属产量低,价格高,但具有某些特殊性能,如特殊的电、磁、热性能、耐蚀性能及高的比强度（强度与密度之比）等，已成为现代工业中不可缺少的金属材料，因而在机械、电子、航空、航天、冶金及国防等领域得到广泛应用。

2.5.1 铝及铝合金

铝及铝合金在工业中的应用量仅次于钢铁，其主要特点是质量轻，比强度和比刚度高，导热和导电性好，耐腐蚀性好，因而广泛用于飞机制造业，是航空工业的主要原材料。此外，也大量用于建筑、运输、电力等领域。

1. 纯铝

纯铝是一种银白色的轻金属，密度为 2.72×10^3 kg/m³，熔点为 660.4℃。

纯铝的导电和导热性好，可用作各种导电材料和散热材料；与氧亲和力大，在表面形成一层稳定而致密的氧化膜，能有效防止内层金属氧化，使它在大气和淡水中具有良好的抗蚀性；具有优良的工艺性能，易于铸造，易于切削，可进行冷、热加工。

因纯铝的强度和硬度低，所以主要用于制造电线、电缆和换热元件，很少用于制造机械零件。

工业纯铝的代号为 L1、L2、L3 等。代号中的"L"代表铝，数字表示序号。序号越大，纯度越低。工业纯铝的导电、导热性随纯度的降低而下降。因此，纯度是衡量工业纯铝质量的重要指标。

2. 铝合金

在纯铝中加入适量的硅、铜、锌、镁等元素，可以得到各种高强度的铝合金。图 2-10 是一些铝合金零件。

(a) 铝合金型材　　　　　　　　　(b) 铝合金活塞

图 2-10　铝合金件

铝合金按其成分、组织和工艺性能，可以分为形变铝合金和铸造铝合金。

1）形变铝合金

形变铝合金因其在加热至高温时塑性变好，适于冷、热塑性加工而得名。

形变铝合金分为防锈铝（代号 LF）、硬铝（代号 LY）、超硬铝（代号 LC）、锻造铝（代号 LD）等。可供应具有各种规格的型材、板材、线材、管材等。

（1）防锈铝

防锈铝主要有 Al-Mg 和 Al-Mn 系合金，常用牌号有 LF5、LF21 等，具有良好的塑性和耐腐蚀性，可用于冲压制作轻载荷焊接件和耐蚀件、油箱、油管、铆钉及窗框、餐具等结构件。

(2) 硬　铝

硬铝属 Al-Cu-Mg-Mn 系合金,常用牌号有 LY11、LY12 等,特点是强度、硬度高,但耐蚀性低于纯铝,多用于航空工业中的中等强度件,如飞机的螺旋桨叶片。

(3) 超硬铝

超硬铝是在硬铝合金中加入锌元素得到的,常用代号有 LC4、LC6 等。其强度、硬度很高,而耐腐蚀性较差,多用于制造飞机上受力较大、强度要求高的零件,如大梁、桁架、起落架等。

一般在硬铝和超硬铝表面包覆纯铝,以提高其耐腐蚀性,可用于制造螺旋桨、叶片、飞机大梁、起落架、桁架等高强度结构件。

(4) 锻　铝

锻铝为 Al-Cu-Mg-Si 系合金,可以通过热处理强化,尤其是在加热状态下具有很好的锻造性。常用代号有 LD2、LD5、LD6、LD10 等。锻铝的力学性能与硬铝相近,主要用于制造质量轻、中等强度、形状复杂的锻件,如离心式压缩机的叶轮、飞机上的摇臂等。

2) 铸造铝合金

铸造铝合金有良好的力学性能、工艺性能和抗腐蚀性,生产工艺比较简单,成本相对较低,因此在工业上应用非常广泛。

铸造铝合金的代号用 ZL 和其后的三位数字表示,如 ZL108、ZL202 等。第一位数字表示合金系,其中,1 为 Al-Si 系,2 为 Al-Cu 系,3 为 Al-Mg 系,4 为 Al-Zn 系;第二、三位数字表示合金的顺序号。

(1) 铝硅合金

铝硅合金是最常用的铸造铝合金,俗称硅铝明,典型代表是 ZL102,其铸造性能好,抗腐蚀、焊接性能好,经处理后可得到较高的塑性和强度,多用于压力铸造和金属型铸造,适合生产形状复杂、耐腐蚀和气密性高而受力较小的零件,如汽车上的支架类零件、阀体等。

(2) 铝铜合金

铝铜合金具有较高的强度和耐热性,但耐腐蚀性差,铸造性能不好;常用代号有 ZL201、ZL202 等,主要用于工作温度在 200~300 ℃ 并承受中等载荷的零件,如内燃机的汽缸头。

(3) 铝镁合金

铝镁合金密度小,耐腐蚀,切削加工性好,具有良好的力学性能,但铸造性能不好,耐热性差;常用代号有 ZL301、ZL302;主要用于制造在冲击和腐蚀环境中工作的零件,如舰船零件、泵类零件等。

(4) 铝锌合金

铝锌合金铸造性能优良,经变质处理后可以达到较高的强度,焊接性和切削性好;不足之处是耐腐蚀性差,热裂倾向大。常用代号有 ZL401、ZL402,主要用于制造形状复杂的汽车发动机零件和精密仪表零件。

2.5.2　铜及铜合金

铜及铜合金是人类应用最早的金属之一,目前工业上使用的铜及铜合金主要有纯铜、黄铜、青铜和白铜。

1. 纯铜

纯铜呈玫瑰红色,因为其表面形成了一层紫红色的氧化铜,俗称紫铜。纯铜密度为 $8.9 \times 10^3 \text{ kg/m}^3$,熔点为 1 083℃。

纯铜导电性和导热性好,仅次于银;化学稳定性好,抵抗大气腐蚀的能力强,塑性极好,易于进行冷、热压力加工;但是,纯铜不能进行热处理。

工业纯铜的代号有 T1、T2、T3 等。代号中的 T 代表铜,数字表示序号。序号越大,纯度越低。

在工业上,纯铜被大量用于制造电线、电缆、电刷等电子元件。

2. 铜合金

铜合金是以铜为基体,加入合金元素后形成的合金。与纯铜相比,铜合金不仅强度高,而且具有某些优良的物理性能和化学性能,因而在工业上得到更广泛的应用(见图 2-11)。按化学成分可将铜合金分为黄铜、青铜和白铜。

(a) 黄铜铸件

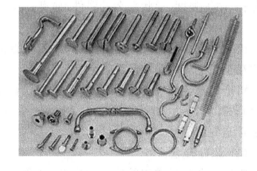
(b) 黄铜制品

图 2-11 黄铜件

1) 黄 铜

黄铜是铜与锌的合金,牌号用 H 加两位数字表示(如 H70),其中数字表示含铜量的百分数。

黄铜的强度和塑性与含锌量密切相关。如 H70 和 H68 塑性好,适于制造形状复杂、耐腐蚀的冲压件,如弹壳、雷管、散热器外壳等。而 H59 热加工性能好,有较高强度,适于制造一般机器零件,如铆钉、垫圈、螺母、螺钉等。

除普通黄铜外,还有铸造黄铜和特殊黄铜。

铸造黄铜,如 ZCuZn38(ZCuZn 表示铸造黄铜,38 表示含锌量为 38%,余量为铜),可用于铸造机械、热压轧制零件及轴承、轴套等。

在普通黄铜中加入铝、铁、硅、锰、镍等元素,可以改善黄铜的性能,形成了各种特殊黄铜。如 HPb59-1(H 表示黄铜,Pb 是铅的元素符号,59-1 表示含铜量为 59%,含铅量为 1%),常用于制造高强度及化学性能稳定的零件。

2) 白 铜

白铜是铜镍合金,呈银白色。纯铜加镍可显著提高强度、耐蚀性和导电性等。如 B25、B19 等,其中,B 表示白铜,数字表示含镍的百分数。

白铜主要用于制造化工机械零件、船舶零件、医疗器械和传感器件等。

3) 青　铜

除黄铜和白铜以外的铜基合金统称为青铜。图 2-12 为青铜制品。青铜一般都具有高的导电、导热性，耐腐蚀性，良好的切削加工性。工业上常用的青铜有锡青铜、铝青铜和铍青铜等。

图 2-12　青铜制品

青铜的编号方法：Q＋主加元素＋主加元素含量＋其他元素含量。如 QAl9-4，表示铝含量为 9%，其他元素含量为 4%（余量为铜）的铝青铜。

（1）锡青铜

锡青铜是以锡为主要添加元素的铜合金。工业上锡青铜的含锡量一般为 3%～14%，常用代号有 QSn4-3、QSn4-4-4 等。锡青铜的耐磨性好，耐大气、海水腐蚀的能力比黄铜强，强度高、弹性好，主要用于制造弹簧、轴承、轴瓦、衬套等。

（2）铝青铜

铝青铜是以铝为主要添加元素的铜合金。铝青铜含铝量一般为 8.5%～10.5%，常用代号有 QAl5、QAl9-4 等。铝青铜具有良好的力学性能和铸造性能，耐磨性好，耐腐蚀的能力强，可以进行热处理强化，主要用于制造在海水和高温环境中工作的零件，如轴承、齿轮、涡轮等。

（3）铍青铜

铍青铜是以铍为主要添加元素的铜合金。铝青铜中含铍量一般为 1.7%～2.7%，常用代号有 QBe2、QBe2.5 等。铍青铜具有良好的力学性能和铸造性能，而且耐磨、耐腐蚀，导电、导热性好，可以进行冷热压力加工。但是，铍青铜价格高，工艺复杂，生产成本高，因此其应用受到限制，主要用于制造高级精密零件、仪表中的弹性零件和耐磨耐蚀零件，如钟表齿轮、航海罗盘、特殊工况下的轴承和衬套等。

2.5.3　轴承合金

工业上，滚动轴承中的内外套圈和滚珠的材料是轴承钢，滑动轴承中的轴瓦和内衬的材料是轴承合金（见图 2-13）。

轴承合金具有下列特点：具有良好的减磨性，以减小轴与轴瓦之间的摩擦和磨损；具有足够的力学性能，以承受冲击和振动；具有良好的工艺性能，便于制造，价格低廉。为同时满足上述要求，一般用两层不同的金属制成双金属轴瓦，使其在性能上互补，多采用铸造方法将轴承合金镶铸在 08 钢或青铜轴瓦上。

图 2-13 各类轴瓦

常用的轴承合金有锡基轴承合金、铅基轴承合金、铝基轴承合金等。

1) 锡基轴承合金

锡基轴承合金是以锡为基础,加入少量锑和铜等元素组成的合金。锡基轴承合金具有良好的塑性和韧性,摩擦系数小,优良的耐蚀性和导热性。其缺点是抗拉强度低,锡稀缺且价格高。锡基轴承合金被用于制造汽车发动机、汽轮机等的高速轴瓦。

2) 铅基轴承合金

铅基轴承合金是以铅为基础,加入锑、锡和铜等合金元素的轴承合金。铅基轴承合金的硬度、强度、韧性都低于锡基轴承合金,而且摩擦系数大;但其价格较低,铸造性能好,被广泛用于制造中低载荷的轴瓦,如汽车曲轴轴承、铁路车辆轴承等。

3) 铝基轴承合金

铝基轴承合金是以铝为基础,加入锡等元素组成的合金。铝基轴承合金具有密度小、导热性好、疲劳强度高、耐蚀性好等优点,并且原料丰富,成本较低,但其膨胀系数大,抗咬合性差。目前常用的为高锡铝基合金,主要用来制造高速重载的发动机轴承。

2.6 非金属材料

非金属材料是指除金属材料以外的材料。非金属材料成形工艺简单,性能良好,具有特殊的使用性能,因而在某些领域具有不可替代的作用。

2.6.1 高分子材料

高分子材料是以高分子化合物为主要组成物的材料。高分子材料按材料来源分为天然高分子(如天然橡胶、蚕丝、皮革、木材等)和合成高分子化合物(如塑料、橡胶等)。合成高分子化合物产量大,使用范围广。

1. 塑料

塑料的主要组成物是合成树脂和添加剂。塑料大多用树脂来命名,如聚乙烯塑料的树脂就是聚乙烯。

合成树脂是塑料的基本组成物,决定了塑料的基本性能,在塑料中的含量一般为30%～

100%。添加剂的主要作用是改善塑料的某些性能或降低成本。常用添加剂有填充剂、增塑剂、稳定剂、固化剂、稳定剂、润滑剂和着色剂。填充剂主要起增强作用；增塑剂用于提高树脂的可塑性和柔软性；固化剂用于使热固性树脂由线型结构转变为体型结构；稳定剂用于防止塑料老化，延长其使用寿命；润滑剂用于防止塑料加工时粘在模具上，使制品光亮；着色剂用于塑料制品着色。其他的还有发泡剂、催化剂、阻燃剂、抗静电剂等。

塑料的优点：相对密度小（一般为 0.9～2.3）；耐蚀性、电绝缘性、减摩、耐磨性好；有消音吸振性能。塑料的缺点：刚性差（为钢铁材料的 1/100～1/10），强度低；耐热性差，热膨胀系数大（是钢铁的 10 倍），导热系数小（只有金属的 1/200～1/600）；蠕变温度低，易老化。

塑料的最大特点是具有可塑性和可调性。塑料成形工艺简单，利用模具可制造出不同形状的零件（见图 2-14）。在实际生产过程中，可通过改变配方、调整工艺来制造不同性能的塑料。

图 2-14 各类塑料制品

塑料分为热塑性塑料和热固性塑料。热塑性塑料加热软化，变成黏稠液体，冷却时硬化成所需的形状，再加热时又重新软化，可反复塑化成形，如聚酰胺（尼龙 PA）。而热固性塑料受热时先软化，继续加热则固化，固化后重新加热不再软化，不能再成形使用，如用于制作绝缘件和耐腐蚀件的电木（酚醛塑料）。

塑料按使用范围分为通用塑料和工程塑料。

通用塑料产量大，应用广，价格低，容易成形，常用于制造日用品和包装材料，如用于制造茶杯、薄膜的聚乙烯（PE），制造电视机外壳、一般管道的聚丙烯（PP），制造透明零件的聚苯乙烯（PS），制造电气开关和插座的聚氯乙烯（PVC）等，以上四种塑料是通用塑料的主要品种。

工程塑料以其密度小、比强度大、抗腐蚀、易成形等优良性能而广泛应用于机械制造、汽车、轻工、包装、电子、航天及航空等领域，可代替金属材料制造某些特殊的机械零件，如用于制造飞机窗、汽车灯罩的有机玻璃（PMMA），已广泛用于汽车内饰件的 ABS 树脂等。

2. 橡　胶

橡胶是具有高弹性的高分子材料，其主要特点是在较宽的温度范围内（-50～150℃）均处于高弹性状态,在较小的作用力下能产生很大的弹性变形,外力去除后又能很快恢复原状。

天然橡胶的来源是橡胶树的汁液,合成橡胶则是通过将高分子材料合成得到的。工业上,常把未经硫化的天然橡胶和合成胶称为生胶。

橡胶制品是在生胶的基础上,加入适量的配合剂和增强剂制成。配合剂和增强剂可增加橡胶的弹性,提高橡胶的塑性和耐寒性,提高橡胶的强度和降低成本,防止橡胶制品在光和热的作用下老化,从而提高其使用寿命。

橡胶除了具有高弹性外,还具有良好的耐磨性、电绝缘性、耐腐蚀性,以及隔音和吸振等优点。工业上,橡胶主要用于制造轮胎、密封元件、各种胶管、运输胶带、电工材料等。近年来,主要用于耐寒、耐热、耐腐蚀的特种橡胶也得到较快发展。

2.6.2 陶 瓷

陶瓷是陶器和瓷器的总称,是用天然或合成化合物经过成形和高温烧结制成的一类无机非金属材料。

陶瓷具有高硬度和良好的抗压能力,是工程材料中刚度最好、硬度最高的材料,但其脆性高,抗拉强度低,塑性和韧性很差。陶瓷的熔点高达 2 000℃以上,在高温下具有良好的化学稳定性和尺寸稳定性,并且不易氧化,对酸、碱、盐具有良好的抗腐蚀能力。大多数陶瓷有良好的绝缘性,被大量用来制造耐电压的绝缘体。此外,陶瓷还具有独特的光学性能,可用作光导纤维、高压钠灯管等的材料。图 2-15 为各种陶瓷制品。

普通陶瓷采用天然原料如长石、黏土和石英烧结而成,其原料来源丰富,成本低,工艺成熟,常用于日用品、建筑材料、电工和化工产品,如洁具、地板砖、瓷接头等。

特种陶瓷具有特殊的力学、光、热、电和磁性性能。如氧化铝陶瓷,强度高、耐高温和耐腐蚀,被用来制造坩埚、发动机火花塞、热电偶套管、高温耐火零件等;氮化硅陶瓷是一种高温陶瓷(如图 2-16 所示的氮化硅坩埚),具有良好的高温性能,也是目前高温下尺寸稳定性最好的陶瓷,多用于制造高温轴承、在腐蚀环境中工作的密封环、热电偶套管等;碳化硅陶瓷是目前高温强度最高的耐高温陶瓷,是很好的高温结构材料,可用于炉管、火箭尾喷管、砂轮、磨料等。

图 2-15 陶瓷制品

图 2-16 氮化硅坩埚

2.6.3 粉末冶金材料

粉末冶金材料是由几种金属粉末与非金属粉末经混合、压制成型和烧结而获得的材料。

用粉末冶金方法制造的零件可以不切削或少切削,从而节约金属、降低能耗和生产成本。粉末冶金工艺可用于生产减摩材料(如多孔含油轴承用材料)、摩擦材料(如刹车片材料)、多孔材料及制品(如金属过滤器、热交换材料和泡沫金属)、硬质工具材料(如硬质合金、复合工具、粉末高速钢材料)、电接触材料(如电触头材料和集电材料)、粉末磁性材料、耐热材料和原子能工程材料(如核燃料、中子减速材料、屏蔽材料和反射材料)等。

2.6.4 复合材料

复合材料是将两种或多种性质不同的材料,通过物理和化学复合组成的材料。一般来说,其中一种作为基体起粘结作用,其余为增强材料,用来提高承载能力。复合材料具有优良的综合性能,不仅比强度高,抗疲劳性和减振性好,而且还具有良好的高温性能和安全性。同时,复合材料化学稳定性好,制造工艺简单。正是由于这些优点,复合材料近年来得到飞速发展,已成为非常重要的工程材料,被大量用于飞机结构件、汽车、轮船、管道、压力容器等零件的制造。

常用的复合材料有纤维增强复合材料、层叠复合材料和颗粒增强复合材料等。其中以树脂为基体、以玻璃纤维增强的复合材料是目前应用最多的纤维增强复合材料,如玻璃钢在飞机、汽车、管道和建筑业上的大量使用。

第3章 材料的成形工艺

机械零件的生产过程如图3-1所示。金属材料的成形方法主要有铸造、锻压、焊接、切削加工等。一般先用铸造、锻压和焊接等方法制造毛坯,然后用切削加工去除多余部分,得到尺寸和表面质量符合要求的零件。其中,用热处理来改善零件的组织和性能。

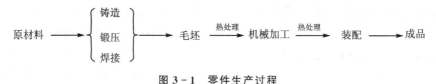

图3-1 零件生产过程

3.1 铸 造

将熔化后的金属液浇注到铸型中,冷却凝固后得到具有一定形状和尺寸的铸件的成形方法,称为铸造,如图3-2所示。铸造是一种液体成形方法,是毛坯或零件的主要成形方法之一。

1. 铸造的特点

铸造广泛用于机械行业,如机床中60%~80%、汽车中50%~60%零件为铸件(见图3-3)。铸造作为主要的毛坯成形方法,具有适应性广、成本低的优点,主要表现在下列方面:

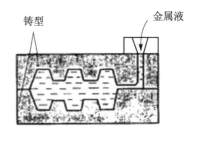

图3-2 铸 造

① 利用液体的流动性成形,可以生产各种形状和尺寸的毛坯,尤其是具有复杂内腔的零件毛坯,零件重量从几克至数百吨均可。

② 可以适应各种材料的成形,对不适宜锻压和焊接的材料,铸造具有独特优势。

③ 生产批量灵活,既可单件小批量生产,也可以大批量生产。

④ 原材料来源广泛,价格低廉。

图3-3 各类铸造零件

铸造也有一些缺点,如工序繁杂,铸件尺寸精度和表面质量不高,而且内部容易出现气孔、缩孔和缩松以及晶粒粗大等缺陷,因此铸件的力学性能不如锻件。

铸造分为砂型铸造和特种铸造。在实际生产中,依据零件的结构特点,综合考虑质量、成本和材料等因素,全面分析,选择最经济实用的铸造方法。

2. 金属的铸造性能和常用铸造合金

1) 金属的铸造性能

金属的铸造性能是指金属在液体成形过程中获得外形轮廓清晰、尺寸准确、内部质量良好的铸件的能力,是材料的重要工艺性能之一。金属的铸造性能直接影响着铸件结构、铸件工艺和铸件质量。金属的铸造性能主要用流动性、收缩性和吸气性等衡量。

流动性是指金属液的流动能力。如果金属的流动性差,则铸件容易出现冷隔或浇不足的缺陷。影响流动性的因素主要有合金的种类、成分以及浇注条件,如浇注温度、浇注压力以及铸型结构等。

金属液从液态冷却至室温,共经历液态、凝固和固态三个收缩阶段。金属的液态和凝固收缩主要表现为合金体积的缩小,是产生缩孔和缩松的根本原因。金属的固态收缩也会引起铸件在各个方向上表现出尺寸减小,对铸件的形状和尺寸精度影响较大,是产生变形和裂纹的主要原因。影响收缩的主要因素有合金的化学成分、浇注温度、铸件结构以及模具条件等。

2) 常用铸造合金

常用铸造合金有铸铁、铸钢和有色金属三类。其中,铸铁的产量最大。铸铁又分为灰铸铁、球墨铸铁、可锻铸铁和蠕墨铸铁等,以灰铸铁的铸造性能最好,成本最低,因而应用最广泛。

常用的铸造有色合金有铝合金、铜合金和锌合金等。这些合金大都具有流动性好、收缩性大、吸气倾向大和易氧化等特点。

3.1.1 砂型铸造

砂型铸造是将金属液浇入砂型,经凝固冷却后得到铸件的方法。砂型可以手工制造,也可以用机器造型。砂型铸造的造型材料为型砂,其来源非常广泛,成本低廉。砂型铸造设备简单,不受合金种类、铸件形状和尺寸的限制,适合各种规模的铸件生产,因此砂型铸造是最基本的铸造方法。

砂型铸造的基本工艺过程:制造木模和芯盒→置备型砂(芯砂)→利用型砂和木模在砂箱中造型→用型砂和芯盒制芯→把型砂安装在砂型中→合型得到完整的砂型→将熔炼好的金属液浇入砂型模具中→冷却凝固→落砂清理→得到铸件,如图3-4所示。

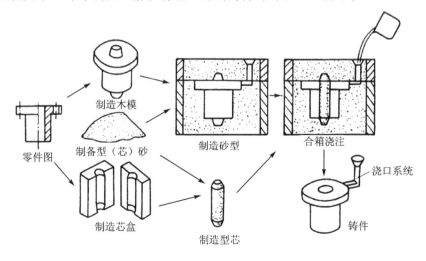

图3-4 砂型铸造工艺过程简图

砂型铸造的主要缺点是铸件表面粗糙,加工余量大,废品率高,因此原材料消耗大,同时生产效率低下,劳动条件比较恶劣。

3.1.2 特种铸造

特种铸造方法主要有金属型铸造、压力铸造、低压铸造、熔模铸造、消失模铸造和离心铸造等。特种铸造在提高铸件精度和表面质量、改善劳动条件和提高生产率方面有独特优势。

1. 金属型铸造

金属型铸造的铸型材料一般为铸铁或钢,可反复使用,从而减少了造型的工作量,因此金属型铸造也称为永久型铸造。

图 3-5 是应用最广泛的垂直分型式金属型,其内腔表面光洁,动型可以来回运动,开合方便,便于布置浇注系统,合模时依靠定位销实现动型和定型的精确定位。金属型铸件冷却速度快,凝固后铸件晶粒细小,因此铸件精度高,表面质量好,强度高。但是金属型制造周期长,成本高,铸造工艺条件严格。因此金属型铸造主要用于形状简单的有色金属件的大批量生产,如铝活塞、缸盖、汽缸、泵体等。

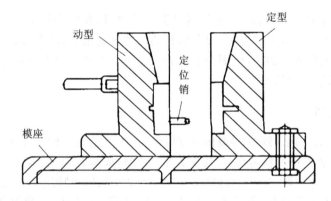

图 3-5 垂直分型式金属型结构简图

2. 压力铸造

压力铸造是在专用设备压铸机上进行的一种铸造,即在高速、高压下将熔融的金属液压入金属铸型,使它在压力下凝固获得铸件的方法(见图 3-6)。常用的压力为几至几十 MPa,充型时间为 0.01~0.2 s,充型速度为 0.5~50 m/s。

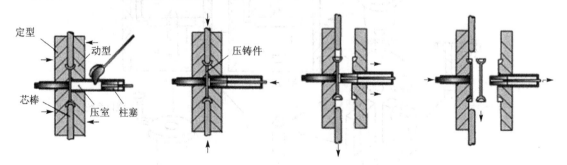

图 3-6 压力铸造示意图

压室中的熔融金属在压射冲头的推动下高速进入模具型腔,并在高压下结晶凝固形成铸件,随后动型移动,模具打开,顶杆机构顶出铸件。

高压和高速是压力铸造的主要特点。模具的型腔材料为热作模具钢,其他部分多为45钢,制造过程中须进行严格的热处理。压铸件尺寸精度高,表面质量好,力学性能较好,可以铸出形状复杂、轮廓清晰的薄壁零件(如锌合金的最小可铸出壁厚为0.3 mm),并可镶铸其他零件来代替部分装配工序,而且生产率高,劳动条件好。

压力铸造的主要缺点是设备投入大,模具制造周期长、成本高、易损坏,此外,铸件由于内部存在气孔而不能进行热处理。目前,压力铸造主要用于锌、铝、镁和铜等低熔点合金零件的大批量生产,如轿车发动机缸体、变速箱壳体、摩托车化油器本体、各类支架等。

3. 低压铸造

低压铸造是采用较压力铸造低的压力(一般为0.02～0.06 MPa),将金属液从铸型的底部压入,并在压力下凝固获得铸件的方法。

低压铸造介于金属型铸造和压力铸造之间。与金属型铸造相比,其铸件组织更致密,强度更高;与压力铸造相比,低压铸造的设备投资较少。因此,低压铸造广泛用于大批量生产铝合金和镁合金铸件,如发动机缸盖、内燃机活塞等。

4. 熔模铸造

熔模铸造又叫失蜡铸造,先用蜡料制成蜡模,并在其表面涂挂上多层耐高温涂料,硬化后加热将蜡模熔出形成型壳,然后将型壳高温焙烧,随后浇注形成铸件,其工艺过程见图3-7。

熔模铸造是一种精密铸造方法,铸件精度和表面质量高,可铸出形状复杂的薄壁零件,生产批量不受限制。

由于工序复杂,生产周期长,熔模铸造大多由于批量生产形状复杂的精密小型铸件(质量低于25 kg)或难以加工的高熔点小型铸件,如涡轮发电机叶片和叶轮、复杂刀具等。

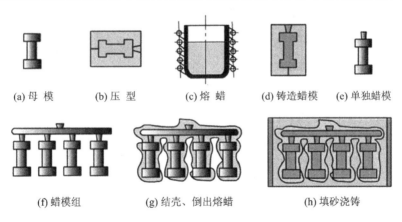

(a) 母模　(b) 压型　(c) 熔蜡　(d) 铸造蜡模　(e) 单独蜡模

(f) 蜡模组　(g) 结壳、倒出熔蜡　(h) 填砂浇铸

图3-7　熔模铸造

5. 消失模铸造

消失模铸造(又称实型铸造)是将与铸件尺寸形状相似的泡沫模型粘结组合成模型簇,刷涂耐火涂料并烘干后,埋在干石英砂中振动造型,在负压下浇注,使模型气化,液体金属占据模型位置,凝固冷却后形成铸件的新型铸造方法。图3-8为消失模铸造零件,与砂型铸造相比,铸件尺寸精度高(可达5～7级),表面光洁($Ra6.3～12.5~\mu m$),加工量小,无飞边毛刺,落砂清

理容易,清理工时少,劳动环境好。缺点是模样制造周期长,成本高,泡沫汽化产生空气污染。

图 3-8 消失模铸造零件

目前,消失模铸造主要用于生产结构复杂、难以出模、活块或外芯较多的铸件,如模具、曲轴、管件等。

6. 离心铸造

离心铸造是将金属液浇入高速旋转(250~1 500 r/min)的铸型中,并在离心力作用下充型和凝固的铸造方法。其铸型可以是金属型,也可以是砂型。既适合制造中空铸件,也能用来生产成形铸件。离心铸造在离心铸造机上进行,利用离心力使金属液充填模具型腔形成铸件,分为卧式离心铸造(见图 3-9)和立式离心铸造(见图 3-10)。

离心铸造主要用于制造环类和套类铸件,与砂型铸造相比,离心铸造省去型芯和浇注系统,省工省料,生产效率高。离心铸造的铸件组织致密,基本无缩孔、气孔和夹渣等缺陷,但铸件内孔尺寸误差大,表面粗糙。

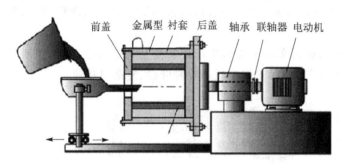

图 3-9 卧式离心铸造

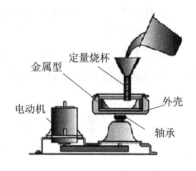

图 3-10 立式离心铸造

在工业上,离心铸造广泛用于缸套、活塞环、无缝钢管、双金属轴承、大口径铸铁管等的生产。

3.2 压力加工

压力加工属于金属塑性成形加工,又称锻压。塑性成形是在外力作用下使金属改变形状和改善性能,从而获得型材、坯料或零件的加工方法。塑性成形的主要方法有轧制、挤压、拉拔、锻造和冲压,见图 3-11。塑性成形的应用范围广泛,是型材和构件的主要成形方法。

锻压是锻造和冲压的总称。锻压以金属的塑性为基础,具有塑性的各种钢材和大多数有色金属及其合金都可以进行锻压,而铸铁、铸造铜合金等脆性材料则不能进行锻压。

锻压将铸态坯料中的内部缺陷(如缩松、微裂纹、气孔等)压合,提高了金属的致密度,并使晶粒细化,杂质分布均匀。锻压可以改变金属内部组织,提高金属的力学性能。

与铸造相比,锻压件的形状相对简单,加工设备昂贵,因此其成本高于铸件。

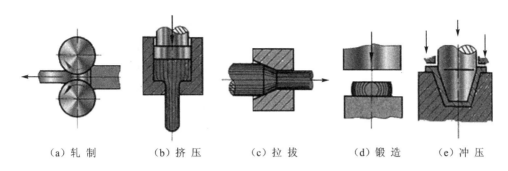

图 3-11 各种塑性成形方法示意图

3.2.1 锻 造

锻造是在加压设备及工具或模具的作用下,使坯料、铸锭产生局部或全部的塑性变形,以获得一定尺寸、形状和质量的锻件加工方法。

衡量金属材料锻造工艺性的重要指标是金属的可锻性,即指金属热态塑性变形的难易程度。金属的可锻性与化学成分和组织结构有关。纯金属和固溶体具有良好的可锻性,而金属化合物的可锻性最差。钢中的含碳量越低,其可锻性越好。

锻造时,为提高坯料塑性,降低变形抗力,使其容易成形,一般需将坯料加热,而锻造后锻件的冷却方法也是影响锻件质量的重要因素。冷却方法不适当,锻件容易产生变形、裂纹或硬度太高等缺陷。

锻造主要有自由锻、模锻和胎模锻。

1. 自由锻

自由锻指用简单的通用性工具,在锻造设备的上、下砧铁之间直接对坯料施加外力,使坯料产生变形而获得所需的几何形状和尺寸的锻件的加工方法。自由锻的基本工序包括镦粗、拔长、冲孔、切割、弯曲、扭转、错移及锻接等(见图3-12)。镦粗主要用于盘类锻件和空心件冲孔前的预备工序。拔长主要用于轴杆类、管类和套筒类锻件。冲孔则主要用于锻造空心件,如圆环和套筒等。

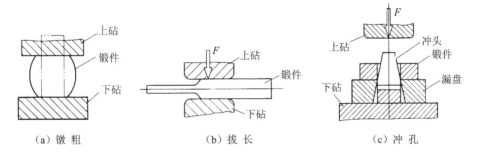

图 3-12 自由锻基本工序

自由锻有手工锻造和机器锻造两种。机器锻造是自由锻的主要方法,常用的自由锻设备有空气锤、水压机等(见图3-13)。空气锤主要锻造中小型锻件,水压机则主要锻造大型锻件。

自由锻所用设备通用性强,工具简单,锻件组织细密,力学性能好,生产准备周期短,因而

（a）空气锤　　　　　　　　　（b）水压机

图 3-13　自由锻设备

应用较广泛。自由锻锻件的质量范围可从几百克到几百吨。对于大型锻件，自由锻是唯一的加工方法，如汽轮机转子、大型曲轴、大型连杆等零件工作时都承受很大的载荷，要求具有较高的力学性能，常采用自由锻方法生产毛坯。

自由锻的主要缺点有操作技术要求高，劳动强度大，生产率低，锻件形状简单，精度较低，加工余量大，因此自由锻主要适于单件、小批量生产，以及大型锻件的生产和新产品的试制等。

2. 模　锻

模锻是把热态金属坯料放在具有一定形状和尺寸的高强度金属锻模模膛内承受冲击力或静压力产生变形而获得锻件的加工方法。在变形过程中，由于模膛对金属坯料流动的限制，因此锻造终了时能得到和模膛形状相符的零件。示意图见图3-14(a)。

根据设备的不同，模锻分为锤上模锻和压力机模锻。锤上模锻时，上模固定在锤头上，下模紧固在模砧上，通过随锤头作上下往复运动的上模，对置于下模中的金属坯料施以直接锻击。锤上模锻打击速度快，应用广泛。压力机模锻适于塑性较差的锻件，如铸锭等。图3-14(b)是常见的模锻设备摩擦压力机。

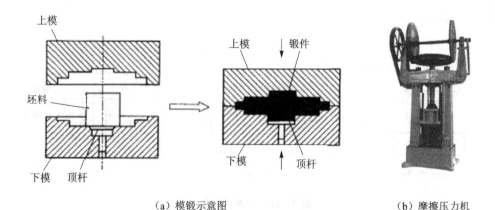

（a）模锻示意图　　　　　　　　　　　　　　　（b）摩擦压力机

图 3-14　模锻示意图与常用模锻设备

在模锻过程中，金属的塑性变形在锻模的各个模膛中依次完成，见图3-15。一般来说，按照拔长→滚压→弯曲→预锻→终锻的顺序进行。

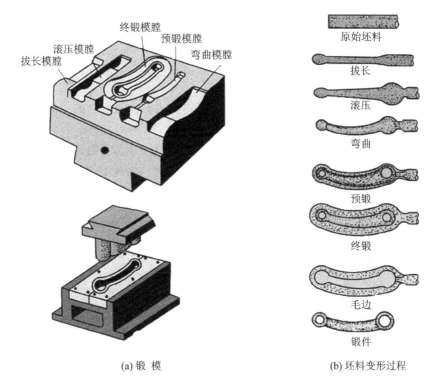

(a) 锻 模　　　　　　　　(b) 坯料变形过程

图 3-15　模锻工序示意图

与自由锻相比,模锻生产率高,是自由锻的几倍甚至几十倍,锻件形状和尺寸比较精确,表面粗糙度低,机械加工余量小,材料利用率高,操作简单,劳动强度低,能锻制形状复杂的零件,如汽车连杆、前梁、曲轴等。但是其模具制造周期长,成本高,设备投入大。受模锻设备的限制,模锻件的质量大多在 100 kg 以下,仅有少数可达 200～300 kg。因此,模锻普遍用于中小型锻件的大批量生产。

3. 胎模锻

胎模锻是指在自由锻设备上使用可移动模具生产模锻件的一种锻造方法。胎模锻介于自由锻与模锻之间,兼有两种锻造方法的优点。锻造时胎模置于自由锻设备的下砧上,用工具夹持住进行锻打。胎模锻一般采用自由锻方法制坯,然后在胎模中成形,形状简单的锻件也可直接在胎模中成形。胎模锻主要有扣模、筒模及合模三种,见图 3-16。

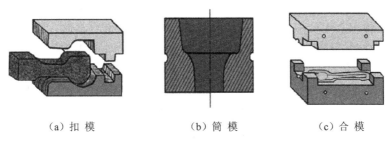

(a) 扣 模　　　　(b) 筒 模　　　　(c) 合 模

图 3-16　胎模锻示意图

与自由锻相比,胎模锻生产效率和锻件精度较高;与模锻相比,胎模锻不需要专用的模锻设备,成本低,工艺灵活,生产准备周期短。胎模需人工抬动操作,劳动强度大。因此,对于没有模锻设备的中小型企业,特别适合采用胎模锻成批生产小型锻件。

3.2.2 板料冲压

板料冲压是利用冲模使板料产生分离或变形而得到成形件或制品的成形方法。板料冲压通常在冷态进行,所以常称为冷冲压,常见冲压件如图 3-17 所示。

板料冲压的原材料必须具有足够的塑性,常用的材料有低碳钢、铝合金、铜合金、镁合金及塑性高的合金钢等,材料表面应无伤痕。材料形状可分为板料、带料及条料,其厚度一般不超过 10 mm。

图 3-17 冲压产品

冲压的基本工序包括分离工序和变形工序两类。

分离工序是使坯料的一部分与另一部分分离的工序,包括落料、冲孔、切断等。落料和冲孔统称冲裁,都是用冲模将板料以封闭轮廓与坯料分离。两者的区别在于:落料时冲落部分为成品,余下部分为废料;冲孔则相反,冲落部分为废料,留下部分为成品。

冲裁过程分为三个阶段:弹性变形阶段、塑性变形阶段和断裂分离阶段,如图 3-18 所示。

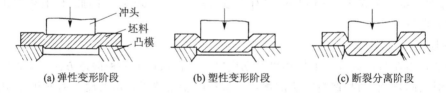

(a) 弹性变形阶段　　　(b) 塑性变形阶段　　　(c) 断裂分离阶段

图 3-18 金属板料的分离过程

变形工序是在外力作用下使板料的一部分相对于另一部分产生塑性变形而不发生破裂的工序,包括弯曲、拉深、翻边和局部成形等。弯曲在弯曲模中进行,将板料、型材或管材弯成一定角度或圆弧。拉深利用拉深模使平板件受力变形成为中空形状零件。翻边是使带孔坯料沿孔口周围翻起而获得凸缘的工序。局部变形可以改变坯料和半成品形状,包括胀形、压筋、压花、压字等。金属板变形各工序如图 3-19 所示。

与其他加工方法相比,板料冲压的优点是:产品精度高、表面质量好;塑性良好的薄板容易成形,可以冲制形状复杂的空间立体零件;产品强度高,刚度好,质量轻,材料消耗少;冲压工艺简单,易于实现机械化和自动化,生产效率高,成本低。

由于冲模制造复杂,周期长,成本高,因此只有在大批量生产时,冲压的优越性才能得到充分体现。冲压被广泛用于金属制品行业,特别是汽车、飞机、电机、仪表和日用品零件的生产,

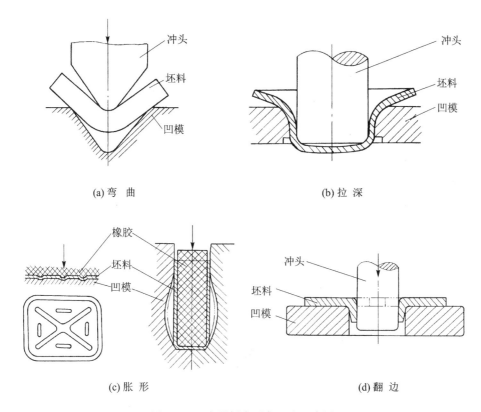

图 3-19 金属板变形各工序示意图

如汽车车身、车架、不锈钢用品等。

3.3 焊 接

焊接是指通过加热或加压,或者两者并用,使同种或异种材质的两个分离工件形成永久性连接的工艺方法。

焊接是传统制造领域的基本加工手段之一,广泛用于制造各种金属结构,如桥梁、船舶、密封压力容器、化工设备、机车、车辆和飞行器等。

根据焊接接头的形成特点,将焊接分为熔化焊、压力焊和钎焊三大类。

焊接的主要优点:

① 连接性好。焊缝具有良好的力学性能,接头能达到与母材相同的强度,耐压,耐腐蚀,密封性好。

② 节省材料,减轻质量,经济效益好。焊接结构件比铆接件、铸件和锻件质量轻,如用焊接方法制造的车辆、船舶、飞机等运输工具,可减轻自重、提高运载能力和驾驶性能。

③ 简化大型零件和复杂零件的制造工艺。焊接与铸造、锻造相结合,可制造大型复杂的铸焊结构件和锻焊结构件。

④ 为结构设计提供较大的灵活性。可按结构的受力情况优化配置材料,在不同部位选用不同强度、耐磨性、耐高温性和耐腐蚀的材料,如钻头工作部分与柄的焊接,水轮机叶片耐磨表

面的焊接等。

⑤ 容易实现机械化和自动化。

焊接存在的缺点:

① 焊接结构件存在焊接应力和焊接变形,从而影响结构的承载能力和尺寸稳定性。

② 焊接部位存在一些缺陷,如气孔、裂纹和夹渣等。这些缺陷会引起应力集中,降低强度,破坏焊缝的致密组织,是导致焊接结构破坏的主要原因之一。

③ 焊接结构不可拆卸,零件的更换和维修不方便。

下面介绍常用的焊接方法。

1. 熔化焊

熔化焊是将焊接接头局部加热至熔化状态,通过结晶凝固而将母材连接成不可拆卸的整体的焊接方法,如图 3-20 所示。熔化焊是最基本的焊接方法,在焊接中占主导地位。

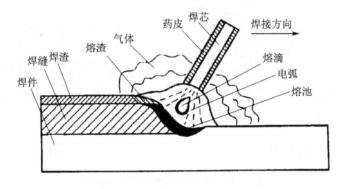

图 3-20　熔化焊焊接过程

熔化焊的主要特征是两焊件结合处具有共同的熔池。熔化焊适合于各种焊接材料和任何厚度的焊件,焊接强度高。根据加热源的不同,熔化焊分为电弧焊、气焊、电渣焊等。

1) 电弧焊

电弧焊利用焊条(焊丝)和焊件间产生的高温电弧为热源,使焊件接头处的金属和焊条端部迅速熔化而进行焊接。焊条由焊芯和药皮组成。焊芯的作用是用作电极和填充焊缝的金属。药皮包裹在焊芯外面,主要作用是使电弧易引燃和稳定燃烧,产生气体和熔渣,保护熔池金属不被氧化和渗入合金元素来保证焊缝性能。电弧焊主要有手工电弧焊、埋弧电弧焊和气体保护焊。

手工电弧焊见图 3-21(a),由操作人员手工操作焊条。手工电弧焊是熔化焊中最基本的一种方法,设备简单,操作灵活,适应范围广,但效率低,焊接质量不稳定,受人为因素影响较大。因此,手工电弧焊主要用于结构件的单件小批量生产,如焊接碳钢、低合金钢、不锈钢及对铸铁的焊补等。

埋弧电弧焊如图 3-21(b)所示,电弧在焊剂层下燃烧。引燃电弧、焊丝送进和电弧移动等动作均是机械化和自动化。

与手工电弧焊相比,埋弧电弧焊生产效率高,焊缝质量好,劳动强度低,不足之处是只能用于平焊,而且设备一次性投入大。埋弧电弧焊主要用于成批生产厚度为 6~10 mm,工件处于水平位置的长直焊缝及大直径(一般不小于 250 mm)环形焊缝,多用于造船、锅炉、车辆、桥梁、压力容器、起重机械以及核电站等行业。

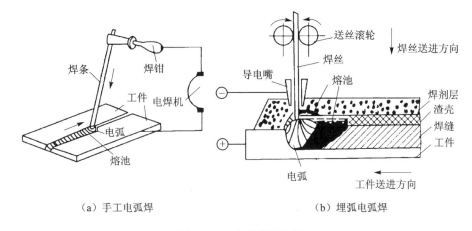

(a) 手工电弧焊　　　　　　　(b) 埋弧电弧焊

图 3-21　电弧焊示意图

2）气体保护焊

气体保护焊用气体作为电弧介质并保护电弧和焊接区，常用的有二氧化碳气体保护焊和氩弧焊。

(1) 二氧化碳气体保护

二氧化碳气体保护焊示意图见图 3-22(a)。其焊接速度快，焊后不需清渣，生产效率高，为手工电弧焊的 1～4 倍；焊接成本低廉，仅为手工电弧焊和埋弧电弧焊的 40% 左右；适用多种焊接位置。由于二氧化碳是一种氧化性气体，所以二氧化碳气体保护焊不适用于焊接易氧化的有色金属和高合金钢，主要用于焊接厚度为 0.8～4 mm 的低碳钢件和强度不高的低合金结构钢件，如船舶、汽车部件等。

(2) 氩弧焊

氩弧焊示意图见图 3-22(b)。其保护效果好，表面无熔渣，焊缝质量高，适用于多种焊接位置，容易实现机械化和自动化；不足之处是焊接成本较高，焊接设备和控制系统复杂。氩弧焊主要用于焊接化学性质活泼的金属（铝、镁、钛及合金）、稀有金属、高强度合金钢、耐热钢和不锈钢等。

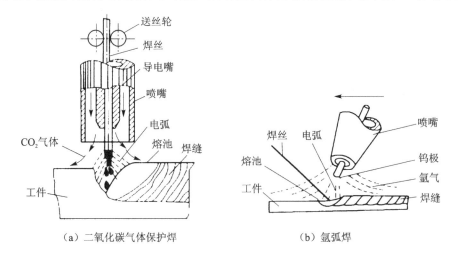

(a) 二氧化碳气体保护焊　　　　　　　(b) 氩弧焊

图 3-22　气体保护焊示意图

3) 气 焊

气焊是利用气体火焰作为热源的焊接方法,其示意图见图3-23。最常用的是氧乙炔气焊。气焊加热缓慢,生产效率低,焊缝容易产生气孔、夹渣等缺陷,焊接质量不高。但由于气焊设备操作简单,灵活方便,可用于野外作业。气焊主要用于焊接厚度为0.5~2 mm的薄钢板和铜、铝有色金属,以及铸铁的焊补等。

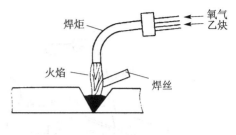

图3-23 气焊示意图

2. 压力焊

压力焊是对焊件施加压力(可同时加热),从而使局部达到塑性状态而连接的焊接方法。压力焊广泛用于汽车、拖拉机、航空、航天及轻工业等行业,主要包括电阻焊和摩擦焊等。

1) 电阻焊

电阻焊是对组合焊件经电极加压,利用电流通过焊接接头的接触面及邻近区域所产生的电阻热来进行焊接。根据接头形式分为点焊、缝焊和对焊,如图3-24所示。

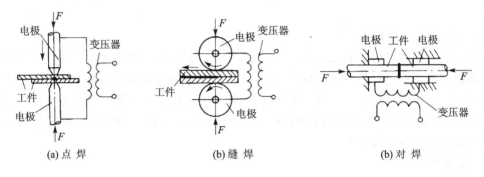

图3-24 电阻焊示意图

(1) 点 焊

点焊如图3-24(a)所示,是一种高速和经济的连接方法,主要适用于厚度在4 mm以下的薄板冲压件及钢筋的焊接;多用于飞行器、车辆、壳罩、仪表壳体和日常生活用品,如汽车驾驶室、车厢、金属网和罩壳等。图3-25是点焊的常用接头形式,点焊接头一般用搭接接头。

图3-25 点焊的常用接头形式

(2) 缝 焊

缝焊与点焊相似,只是将点焊的柱状电极改用滚轮或滚盘电极,加压通电并滚动,使对接或搭接接头成为连续密封焊缝,见图3-24(b)。缝焊主要用于焊缝规则,有密封性要求的薄板件(3 mm以下)的焊接,如汽车油箱、化工容器、管道等。

(3) 对 焊

对焊如图3-24(c)所示。焊接时,将工件对接,使其端面接触并夹紧,通电后,电阻热使工件端部迅速加热至塑性状态,再迅速施加较大预锻力,断电冷却后获得良好对接接头。对焊要求接头尽量等断面,主要用于刀具、管件、钢筋、链条的焊接。根据工艺过程的不同,对焊分为电阻对焊和闪光对焊。电阻对焊用于平整端面的工件,闪光对焊用于不平的工件对接表面。

2) 摩擦焊

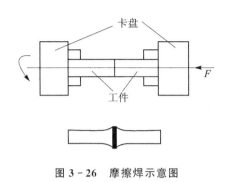

图 3-26 摩擦焊示意图

摩擦焊是利用工件在接头处相对旋转,表面相互摩擦生热,使端面达到高温塑性状态并加压而完成焊接的一种焊接方法,如图 3-26 所示。摩擦焊一般要求等断面对接。

摩擦焊质量好,可焊异种材料;操作简单,易自动控制,效率高;电能消耗少(为闪光对焊的 1/10 ~1/15);但设备要求高,一次性投资大。因此,摩擦焊目前主要用在机械、电力、纺织和汽车等行业中,用于焊接圆形截面的管件或棒料,或将管件和棒料焊接在其他工件上。

3. 钎 焊

钎焊是低熔点钎料熔化并渗入被焊工件接头间隙中,通过原子扩散而实现连接的焊接方法。

钎焊与熔化焊相比,加热温度低,焊接变形小;焊接接头平整光滑,外表美观;可焊同种或异种金属;可整体加热,一次焊成,生产效率高;设备简单。钎焊的主要缺点是接头强度低,不耐高温,焊前对工件的清理和装配要求高,而且不适于大型构件的焊接。因此,钎焊主要应用于电子、仪表和仪器等行业。

钎焊采用搭接或套接封闭接头,可用烙铁、火焰、电阻炉、感应或盐浴等方式加热,其中烙铁加热适用于软钎焊。

在钎焊中常使用钎剂,以去除被焊工件表面氧化物及杂质,改善钎料对工件表面的湿润性。

钎焊按钎料熔点不同,分为硬钎焊和软钎焊。

1) 硬钎焊

硬钎焊钎料熔点大于 450℃,接头强度小于 200 MPa。用于硬钎焊的钎料有铜基、银基和镍基等,常用钎剂有硼砂、硼酸、氧化物等。钎焊工作温度为 900~1 100℃,主要用于钢质或铜类构件的焊接,如自行车架、带锯锯条以及硬质合金刀片与刀头的焊接等。车刀钎焊示意图见图 3-27。

2) 软钎焊

软钎焊钎料熔点小于 450℃,接头强度低,一般不超过 70 MPa。常用钎料是锡铅合金

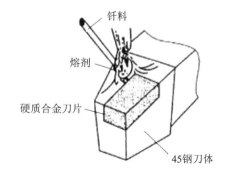

图 3-27 车刀钎焊示意图

(熔点低于 230℃),通常称锡焊,常用钎剂为氧化锌、松香等。软钎焊常用于仪表器件、导电板及铜合金焊接,如汽车仪表、电器、铜质蜂窝散热器等。

3.4 非金属成形工艺

随着科学技术的发展,非金属材料已越来越多地应用于各个领域,其成形技术也得到快速发展。与金属材料成形相比,非金属材料的成形具有下列特点:

① 成形方法灵活多样,非金属材料既可以液态成形,也可以固态成形,能成形形状复杂的零件。比如,塑料可以注塑成形和吹塑成形,也可以压塑成形。

② 非金属材料一般在较低温度下成形,成形工艺简单。

③ 非金属材料的成形一般要与材料的生产工艺结合。例如,陶瓷应先成形再烧结,而复合材料常常是将固态的增强料和流态的基料同时成形。

3.4.1 塑料成形

塑料制品的生产主要有成形、机械加工、修整和装配等工序,其中成形是最重要的基本工序。塑料的主要成形方法有注射成形、压塑成形、挤塑成形、吹塑成形和真空成形等。

1. 注射成形

注射成形也称注塑成形,是热塑性塑料成形的主要方法,近年来也开始用于部分热固性塑料的成形。

注射成形的主要装备是注射机和注射模,两者对注射塑料件的质量起着决定性作用。

注射成形过程如图 3-28 所示,将粒状或粉状塑料从注塑机的料斗送入加热的料筒,经过加热,达到黏质的塑化状态后,在螺杆或柱塞的推动下经喷嘴注入模具型腔,并在压力下成形,然后开模取出塑件。一个注射成形周期包括加料、塑化、注射、保压、冷却成形和出模等过程。

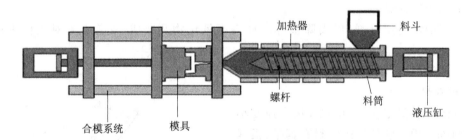

图 3-28 注射成形示意图

注射成形自动化程度高,生产率高,塑料件尺寸精确,可注射形状复杂、薄壁和金属嵌件的大、中、小型零件。因此,目前 60%~70% 的塑料件采用注射成形方法生产。注射成形的设备及模具成本高,因此不适合小批量生产。

2. 压塑成形

压塑成形又称模压成形,是塑料成形中传统的工艺方法,目前主要用于热固性塑料。

压塑成形的主要装备是液压机和压塑模,压塑模结构如图 3-29 所示。

将经过预制(预压成形)的塑料原料加入到敞开的模具加料室,合模后,通过上加热板 1 和加热器 5 对模具加热,通过上模板 2 和凸模 4 将液压机的压力传递给型腔中的塑料,使其在热和压力作用下呈熔融状态流动并充满型腔,经排气和保压硬化后形成塑件,然后液压机带动凸

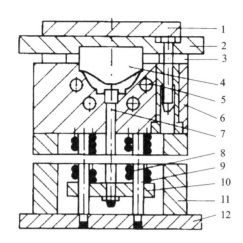

1—上加热板；2—上模板；3—承压块；4—凸模；5—加热器；6—凹模；
7—推杆；8—弹簧；9—导向柱；10—推板；11—支架；12—下模板

图 3-29 压塑模结构图

模部分向上运动而开模，随后推杆 7、弹簧 8、推板 10 一起运动，推出塑件。与注射模相比，压塑模没有浇注系统，依靠凸模对凹模中的塑料加压而成形。因此，压塑件的强度高于注塑件。

3. 挤塑成形

挤塑成形也称挤出成形，用挤出机将热塑性塑料连续加工成各种断面形状的塑件，如图 3-30 所示。挤塑成形的主要设备是挤出机、定型冷却装置、牵引系统和切割设备。

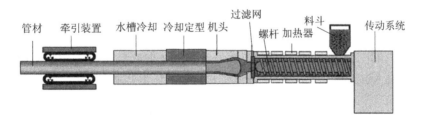

图 3-30 挤塑成形示意图

挤塑成形生产效率高，应用广，适应性强，废料损耗少，设备成本低，容易实现自动化连续生产，缺点是塑件尺寸公差大。挤塑成形主要用于生产塑料板材、棒材、管材、薄膜、涂层制品等，也是中空成形的主要制坯方法。

4. 吹塑成形

吹塑成形又名中空成形，源于古老的玻璃吹瓶工艺，属于塑料的二次加工，是制造空心塑料件的主要方法。

吹塑成形时，将熔融状态的塑料坯料置于模具内，用压缩空气将坯料吹胀，使之紧贴着模具内壁成形，从而获得中空塑件（见图 3-31）。坯料可用挤出或注射方法得到，也可采用现成的管材或片材。目前广泛采用挤压吹塑法生产。

吹塑成形一般用于中空、薄壁塑件的生产，如瓶、筒、罐、化学包装容器、轿车油箱和儿童玩具等。

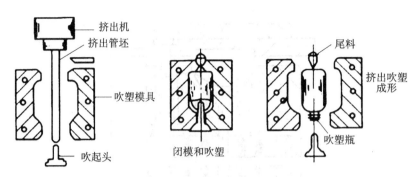

图 3-31 挤压吹塑成形示意图

3.4.2 橡胶成形

大多数橡胶制品为模塑制品,一般经过生胶的塑炼和胶体的混炼,然后通过模压成形,或注射成形,其工艺过程如下:烘胶→塑炼→混炼→制坯→片材/管材/型材→裁切→成形硫化→后加工→成品。

生胶在塑炼前,先在烘胶房中加温至 50~70℃,经过一定时间后,用切胶机将软化的生胶切成一定规格的胶块,并用破胶机将其破胶,随后在开放式或密闭式炼胶机中进行塑炼。当胶体的可塑性达到要求后,加入各种添加剂进行混炼,以获得成分均匀的橡胶,并制成一定尺寸的胶片,形成胶料半成品。成分合格的胶料半成品在加热、加压条件下,模压成形或注射成形。

模压成形的主要过程包括加料、合模、硫化、出模及清理等步骤,其中最重要的是硫化过程。模压成形的主要设备是平板硫化机和橡胶压制模具。模压成形的设备成本低,零件致密,适宜于各种橡胶制品、橡胶与金属或与织物的复合制品。

橡胶注射成形与塑料注射成形类似,是一种将胶料直接从机筒注入模具硫化的成形方法,其工艺包括喂料塑化、注射保压、硫化和出模等过程。注射成形的硫化时间短、成形时间短、生产率高,制品质量稳定,可生产大型厚壁、薄壁及复杂几何形状制品。

第4章 机械传动

4.1 机械传动概述

4.1.1 机械的分类与组成

1. 机械的分类

机械通常分为动力机械、能量转换机械和工作机械三大类。

1) 动力机械

动力机械是指将已有的机械能或非机械能转换成便于利用的机械能的设备,如电动机、风力机、水轮机、内燃机、汽轮机、液压马达、气压马达等。

2) 能量转换机械

能量转换机械是指将机械能转换为某种非机械能的设备,如发电机、液压泵、空气压缩机等。

3) 工作机械

工作机械是指利用人、畜或动力机械所提供的机械来完成一定工作的设备,如日常生活中所见的缝纫机、交通运输中的汽车,在工业部门中使用的纺织机、轧钢机、起重机,以及生产机器的工作母机——各种机床等。

2. 机械的组成

机械又是各种机器与机构的统称。各种机械的共同特征如下:

① 它们是由人类制造的多构件组合体。

② 各构件间具有确定的相对运动,并传递力或力矩。

③ 能够实现机械能的利用(如金属切削机床的切削加工)或能量的转换(如内燃机把热能转换成机械能)。

满足机械前两个特征的称为机构,三个特征都满足的称为机器。

机器是执行机械运动、用来变换或传递能量、物料、信息的装置。将其他形式能量变换为机械能的机器称为原动机,如内燃机、电动机(分别将热能和电能变换为机械能)等都是原动机。凡利用机械能变换或传递能量、物料、信息的机器称为工作机,如发电机(机械能变换为电能)、金属切削机床(变换物料外形)、录音机(变换和传递信息)等都属于工作机。

机械按其功能可由以下四个部分组成。

1) 动力部分

动力部分用于驱动整部机器以完成预定功能的动力源。动力部分可采用人力、风力、电力、压缩空气等作动力源,其中利用电力和热力的原动机(电动机和内燃机)使用最广。

2) 执行部分

执行部分是直接完成机器预定功能、进行生产的部分,是综合体现一台机器的用途、性能的部分,也是机器设备分类的主要依据。有不少机器,其原动机和传动部分大致相同,但由于工作部分不同,而构成了用途、性能不同的机器。如汽车与推土机等,其原动机均为内燃机,而且传动部分大同小异,但由于工作部分不同就形成了不同种类的机器。

3) 传动部分

由于动力部分的功率和转速变化范围有限,而不同的机器有不同的运动形式和动力参数,为了适应机器工作部分的要求,在动力部分和执行部分之间的中间设置传动部分。传动部分能将动力部分的运动形式和动力参数转变为执行部分所需的运动和动力参数,并能将原动机的动力分配给多个执行机构。

4) 控制部分

控制部分是为了提高产品质量、产量,减轻人们的劳动强度,节省人力、物力等而设置的控制系统。控制系统由控制器和被控制对象组成。不同的控制器组成的系统不一样,如由手动操纵进行控制的手动控制系统,由机械装置作为控制器的机械控制系统,由气压、液压作为控制器的气动、液压控制系统,由电气装置或计算机作为控制器的电气或计算机控制系统。随着科学技术的快速发展,计算机控制系统已广泛应用于工业生产中。

从制造的角度来看,任何机器都是由许多零件组成的。零件是指机器中不可再拆的最基本的制造单元,如轴、齿轮、螺栓等。机械中的零件通常分为两类:一类是通用零件,它们在各种类型的机械中都可能用到,如螺钉、螺栓、螺母、轴承、齿轮、销、键、弹簧等;另一类是专用零件,只用于某些类型的机械中,如汽轮机中的转子、叶片、隔板、内燃机、蒸汽机中的曲轴、活塞等。

从运动的角度来看,机器由具有确定的相对运动的构件组成。构件可以是一个零件,也可以是由多个零件刚性地连接在一起的一个整体。

从装配的角度来看,机器由部件组成,如汽车由车架、引擎、变速箱等部件组成。把一台机器划分为若干个部件,其目的是有利于设计、制造、运输、安装和维修。

4.1.2 机构运动简图

机械传动离不开各种机构,而机构是由具有确定的相对运动的构件组合而成的。设计和分析机构时,判断机构能否产生确定的相对运动是非常重要的。在研究机构运动时,为了使问题简化,撇开那些与运动无关的构件的复杂外形和运动副的具体构造,用国标规定的简单符号和线条代表运动副和构件,并按比例定出各运动副的位置。说明各构件间相对运动关系的简化图形称为机构运动简图。

所有构件都在同一平面或相互平行的平面内运动的机构称为平面机构,否则称为空间机构。工程中常见的机构大多属于平面机构。

1. 运动副及其分类

在机构中两个构件直接接触并能产生确定的相对运动的联接称为运动副。例如在内燃机中,活塞和连杆、活塞和气缸体、曲轴和气缸体以及曲轴和连杆之间的联接都构成了运动副。两构件组成的运动副是通过点、线或面的接触实现的。按照接触特性,将运动副分为低副和高副两大类。

1) 低　副

两构件通过面接触组成的运动副称为低副。根据两构件间的相对运动是转动或移动,又分为转动副和移动副。

(1) 转动副

组成运动副的两构件只能绕同一轴线作相对转动时称为转动副或铰链,见图4-1。组成铰链的两构件中有一个固定的称为固定铰链;两个构件都不固定的称为活动铰链。门和门框的连接属于固定铰链。

(2) 移动副

组成运动副的两构件只能沿某一直线相对移动时称为移动副。图4-2中构件1与构件2组成的是移动副。

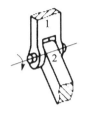 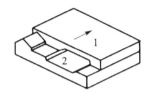

图4-1 转动副 　　　　　　　　图4-2 移动副

2) 高　副

两构件通过点接触或线接触组成的运动副称为高副。图4-3中,车轮与钢轨、凸轮与推杆、齿轮1与齿轮2在接触点 A 处组成的运动副都是高副。它们的相对运动是绕接触点 A 的转动和沿接触点公切线 $t-t$ 方向的移动。

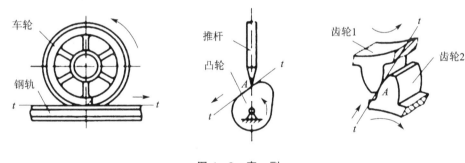

图4-3 高　副

2. 构件的分类

组成机构的构件按其运动性质可分为机架、原动件和从动件。

1) 机　架

机构中固定不动的构件称为机架。它使机械上的各个部分保持确定的位置,符号表示见图4-4。机架是用来支承活动构件的构件。在任何一个机构中,必有一个构件被当做相

图4-4 机架的表示方法

对固定的构件。例如,汽车发动机的机体(气缸体)虽然随着汽车运动,但在研究发动机各构件的运动时,仍将机体当做固定件。

2) 原动件

原动件是机构运动规律已知的活动构件,其运动是由外界给定的。在一个机构中,必须至少有一个原动件。

3) 从动件

从动件是机构中随着原动件的运动而运动的其余活动构件。从动件的运动规律取决于原动件的运动规律和机构的组成。

3. 运动副及构件的表示方法

在机构运动简图中,运动副常用一些简单的线条和符号表示,具体表示方法如图 4-5 所示。

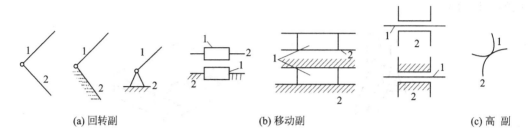

(a) 回转副　　　　　　(b) 移动副　　　　　　(c) 高 副

图 4-5　运动副的表示方法

图 4-5(a)是由两个都是活动构件组成回转副的表示方法。用圆圈表示回转副,其圆心代表相对转动轴线。若其中有一个为机架,则在代表机架的构件上加阴影线。

两构件组成移动副的表示方法如图 4-5(b)所示。移动副的导路必须与相对移动方向一致。同前所述,图中画阴影线的构件表示机架。

两构件组成高副时,在简图中应当画出两构件接触处的曲线轮廓,如图 4-5(c)所示。

图 4-6 为构件的表示方法:图(a)表示参与组成两个转动副的构件,图(b)表示参与组成一个转动副和一个移动副的构件。如果三个转动副中心在一条直线上,则可用图(c)表示。

(a) 两个转动副的构件　　(b) 一个转动副和一个移动副的构件　　(c) 三个转动副的构件

图 4-6　构件的表示方法

4.1.3 机械传动的特性与参数

机械传动是利用各种机构(或传动装置)来传递运动和动力的。机械传动的运动特性通常用转速、速比、变速范围等参数来表示;动力特性通常用功率、转矩、效率等参数来表示。

1. 转速、速比及变速范围

当机械传动传递回转运动时(如一对齿轮传动),主动轮的转速 n_1 与从动轮的转速 n_2 之比称为该传动的速比,用 i(或 i_{12})表示,即

$$i = i_{12} = \frac{n_1}{n_2}$$

式中:n_1 为主动轮转速(r/min);n_2 为从动轮转速(r/min)。

在速比可调的机械传动中,当输入轴转速 n_{max} 一定时,经调速后能够输出的最高转速 n_{omax} 与最低转速 n_{omin} 之比称为变速范围,用 R_b 表示,即

$$R_b = \frac{n_{omax}}{n_{omin}}$$

式中: n_{omax}、n_{omin} 分别为调速后能输出的最高和最低转速(r/min)。

2. 功率与转矩

图 4-7 为卷扬机传动系统简图。卷筒直径为 $D(mm)$,起升质量为 $m(kg)$,钢丝绳的牵引力 $F = mg(N)$,卷筒轴上的驱动转矩 $T(Nm)$ 为

$$T = F\frac{D}{2}$$

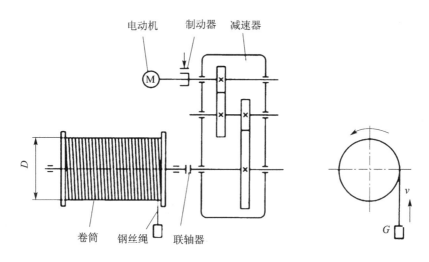

图 4-7 卷扬机传动系统简图

设卷筒的工作转速为 $n(r/min)$,以速度 $v(m/s)$ 起升重物,略去摩擦阻力不计,起升载荷所需的驱动功率 $P(kW)$ 为

$$P = \frac{Fv}{1\,000}$$

式中: $F = \frac{2T}{D}$,$v = \frac{\pi D n}{60}$。代入上式得

$$P = \frac{2T\pi n}{60 \times 1\,000}$$

解得驱动转矩的表达式为

$$T = 9\,549\frac{P}{n}$$

3. 机械效率

机器工作时,由于摩擦阻力的存在会消耗一部分功率,使输入功率不能完全得到利用。为了度量机器输入功率被利用的程度,引入了机械效率的概念。机械效率用 η 表示,如机器的输入功率为 P_i,输出功率为 P_o,则

$$\eta = \frac{P_o}{P_i}$$

由于输入功率总是大于输出功率(因为有一部分输入功率要消耗于摩擦力),因此机械效率 η 的值总是小于1。机械效率是衡量机器性能的一个很重要的指标。通过实验可测定机构的机械效率,常见机构和轴承的机械效率如下:

一对齿轮传动　　　　$\eta=0.92\sim0.985$(包括轴承损失)
平带传动　　　　　　$\eta=0.92\sim0.98$(包括轴承损失)
V 带传动　　　　　　$\eta=0.90\sim0.94$(包括轴承损失)
一对滚动轴承　　　　$\eta=0.99$
一对滑动轴承　　　　$\eta=0.94\sim0.98$
滑动丝杠　　　　　　$\eta=0.30\sim0.60$

当机械传动系统由多级传动机构串联而成时,该传动系统的总效率等于各级传动机构效率的连乘积,即

$$\eta_{总}=\eta_1\eta_2\eta_3\cdots\eta_n$$

式中:η_1、η_2、η_3、η_n 分别为第 1 级、第 2 级、第 3 级、第 n 级传动的机械效率。

4.1.4　机械传动的组成与任务

1. 机械传动的组成

传动部分是机器的组成部分之一,常用的传动方式有机械传动、液压与气压传动、电动传动,其中以机械传动应用最广。

机械传动通常是由各种机构(如连杆机构、凸轮机构、螺旋机构、间歇运动机构等)、传动装置(如带传动、链传动、齿轮传动、蜗杆传动等)以及各种零件(如轴、螺栓、螺母、弹簧等)、部件(如轴承、联轴器、离合器、制动器等)有机组合而成的。

2. 机械传动的分类

根据传动原理的不同,机械传动可分为摩擦传动和啮合传动。

① 摩擦传动。摩擦传动有带传动和摩擦轮传动等。
② 啮合传动。啮合传动有齿轮传动、蜗杆传动和链传动等。

根据传动的速比能否改变,机械传动可分为固定速比传动和变速比传动。

① 固定速比传动。固定速比传动有带传动、链传动、齿轮传动和蜗杆传动。
② 变速比传动。变速比传动有连杆机构传动、非圆齿轮机构传动、凸轮机构传动、槽轮机构传动和棘轮机构传动。

3. 机械传动的任务

机械传动的作用是将动力机的运动和动力传递给执行机构。传动的任务如下:

① 将动力机输出的速度降低或增高,以适合执行机构的需要。
② 用动力机直接进行调速不经济或不可能时,采用变速传动来满足执行机构经常变速的要求。
③ 将动力机输出的转矩变换为执行机构所需要的转矩或力。
④ 将动力机输出的连续的等速旋转运动转变为执行机构所要求的、速度按某种规律变化的旋转运动、非旋转运动或间歇运动。
⑤ 实现由一个或多个动力机驱动若干个速度相同或不同的执行机构。
⑥ 由于受到动力机或执行机构机体外形、尺寸等的限制,或为了安全和操作方便,执行机

构不宜与动力机直接连接,此时也需要通过传动部分来连接。

4.2 常用机构

机构的基本功用是变换运动形式。常用机构主要包括平面连杆机构、曲柄滑块机构、凸轮机构、螺旋机构和间歇运动机构等。螺旋机构可将回转运动变换为直线运动;凸轮机构和槽轮机构可将匀速转动变换为非匀速运动、间歇运动;曲柄滑块机构可将直线运动转换为旋转运动(滑块作为主动件),也可将旋转运动转换为直线运动(曲柄作为主动件)。

4.2.1 平面连杆机构

平面连杆机构是由若干构件通过低副连接而组成的平面机构。
连杆机构主要用于:
① 实现运动形式的转换;
② 实现一定的运动轨迹;
③ 实现一定的动作。
在平面连杆机构中,铰链四杆机构为最基本形式,其他形式的四杆机构可以看做是在铰链四杆机构的基础上演化而成的。

1. 铰链四杆机构的基本类型

图 4-8(a)所示的破碎机的破碎机构采用了四杆机构。当轮子绕固定轴心 A 转动时,通过轮子上的偏心销 B 和连杆 BC,使动颚板 CD 往复摆动。当动颚板摆向左方时,它与固定颚板间的空间变大,使矿石落入两颚板间;摆向右方时,矿石在两板之间被压碎。其机构运动简图如图 4-8(b)所示,其中,A、B、C、D 分别为四个铰链。这种用铰链将构件相互连接而成的四杆机构,称为铰链四杆机构。其中,固定件 1 称为静件或机架;和机架相连的两构件 2 和 4 统称为连架杆或臂;能作整周转动的连架杆 2 称为曲柄;能作往复摆动的连架杆 4 称为摇杆;不与机架直接相连的构件 3 称为连杆。

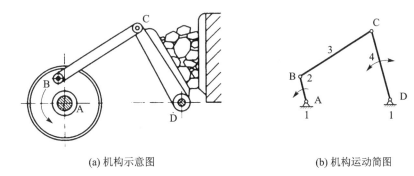

(a) 机构示意图　　　　　　　　　(b) 机构运动简图

图 4-8　破碎机的破碎机构

铰链四杆机构根据连架杆运动形式的不同,存在三种基本形式。

1) 曲柄摇杆机构

在四杆机构的两连架杆中,如果一个为曲柄,另一个为摇杆,则此机构称为曲柄摇杆机构。曲柄摇杆机构应用相当广泛,图4-9和4-10所示均为曲柄摇杆机构的应用实例。

曲柄摇杆机构有以下两个主要特性:

① 具有急回特性。如图4-11所示,当曲柄AB为主动件并作等速回转时,摇杆CD为从动杆作变速往复摆动。由图可见,曲柄AB在回转一周的过程中,有两次与连杆BC共线,此时摇杆CD分别位于两极限位置C_1D和

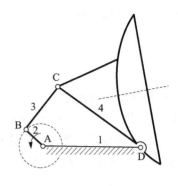

图4-9 雷达天线调节机构

C_2D。摇杆两极限位置的夹角φ称为最大摆角。摇杆往返摆过这一角度时,对应着曲柄的转角分别为α_1和α_2。图中,$\alpha_1 > \alpha_2$表明摇杆复摆动同样角度φ所需的时间不等。这种主动件作匀速运动,从动件往复运动所需的时间不等的性质称为急回运动。在实际生产中,可利用机构的急回特性,将慢行程作为工作行程,快行程作为空回行程,可提高生产效率。

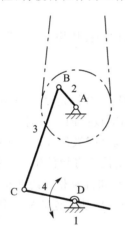

图4-10 缝纫机的驱动机构

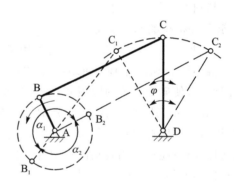

图4-11 曲柄摇杆机构

② 存在死点位置。图4-11中,摇杆为主动件,曲柄为从动件,当摇杆CD到达两极限位置C_1D和C_2D时,连杆和曲柄在一条直线上,此时因为主动件通过连杆施加于曲柄的力将通过铰链A的中心,所以作用力矩等于零。因此,不论力多大,都不可能推动曲柄转动,机构处于静止状态。我们称这两个极限位置为死点位置。对传动来说,机构存在死点是一个缺陷。这个缺陷常利用构件的惯性力来克服,如缝纫机的驱动机构在运动中就依靠飞轮的惯性通过死点。

2) 双曲柄机构

当四杆机构的两连架杆都为曲柄时,则该机构称为双曲柄机构,如图4-12所示。在双曲柄机构中,若两曲柄不等长,当主动曲柄等速回转一周时,从动曲柄变速回转一周,即有急回运动。图4-13所示的惯性筛便属于这种机构。

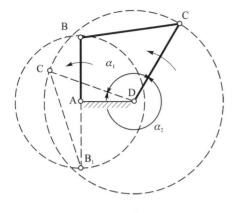
图 4-12 双曲柄机构

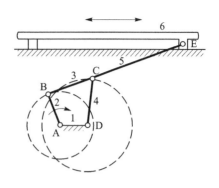
图 4-13 惯性筛机构

在双曲柄机构中,如果两曲柄等长,且连杆与机架也等长,根据曲柄相对位置的不同,可得到平行双曲柄机构和反向双曲柄机构,如图 4-14 所示。前者两曲柄的回转方向相同,角速度也相等,而后者两曲柄的回转方向相反,且角速度不等。由于平行双曲柄机构具有等传动比的特点,故在传动机械中应用较广。图 4-15 所示的移动摄影车的升降机构和图 4-16 所示的机车联动机构是平行四边形机构的应用实例。平行双曲柄机构中,当主动曲柄与从动曲柄共线时,有可能变成反向双曲柄机构,为防止这种机构在运动过程中变成反向双曲柄机构,应安装一个辅助曲柄,如图 4-16 中的杆 EF。

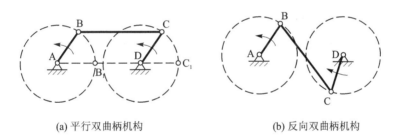

(a) 平行双曲柄机构　　　　　(b) 反向双曲柄机构

图 4-14 平行双曲柄机构和反向双曲柄机构

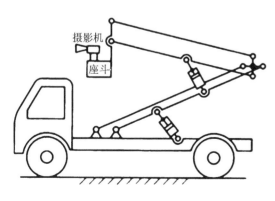
图 4-15 摄影车升降机构

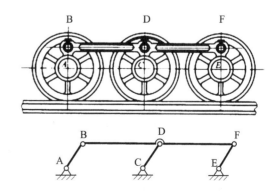
图 4-16 机车联动机构

3) 双摇杆机构

当四杆机构中的两连架杆均为摇杆时,则此机构称为双摇杆机构,如图4-17所示。在双摇杆机构中,两摇杆可以分别作为主动件。当连杆与从动摇杆共线时,机构处于死点位置。图4-18所示的翻台式造型机即采用了双摇杆机构。当摇杆摆动时,翻台处于合模和起模两个工作位置。

图4-19所示的港口起重机也采用了双摇杆机构。该机构利用连杆上的特殊点M来实现货物的水平吊运。图4-20所示的飞机起落架利用双摇杆机构控制飞机起飞和着陆时机轮的放下与收起。

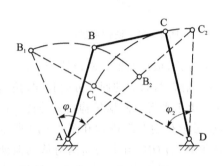

图4-17 摇杆机构

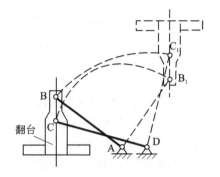

图4-18 造型机翻台机构

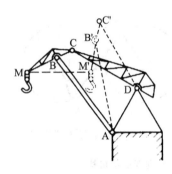

图4-19 港口起重机

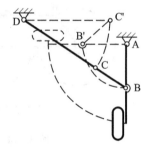

图4-20 飞机起落架机构

2. 铰链四杆机构类型的判别

铰链四杆机构的三种基本形式的区别与连架杆是否为曲柄有关,而连架杆是否为曲柄与各构件的相对长度和机架的选取有关。在四杆机构中,当最短杆与最长杆长度之和小于或等于其余两杆长度之和时,存在以下三种情况:

① 取与最短杆相邻的杆为机架时,得到曲柄摇杆机构。
② 取最短杆为机架时,得到双曲柄机构。
③ 取与最短杆相对的杆为机架时,得到双摇杆机构。

当四杆机构中最短杆与最长杆长度之和大于其余两杆长度之和时,不论取哪一杆为机架,都只能构成双摇杆机构。

3. 曲柄滑块机构

曲柄滑块机构是曲柄摇杆机构的一种演化形式。如图4-21(a)所示为由曲柄1、连杆2、滑块 3 和构件 4 组成的曲柄滑块机构，它可以看做是由图 4-21(b)所示的曲柄摇杆机构，在转动副 D 无限扩大后，C 点的运动轨迹成为直线，摇杆 CD 成为滑块的演化机构，即通过改变构件的长度，将转动副演化为移动副而获得。

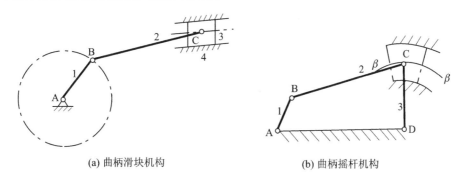

图 4-21　曲柄滑块机构

图 4-22(a)所示为对心曲柄滑块机构，图 4-22(b)所示为偏置曲柄滑块机构。曲柄滑块机构中，若曲柄为主动件，可将曲柄的回转运动变成滑块的往复直线运动，如图 4-23 所示的曲柄压力机；反之，若滑块为主动件，则将滑块的往复直线运动变成曲柄的整周连续转动，如图 4-24 所示的内燃机。

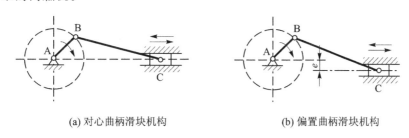

图 4-22　曲柄滑块机构

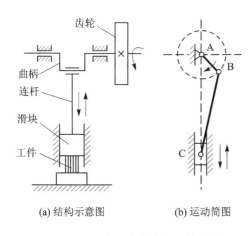

图 4-23　压力机中的曲柄滑块机构

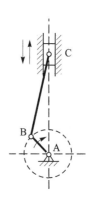

图 4-24　内燃机中的曲柄滑块机构

在曲柄滑块机构中，若滑块为主动件，则当连杆与曲柄成一直线时，机构处于死点位置。偏置曲柄滑块机构中，因有偏心距，故有急回运动。曲柄滑块机构广泛应用于内燃机、压力机、空气压缩机等机械中。

4. 连杆机构的优缺点

连杆机构在各种机械中得到了广泛的应用,其原因在于它有下列优点:

① 能实现多种运动规律和运动轨迹;

② 构件间均为面接触,承载能力强,耐磨损;

③ 构件间的接触面是圆柱面或平面,易于制造和获得较高的精度。

连杆机构的缺点:

① 传动效率低;

② 当构件数目多时,累积运动误差较大;

③ 高速运转时,不平衡动载荷较大,且难以消除。

4.2.2 凸轮机构

凸轮机构是一种常用的高副机构,广泛用于各种机械传动和自动控制装置中。

在自动化机械中,要实现机器的自动控制,使机器能按预定的工作要求工作,完成较复杂的运动,需要各种各样的机构组合在一起。低副机构一般只能近似地实现给定的运动规律。

当从动件的位移、速度和加速度必须严格地按照预定规律变化,尤其当原动件作连续运动而从动件必须作间歇运动时,以采用凸轮机构最为简便。

凸轮是具有曲线或曲面轮廓且作为高副元素的构件,含有凸轮的机构称为凸轮机构。在机械工业中,凸轮机构是一种常用的机构,特别是在自动化机械中,其应用更为广泛,如自动机床上的走刀、火柴自动装盒等。

1. 凸轮机构的组成与应用

1) 凸轮机构的组成

凸轮机构是由凸轮、从动件、机架及附助装置等组成的高副机构,其运动简图如图 4-25 所示。当作为主动件的凸轮连续转动时,通过其轮廓曲线与导杆端部高副接触,推动导杆按预定的规律进行往复运动。

2) 凸轮机构的应用

如图 4-26 所示为内燃机控制气阀开闭的凸轮机构。凸轮以等角速度 ω 回转,驱动从动阀杆作上下运动,从而有规律地开启或关闭气阀。凸轮轮廓的形状决定了气阀开启或关闭的时间长短及其速度、加速度的变化规律。气阀杆的运动规律规定了凸轮的轮廓外形。当规律变化的凸轮轮廓与气阀杆的平底接触时,气阀杆产生往复运动;当以凸轮回转中心为圆心的圆弧段轮廓与气阀杆接触时,气阀杆将静止不动。

因此,随着凸轮的连续转动,气阀杆可获得间歇的、按预期规律的运动。弹簧的作用是使气阀组件紧贴凸轮的轮廓曲面。

盘形凸轮是绕固定轴转动且有变化向径的盘形零件,是凸轮最基本的形式。图 4-27 所示为绕线机的绕线凸轮。当凸轮转动时,迫使从动件作往复摆动,使线在线轴上按一定的规律左右移动,按设计要求绕在线轴上。

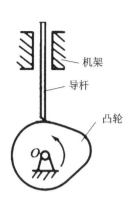
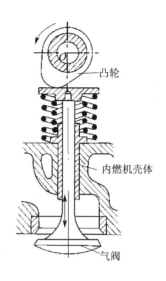

图 4-25 凸轮机构　　　　图 4-26 内燃机控制气阀开闭的凸轮机构

圆柱凸轮是凸轮机构的另外一种常见形式。图 4-28 所示为自动机床进刀凸轮机构,当圆柱凸轮转动时,通过凹槽中的滚子,凹槽侧面迫使从摆杆摆动,通过摆杆上的齿轮副使刀架来回往复移动。凸轮每旋转一周,刀架往复移动一次。刀架往复移动速度完全取决于凹槽的形状,通过控制凹槽形状来控制刀架的往复速度。为节约加工工时,设计时空回行程速度往往高于工作行程速度。

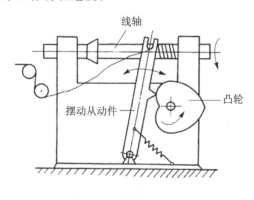
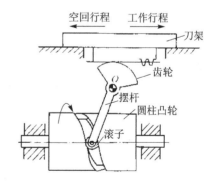

图 4-27 绕线机凸轮　　　　图 4-28 自动机床进刀凸轮机构

由以上例子可知,凸轮机构一般由凸轮、从动件和机架三个构件组成。其中,凸轮是一个具有曲线轮廓或凹槽的构件,运动时,通过高副接触可以使从动件获得连续或不连续的任意预期往复运动。

2. 凸轮机构的特点

凸轮机构的优点:

① 只需设计适当的凸轮轮廓,便可使从动件得到任意的预期运动。也就是说,凸轮机构可以用在对从动件运动规律要求严格的场合,也可以根据实际需要任意拟定从动件的运动规律,如运动轨迹、速度、加速度、位移量,以及间歇运动的运动时间与间歇时间的比例、停歇次数等。

② 结构简单、紧凑,设计方便,因此在自动机床、轻工机械、纺织机械、印刷机械、食品机械、包装机械和机电一体化产品中得到广泛应用。

③ 可以高速启动,动作准确可靠。

凸轮机构的缺点:

① 凸轮与从动件间为点或线接触,易磨损,只宜用于传力不大的场合。

② 从动件的行程不能过大,否则会使凸轮变得笨重。

4.2.3 螺旋机构

螺旋机构按摩擦性质分为普通螺旋机构(滑动摩擦)和滚珠螺旋机构(滚动摩擦)两大类。其功用是利用螺旋副将回转运动变为直线移动。滚珠螺旋机构的运动是可逆的。

1. 螺纹参数

螺纹参数有牙型、直径、螺距 P、线数 n、导程 P_h、旋向等。

① 牙型。沿螺纹轴线剖切得到的剖面为螺纹牙型。常见螺纹牙型如图 4-29 所示。

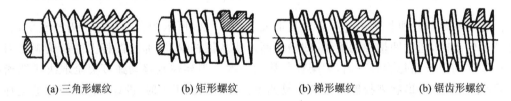

(a) 三角形螺纹　　(b) 矩形螺纹　　(c) 梯形螺纹　　(b) 锯齿形螺纹

图 4-29　常见螺纹牙型

连接用的螺纹一般均为三角形螺纹,如图 4-29(a)所示;传动用的为其余牙型,如机床螺旋传动用的是梯形螺纹,如图 4-29(c)所示;千斤顶的螺旋传动用的是锯齿形螺纹,如图 4-29(d)所示。

② 直径。如图 4-30 所示,螺纹的最大直径 d 称为大径,是螺纹的公称直径;螺纹的最小直径 d_1 称为小径;大径和小径的平均值称为中径 d_2,沿中径的轴线方向牙槽与牙宽相等。

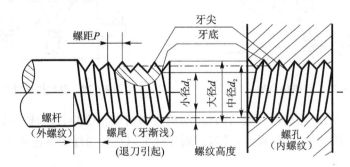

图 4-30　螺纹各部分名称

③ 螺距 P。相邻两牙中径线上对应点之间的轴向距离为螺距 P,如图 4-30 所示。

④ 线数 n。又称头数,如图 4-31 所示,由一条螺旋线构成的螺纹称单线螺纹;由两条或两条以上螺旋线构成的螺纹称双线或多线螺纹。

⑤ 导程 P_h。沿螺旋线转一圈,在轴线方向移动的距离称为导程,见图 4-31。导程与螺距的关系为 $P_h = n \times P$。显然,单线螺纹的导程与螺距相等。

⑥ 旋向。螺纹的旋向分为右旋和左旋。如图 4-31 所示,螺纹向右上升的为右螺旋,螺纹向左上升的为左螺旋。机器中多用右旋。

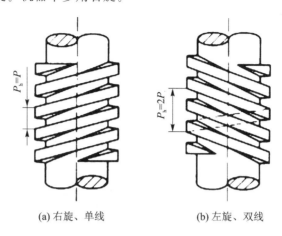

(a) 右旋、单线　　　　(b) 左旋、双线

图 4-31　螺纹的旋向、线数和导程

2. 普通螺旋机构

1) 普通螺旋机构的特点

普通螺旋机构广泛应用于各种机械设备和仪器中。其特点是:结构简单,制造方便,能将较小的回转力矩转变成较大的轴向力,能达到较高的传动精度,并且工作平稳,易于自锁;但其摩擦损失大,传动效率低,因此一般不用于传递大的功率。

螺旋机构中的螺杆常用中碳钢(45、40Mn、T10A、40Cr、9Mn2V、CrWMn)制造,而螺母则用耐磨性较好的材料(如青铜、耐磨铸铁等)来制造。

2) 普通螺旋机构的形式

普通螺旋机构有单螺旋机构和双螺旋机构两种形式。

(1) 单螺旋机构

单螺旋机构由单一螺旋副组成。它有以下 4 种形式:

① 螺母不动,螺杆转动并作直线运动,如台式虎钳、千分尺等。图 4-32 所示为台式虎钳。

② 螺杆不动,螺母转动并做直线运动,如千斤顶等。图 4-33 所示为螺旋千斤顶。

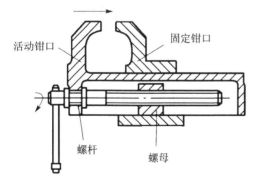

图 4-32　台式虎钳

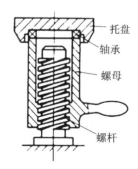

图 4-33　螺旋千斤顶

③ 螺母转动,螺杆做直线运动。图 4-34 所示为应力实验机上的观察镜螺旋调整机构,

游标卡尺中的微量调节装置也属于这种形式的单螺旋机构。

④ 螺杆转动,螺母做直线运动。如车床滑板的横向进给机构、摇臂钻床中摇臂的升降机构、牛头刨床工作台的升降机构等。图 4-35 所示为机床横刀架手摇进给机构。

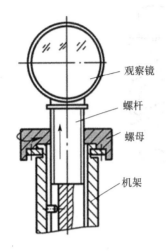
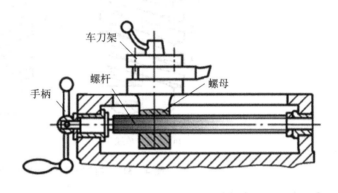

图 4-34 应力实验机观察镜调整机构　　　图 4-35 机床横刀架手摇进给机构

在单螺旋机构中,螺杆与螺母间相对移动的距离 s 可按下式计算:

$$s = P_h z = nPz$$

式中:s 为移动距离(mm);n 为线数,通常 $n=1\sim4$;P 为螺距(mm),即相邻两牙对应点之间的轴向距离;z 为螺杆或螺母转过的圈数;P_h 为导程(mm)。

(2) 双螺旋机构

图 4-36 所示为双螺旋机构。螺杆上有两段导程,分别为 P_{h1} 和 P_{h2} 的螺纹,分别与螺母(机架)和螺母(滑块)组成两个螺旋副。按两螺旋副的旋向是否相同,双螺旋机构分为差动螺旋机构和复式螺旋机构两种。

① 差动螺旋机构。图 4-36 中,若两螺旋副旋向相同,便构成差动螺旋机构。当螺杆转动时,一方面相对螺母(机架)移动,同时又使不能转动的螺母(滑块)相对螺杆移动。螺母(滑块)相对螺母(机架)移动的距离 s 为两螺旋副移动量之差,即

$$s = (P_{h1} - P_{h2})z$$

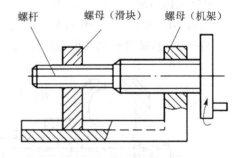

图 4-36 双螺旋机构

当 P_{h1} 和 P_{h2} 相差很小时,移动量可以很小。该机构的优点是:在螺纹的导程不太小的情况下,可获得极小的位移。因此,差动螺旋常应用于测微器、计算机、分度机,以及许多精密切削机床、仪器和工具中。

② 复式螺旋机构。图 4-36 中,若两螺旋副旋向相反,便构成复式螺旋机构。复式螺旋机构中可动螺母相对机架移动的距离 s 可按下式计算:

$$s = (P_{h1} + P_{h2})z$$

因为复式螺旋机构的移动距离 s 与两螺母导程的和（$P_{h1}+P_{h2}$）成正比,可用于实现快速调整两构件相对位置的场合。当 $P_{h1}=P_{h2}$ 时,可使两构件等速趋近或远离。图 4-37 为用于车辆连接的复式螺旋机构。它可使车钩快速靠近或离开。

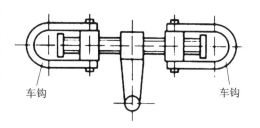

图 4-37 车辆连接机构

3. 滚珠螺旋机构

滚珠螺旋机构主要由螺母、丝杠、滚珠和滚珠循环装置组成。如图 4-38 所示,在螺母和丝杠上分别加工有半圆形的螺旋槽,并将螺母上螺旋槽的进、出口用导路连通,二者对合起来形成一条圆形截面的封闭螺旋滚道。在螺旋滚道之间装入许多滚珠,当丝杠与螺母之间产生相对转动时,滚珠沿螺旋滚道滚动,并通过导路构成封闭循环。螺旋副中的摩擦为滚动摩擦,故称滚动螺旋机构。

与普通的螺旋机构相比较,滚珠螺旋机构的优点是：摩擦损失小,传动效率高；传动精度高；不具有自锁性,可以变直线运动为旋转运动,但在不需要逆向运动的机构中,为了防止逆转需加自锁机构。其缺点是：结构复杂,制造技术要求高,抗冲击性能差,不能承受过大的载荷。目前,滚珠螺旋机构在飞机机翼、起落架的控制、数控机床等要求高效率和高精度的场合得到了广泛的应用。

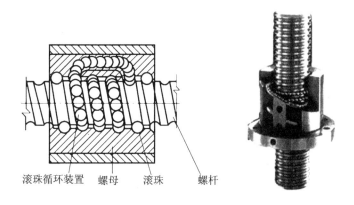

图 4-38 滚珠螺旋机构

4.2.4 间歇运动机构

当需要从动件产生周期性的运动和停顿时,可以应用间歇运动机构。它的种类很多,常见的有棘轮机构和槽轮机构。

1. 棘轮机构

棘轮机构如图 4-39 所示,主要由棘轮、棘爪与机架组成。当摇杆 O_1A 向左摆动时,装在摇杆上的棘爪插入棘轮的齿间,推动棘轮逆时针方向转动。当摇杆 O_1A 向右摇动时,棘爪在齿背上滑过,棘轮静止不动。故棘轮机构的特点是：将摇杆的往复摆动转换为棘轮的单向间歇转动。止退棘爪的作用是防止棘轮反转。

图 4-39 中,棘轮转过的角度可通过螺杆调节。转动螺杆通过调整螺母的位置而改变曲

柄 O_2B 的长度,从而改变摇杆摆动的角度,使棘轮转过的角度也随之相应变化。图 4-40 所示为另一种调节棘轮转角的方法,棘轮装在罩盖内,仅露出一部分齿,转动罩盖,则不用改变摇杆摆角 φ,就能使棘轮的转角由 α_1 变成 α_2,见图 4-40。

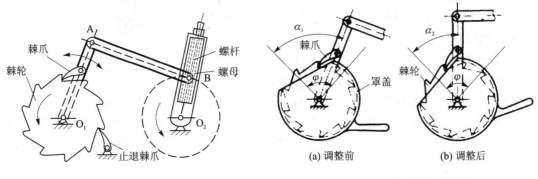

图 4-39 棘轮机构　　　　　　　　　图 4-40 棘轮转角的调节

棘轮机构的棘爪与棘轮的齿开始接触的瞬间会发生冲击,在工作过程中有噪声,一般用于主动件速度不大、从动件行程需要改变的场合,如各种机床和自动机械的进给机构、进料机构以及自动计数器等。

2. 槽轮机构

槽轮机构如图 4-41 所示,它由槽轮、拨盘与机架组成。当拨盘转动时,其上的圆销进入槽轮相应的槽内,使槽轮转动。当拨盘转过 φ 角时,槽轮转过 α 角(见图 4-41(b)),圆销便离开槽轮。当拨盘继续转动,槽轮上的凹弧 abc 与拨盘的凸弧 def 相接触,使槽轮不能转动。等到拨盘的圆销再次进入槽轮的另一槽内时,槽轮又开始转动。这样就将主动件(拨盘)的连续转动变为从动件(槽轮)的周期性间歇转动。

从图 4-41 可以看到,槽轮静止的时间比转动的时间长,若需静止的时间缩短些,则可增加拨盘上圆销的数目。如图 4-42 所示,拨盘上有两个圆销,当拨盘旋转一周时,槽轮转过 2α。槽轮机构的结构简单,工作可靠,在进入和脱离接触时运动较平稳,但槽轮的转角不能调节,故只能用于定转角的间歇运动机构中,如自动机床、电影机械、包装机械等。

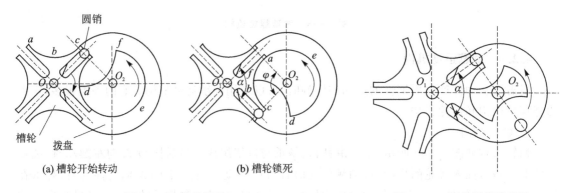

图 4-41 槽轮机构　　　　　　　　　图 4-42 双柱销槽轮机构

图 4-43 所示是自动车床刀架的转位机构。刀架上装有四把刀具,拨盘转动一周,圆销便驱动槽轮转过 $90°$,从而将下一工序的刀具转换到工作位置。图 4-44 所示是电影放映机的卷片机构。

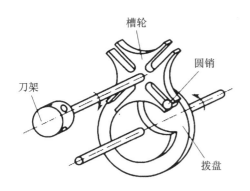
图 4-43 自动车床刀架转位机构

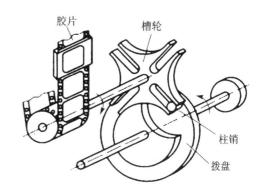
图 4-44 电影放映机的卷片机构

4.3 常用机械传动装置

4.3.1 摩擦轮传动

1. 摩擦轮传动的工作原理

利用两轮直接接触所产生的摩擦力来传递运动和动力的一种机械传动就叫摩擦轮传动。如图 4-45 所示是相对简单的摩擦轮传动,摩擦轮的两轴相距较近。

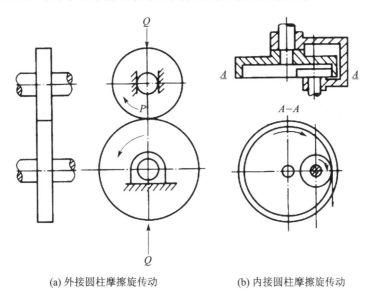

(a) 外接圆柱摩擦旋传动　　(b) 内接圆柱摩擦旋传动

图 4-45 两轴平行的摩擦轮传动

在正常情况下,通过摩擦力的作用,主动轮带动从动轮转动。主动轮转动时,从动轮转动的条件是两轮间的接触面有足够的摩擦力,它们的运动过程就是主动轮产生的摩擦力力矩克服从动轮阻力矩的过程。如果阻力矩大于摩擦力矩,两轮在传动中就会出现相对滑移现象,即打滑。

由力学可知,摩擦力的计算公式为

$$F = \mu N$$

式中:N 为两摩擦面之间的正压力;μ 为摩擦系数。

要增大摩擦力,就必须从两个方面着手进行,即增大正压力 N 或增大摩擦系数 μ。增大正压力,可以在摩擦轮加设弹簧或增设压缩空气装置等压力装置。但这也会增大作用在轴和轴承上的力,因而增大了摩擦功,降低了传动效率。同时,还需要增大传动件的尺寸。

在增加正压力的同时,增大摩擦系数是一种比较合理的解决方法。比如将其中一个摩擦轮用钢或铸铁制成,另一个摩擦轮表面衬上一层石棉、皮革、橡胶、塑料或纤维材料等。

2. 摩擦轮的种类与应用

按照摩擦轮两轴的相对位置,摩擦轮传动有两轴平行和两轴相交两种。

1) 两轴平行的摩擦轮传动

两轴平行的摩擦轮传动如图 4-45 所示,外接圆柱摩擦轮传动,两轴转动方向相反,内接圆柱摩擦轮传动,转动方向相同。

2) 两轴相交的摩擦轮传动

两轴相交的摩擦轮传动如图 4-46 所示。图 4-46(a) 为外接圆锥摩擦轮传动,图 4-46(b) 为内接圆锥摩擦轮传动;在安装时,两轮的锥顶必须重合,这样才能使锥面上各点的线速度相等。

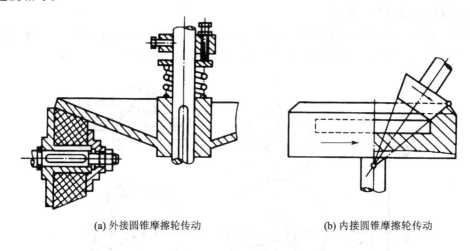

(a) 外接圆锥摩擦轮传动　　　　　　(b) 内接圆锥摩擦轮传动

图 4-46　两轴相交的摩擦轮传动

3. 摩擦轮传动的速比

摩擦轮的速比就是主动轮与从动轮的比值,用符号 i 表示。其表达式为

$$i = i_{12} = \frac{n_1}{n_2}$$

式中:n_1 为主动轮的转速(r/min);n_2 为从动轮的转速(r/min)。

如图 4-45(a) 所示,如果要使两个摩擦轮接触处 P 点不产生滑动,则两个摩擦轮在 P 点的圆周速度(即线速度)应该相等,即 $v_1 = v_2$。

假设主动轮和从动轮的直径为 D_1 和 D_2,半径为 r_1 和 r_2,角速度为 ω_1 和 ω_2,根据力学有:

$$v_1 = r_1 \omega_1 = \pi D_1 n_1$$
$$v_2 = r_2 \omega_2 = \pi D_2 n_2$$

所以

$$r_1\omega_1 = \pi D_1 n_1 = r_2\omega_2 = \pi D_2 n_2$$

$$i = i_{12} = \frac{n_1}{n_2} = \frac{\omega_1}{\omega_2} = \frac{D_2}{D_1}$$

上式表明,摩擦轮传动中的两轮转速与摩擦轮直径成反比。

4. 摩擦轮传动的特点

摩擦轮传动具有自身的特点:

① 结构简单,成本低廉,维修方便。

② 运转时噪声比较小。

③ 运转时变速平稳,启动、停止和变向简便。

④ 两轮接触处产生的打滑现象,一方面具有过载保护作用,可以防止机件损坏;另一方面不能保证准确的速比。

⑤ 传动效率较低,不宜传递较大的转矩,主要适用于高速、小功率传动。

4.3.2 带传动

1. 带传动的工作原理及其速比

1)带传动的组成

带传动是一种常用的机械传动装置。它由固联于主动轴上的主动带轮、固联于从动轴上的从动带轮和张紧在两轮上闭合的柔性传动带组成,如图 4-47 所示。

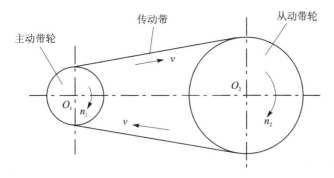

图 4-47 带传动机构运动示意图

2)带传动的工作原理

由于传动原理的不同,带传动可分为摩擦型带传动(见图 4-48)和啮合型带传动(见图 4-49)。摩擦型带传动依靠带的张紧作用,使带与带轮互相压紧,从而使带与两轮的接触面产生摩擦力。当主动轮转动时,由于带和带轮间存在摩擦力,因此便拖动从动带轮一起转动,并传递动力,如平带和 V 带传动。啮合型带传动的原理是当主动带轮转动时,由于带和带轮间的啮合,因此便拖动从动带轮一起转动,并传递动力,如同步带传动。其优点是:无滑动,既能缓冲、吸振,又能使主动带轮和从动带轮圆周速度同步,保证固定的传动比;带的柔韧性好,所用带轮直径较小,但对制造与安装精度要求高,成本也较高。

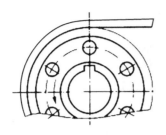
图 4-48 摩擦型带传动示意图

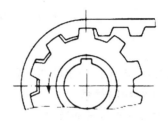
图 4-49 啮合型带传动示意图

3) 带传动的速比

对于带传动，如果不考虑带的弹性变形，并假定带在带轮上不发生滑动，那么，主、从动带轮的圆周速度是相等的，即

$$v_2 = v_1$$

若以 D_1、D_2 分别表示主、从动带轮的直径，则

$$v_1 = \frac{\pi D_1 n_1}{60} \qquad v_2 = \frac{\pi D_2 n_2}{60}$$

根据速比的定义，可得带传动的速比公式为

$$i = i_{12} = \frac{n_1}{n_2} = \frac{\omega_1}{\omega_2} = \frac{D_2}{D_1}$$

上式表明，带传动中的两轮转速与带轮直径成反比。

2. 摩擦型带传动的类型

按照带横截面形状的不同，带可分为平带、V 带、圆带、多楔带、同步带等多种类型（见图 4-50）。常用的带传动主要有平带传动和 V 带传动。

1) 平带传动

平带（见图 4-50(a)）由多层胶帆布构成，其横截面为扁平矩形，工作面是与轮缘相接触的环形内表面。平带传动结构简单，带轮也容易制造，在传动中心距较大的场合应用较多。

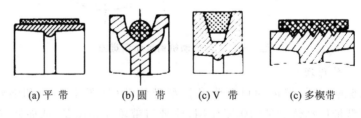

(a) 平 带　　(b) 圆 带　　(c) V 带　　(c) 多楔带

图 4-50 传动带的类型

2) 圆带传动

圆带（见图 4-50(b)）结构简单，其材料常为皮革、棉、麻、锦纶、聚氨脂等，多用于小功率传动。

3) V 带传动

V 带（见图 4-50(c)）的横截面为等腰梯形，其工作面是与带轮轮槽接触的带的两侧面。在一般机械传动中，应用最广的带传动是 V 带传动。在同样的张紧力下，V 带传动较平带传动能产生更大的摩擦力。

4) 多楔带传动

多楔带(见图4-50(d))相当于由多条V带组合而成,工作面是带楔的侧面。多楔带兼有平带柔性好和V带摩擦力大的优点,并解决了多根V带长短不一而使各带受力不均的问题。多楔带主要用于传递功率较大且要求结构紧凑的场合。

3. 摩擦型带传动的特点与应用

带传动的主要优点:

① 带具有良好的弹性,可以缓冲、吸振,尤其V带没有接头,传动平稳,噪声小。
② 适用于两轴中心距较大的传动。
③ 当机器过载时,带就会在带轮上打滑,能起到对机器的过载保护作用。
④ 结构简单,制造与维护方便,成本低。

带传动的主要缺点:

① 外廓尺寸较大,不紧凑。
② 由于带的弹性滑动,所以不能保证准确的传动比。
③ 传动效率较低,带的寿命较短。
④ 需要定期张紧。

根据上述特点,带传动多用于两轴中心距较大、传动比要求不严格的机械中。一般带传动的传动比不超过5,传递的功率为50~100 kW,带速为5~25 m/s,传动效率为0.92~0.97。

4.3.3 链传动

1. 链的种类

链传动是一种挠性传动,它由链条和链轮(小链轮和大链轮)组成,如图4-51所示。通过链轮轮齿与链条链节的啮合来传递运动和动力。链传动主要用在要求工作可靠,两轴相距较远,低速重载,工作环境恶劣,以及其他不宜采用齿轮传动的场合。例如,在摩托车上应用了链传动,结构上大为简化,而且使用方便可靠;掘土机的运行机构就采用了链传动,它虽然经常受到土块、泥浆和瞬时过载等的影响,依然能很好地工作。

按照工作性质的不同,链有传动链、起重链和曳引链3种。

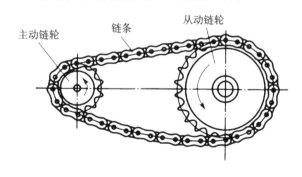

图4-51 链传动

1) 传动链

传动链是一种应用范围最为广泛的传动方式之一,主要用来传递动力和运动,通常工作在中等速度($v \leqslant 20$ m/s)及以下的机械设备中。

传动链主要有套筒链、套筒滚子链(简称滚子链)、齿形链和成形链等类型。

2) 起重链

起重链主要用于传递力,起牵引和悬挂物品的作用,应用在起重机械中提升重物。其工作速度不大于 0.25 m/s,因此用作缓慢的运动。

3) 输送曳引链

输送曳引链主要用于输送工件、物品、物料,在运输机械中移动重物,其中工作速度为 2～4 m/s。另外,它也可以单独组成链式输送机输送物品等。

2. 链传动的应用范围

链传动在传递功率、速度、传动比和中心距等方面都有很广的应用范围。目前,其最大传递功率达到 5 000 kW,最高速度达到 40 m/s,最大传动比达到 15,最大中心距达到 8 m 左右。但由于经济及其他原因,链传动的传动功率一般小于 100 kW,速度小于 15 m/s,传动比小于 8。

链传动除广泛用作定传动比的传动外,也能做成有级链式变速器和无级链式变速器。

3. 传动比

如图 4-51 所示,设主动轮的齿数是 z_1、从动轮齿数是 z_2,主动轮移动一个齿,链条移动一个链节,从动轮被链条带动一个齿。当主动轮的速度为 n_1 时,从动轮的速度记为 n_2。在单位时间内,主动轮转过的齿数 $n_1 z_1$ 等于从动轮转过的齿数 $n_2 z_2$,即

$$n_1 z_1 = n_2 z_2$$

由此可得链传动的传动比为

$$i = \frac{n_1}{n_2} = \frac{z_2}{z_1}$$

因此,链传动的传动比等于主动轮和从动轮的速度比,也等于主动轮和从动轮齿数的反比。

一般链传动的传动比为 $i \leqslant 8$,在低速和外廓尺寸不受限制的地方允许达到 10(个别情况可达到 15)。若传动比过大,则链条包在小链轮上的包角过小,啮合的齿数太少,这将加速轮齿的磨损,容易出现跳齿,破坏正常啮合。通常,包角最好不小于 120°,传动比在 3 左右。

4. 链传动的特点

和带传动比较,链传动的主要优点如下:

① 没有滑动。

② 工况相同时,传动尺寸比较紧凑。

③ 不需要很大的张紧力,作用在轴上的载荷较小。

④ 效率较高,约为 98%。

⑤ 能在温度较高、湿度较大的环境中使用。

⑥ 能保持准确的平均传动比。

⑦ 安装的精度要求较低,成本低廉,可远距离传动。

因链传动具有中间挠件(链),与齿轮、蜗杆传动相比,根据需要两轴间距离可以很大。

链传动的缺点是:

① 只能用于平行轴间的传动。

② 瞬时速度不均匀,高速运转时不如带传动平稳。

③ 不宜在载荷变化很大和急促反向的传动中应用。
④ 工作时有噪声。
⑤ 制造费用比带传动高等。
⑥ 不能保持恒定的瞬时传动比。

4.3.4 齿轮传动

齿轮传动是机械传动中最重要的传动之一，其形式很多，应用广泛，传递的功率可达数十万 kW，圆周速度可达 200 m/s。

1. 齿轮传动的类型

齿轮传动的类型很多，应用广泛。齿轮传动的类型可根据两齿轮轴线的相对位置、啮合方式和齿向的不同来分类。

1) 平行轴齿轮传动

平行轴齿轮传动是用来传递两平行轴之间转动的齿轮传动。轮齿均匀分布在圆柱体表面上的齿轮传动，称为圆柱齿轮传动。

按照轮齿的方向，可将圆柱齿轮传动分为直齿、斜齿和人字齿三种。

（1）直齿圆柱齿轮传动

齿轮的轮齿走向与齿轮轴线相平行的齿轮，称为直齿圆柱齿轮，简称直齿轮。其中，轮齿排列在圆柱体外表面的称为外齿轮，轮齿排列在圆柱体内表面的称为内齿轮，轮齿排列在直线平板（相当于半径无穷大的圆柱体）上的则称为齿条。直齿轮传动有外啮合齿轮传动、内啮合齿轮传动和齿轮齿条啮合传动三种。

① 外啮合齿轮传动。两个外齿轮互相啮合，两齿轮的转动方向相反，如图 4-52(a) 所示。

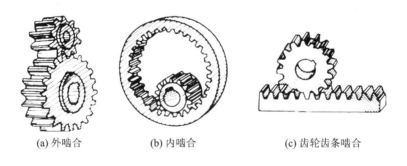

(a) 外啮合　　　(b) 内啮合　　　(c) 齿轮齿条啮合

图 4-52　直齿圆柱齿轮传动

② 内啮合齿轮传动。一个外齿轮与一个内齿轮互相啮合，两齿轮的转动方向相同，如图 4-52(b) 所示。

③ 齿轮齿条啮合传动。一个外齿轮与齿条互相啮合，可将齿轮的圆周运动变为齿条的直线移动，或将直线运动变为圆周运动，如图 4-52(c) 所示。

（2）斜齿圆柱齿轮传动

齿轮的轮齿走向相对于齿轮轴线偏斜一定角度的圆柱齿轮，称为斜齿圆柱齿轮，简称斜齿轮。斜齿轮也有外啮合传动、内啮合传动和齿轮齿条啮合传动三种。一对轴线相平行的斜齿轮相啮合，构成平行轴斜齿轮传动，如图 4-53 所示。

（3）人字齿轮传动

人字齿轮可以看做是由轮齿偏斜方向相反的两个斜齿轮组成的,可制成整体式和拼合式,如图 4-54 所示。

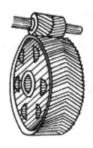

图 4-53　斜齿圆柱齿轮传动　　　　图 4-54　人字齿轮传动

2）空间齿轮传动

用来传递两不平行轴之间的转动的齿轮传动,称为空间齿轮传动。按照两轴线的相对位置不同,又可将空间齿轮传动分为两类。

（1）传递两相交轴之间的齿轮传动

这种齿轮的轮齿排列在轴线相交的两个圆锥体的表面上,故称为圆锥齿轮。按其轮齿的形状,可分为如下三种：

① 直齿圆锥齿轮,如图 4-55(a)所示,这种锥齿轮应用最为广泛。

② 斜齿圆锥齿轮,因不易制造,故很少应用。

③ 圆弧圆锥齿轮,如图 4-55(b)所示,这种齿轮可用在高速、重载的场合,但需用专门的机床加工。

（2）传递两交错轴之间的齿轮传动

螺旋齿轮机构常用于传递两交错轴之间的运动,如图 4-56 所示。

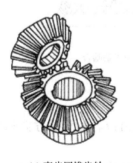

(a) 直齿圆锥齿轮　　　　(b) 圆弧圆锥齿轮

图 4-55　圆锥齿轮　　　　　　　　图 4-56　螺旋齿轮

另外,按齿轮防护方式的不同,齿轮传动又可分为闭式齿轮传动和开式齿轮传动。开式齿轮传动适用于低速及不重要的场合,闭式齿轮传动适用于高速及重要的场合。

2. 齿轮传动的原理和速比

齿轮传动是一种啮合传动。如图 4-57 所示，当一对齿轮相互啮合而工作时，主动齿轮 1 绕其轴线 O_1 转动时，其上轮齿(1,2,3 等)通过力 F 的作用逐个地推动从动齿轮 2 上的轮齿($1'$,$2'$,$3'$等)，使从动齿轮绕其轴线 O_2 转动，从而将主动轴的运动和动力传递给从动轴。

对于图 4-57 中的一对齿轮传动，设主动齿轮的转速为 n_1，齿数为 z_1，从动齿轮的转速为 n_2，齿数为 z_2，则主动齿轮每分钟转过的齿数为 $n_1 z_1 = n_2 z_2$，从动齿轮每分钟转过的齿数为 $n_2 z_2$。因为在两齿轮啮合传动过程中，主动齿轮每转过一个轮齿，从动轮相应地也转过一个轮齿，所以在每分钟内两轮转过的齿数相等，即

$$n_1 z_1 = n_2 z_2$$

由此可得一对齿轮传动的速比为

$$i = \frac{n_1}{n_2} = \frac{z_2}{z_1}$$

上式表明，在一对齿轮传动中，两轮的转速与它们的齿数成反比。一对齿轮的传动速比不宜过大。通常，一对圆柱齿轮传动的速比为 $i \leqslant 5 \sim 8$，一对圆锥齿轮传动的速比为 $i \leqslant 3 \sim 5$。

3. 齿轮的模数

齿轮的模数是指相邻两轮齿同侧齿廓间的齿距 p 与圆周率 π 的比值($m = p/\pi$)，以 mm 为单位。模数是模数制轮齿的一个最基本参数。模数越大，轮齿越高也越厚。如果齿轮的齿数一定，则轮的径向尺寸也越大。图 4-58 是不同模数相同齿数的齿轮。模数系列标准是根据设计、制造和检验等要求制定的。

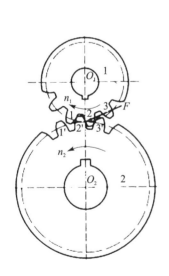

图 4-57 齿轮传动图

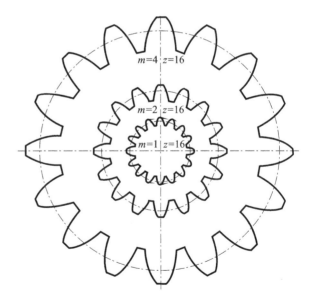

图 4-58 不同模数相同齿数的齿轮

4. 传动特点

齿轮传动的主要优点：

① 效率高。在常用的机械传动中，以齿轮传动的效率是最高的。

② 结构紧凑。在同样的使用条件下，齿轮传动所需的空间尺寸一般较小。

③ 工作寿命长。设计制造正确合理、维护良好的齿轮传动,寿命可达一二十年。

④ 传动比稳定。传动比稳定是对传动性能的基本要求,齿轮传动能保证恒定的传动比,能传递任意夹角两轴间的运动。

齿轮传动的主要缺点:

① 制造、安装精度要求较高,使用维护费用较高,因而成本也较高。

② 不适于中心距较大时两轴间传动。

③ 精度低时,噪声、振动较大。

4.3.5 蜗杆传动

1. 蜗杆传动原理及其速比

蜗杆传动是一种传递空间交错轴间运动和动力的机构,其轴线通常在空间交错成 90°角,主要由蜗杆和蜗轮组成,如图 4-59 所示。

普通蜗杆是一个具有梯形螺纹的螺杆。与螺杆相同,其螺纹有左旋、右旋和单头、多头之分。常用蜗轮是在一个沿齿宽方向具有弧形轮缘的斜齿轮。一对相啮合的蜗杆传动,其蜗杆、蜗轮轮齿的旋向相同,且螺旋角之和为 90°,即 $\beta_1+\beta_2=90°$(β_1 为蜗杆螺旋角,β_2 为蜗轮螺旋角)。

图 4-59　蜗杆传动

蜗杆传动以蜗杆为主动件,蜗轮为从动件。设蜗杆头数为 z_1,通常取 $z_1=1,2,4$,蜗杆头数过多时不易加工,蜗轮齿数为 z_2,通常取 $z_2=27\sim80$。

当蜗杆转动一周时,蜗轮转过 z_1 个齿,即转过 z_1/z_2 圈;当蜗杆转速为 n_1 时,蜗轮的转速为 $n_2=n_1z_1/z_2$,所以蜗杆传动的速比应为

$$i=\frac{n_1}{n_2}=\frac{z_2}{z_1}$$

2. 蜗杆传动的主要特点

蜗杆传动的主要优点:

① 传动比大,机构紧凑。蜗杆头数较少,由蜗杆传动的速比公式可知,蜗杆传动能获得较大的传动比,因此,单级蜗杆传动所得到的速比要比齿轮传动大得多。一般为 $i=5\sim80$,在分度机构中,i 可达 1 000 以上,而且结构很紧凑。

② 传动平稳,噪声低。由于蜗杆的轮齿沿螺旋线连续分布,因此,它与蜗轮的啮合是连续的,传动平稳。

③ 有自锁作用。如果蜗杆的螺纹升角较小,只能蜗杆驱动蜗轮,蜗轮却不能驱动蜗杆,这种现象称为自锁。在图 4-60 所示的简易起重设备中,应用了蜗杆传动的自锁性能。当加力于蜗杆使之转动时,重物就被提升;当蜗杆停止加力时,重物也不因自重而下落。

蜗杆传动的主要缺点:

① 传动效率低。蜗杆传动工作时,因蜗杆与蜗轮的齿面之间存在着剧烈的滑动摩擦,所以易发生齿面磨损和发热,传动效率较低(一般 $\eta=0.5\sim0.9$;对具有自锁性的传动,$\eta=0.4\sim0.5$)。由于蜗杆传动存在这一缺点,故其传动的功率不宜太大(50 kW 以下)。

② 成本较高。为了减磨,蜗轮通常用减磨材料(铜合金、铝合金)制造,提高了蜗杆传动的成本。

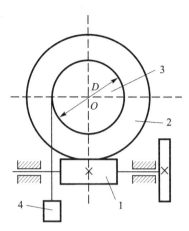

1—蜗杆;2—蜗轮;3—卷筒;4—重物

图 4-60 蜗杆的自锁作用

随着加工工艺技术的发展和新型蜗杆传动技术的不断出现,蜗杆传动的优点得到进一步的发扬,而其缺点得到较好的克服。因此,蜗杆传动已普遍应用于各类运动与动力传动装置中。

第5章 机械制造基础

机械制造技术是以机械的广泛使用为主要特征的加工技术,按加工工艺,可分为:将一部分材料有序地从基体中分离出去的去除法(如车、铣、刨、磨以及电火花、超声波等工艺)和将材料有序地合并堆积起来的添加法(如快速原型制造等工艺)。

通常所说的机械加工是指通过各种金属切削机床对工件进行切削加工,其基本形式有车、铣、刨、磨、镗、拉、钻等,也称切削加工。

5.1 切削加工基础

切削加工是指利用切削刀具从工件(毛坯)上切去多余的材料,以获得形状、尺寸、加工精度和表面粗糙度都符合零件图样要求的加工方法。切削加工在机械制造中处于十分重要的地位,如机械制造业中所用的工作母机,有80%~90%为金属切削加工机床。

切削加工分为钳工和机械加工两大类。

① 钳工主要是在钳工台上以手持工具为主,对工件进行加工的切削加工方法。其主要加工内容有划线、锯削、錾削、锉削、刮削、钻孔、扩孔、铰孔、攻螺纹、套螺纹、手工研磨、抛光、机械装配和设备修理等。

② 机械加工是在机床上利用机械对工件进行加工的切削加工方法。其基本形式有车、铣、刨、磨、镗、拉、钻、插、珩磨、超精加工和抛光等。通常所说的切削加工就是指机械加工。

钳工加工的缺点是生产效率低,劳动强度大,对工人技术水平要求高。随着加工技术的现代化,越来越多的钳工加工工作被机械加工所取代,同时,钳工自身也在逐渐机械化。但钳工加工的灵活、方便,使其在装配和修理工作中,仍是比较简便和经济的加工方法,在单件、小批生产中也仍占有一定的比重。

5.1.1 切削运动和切削用量

1. 切削运动

在切削加工中,为获得所需表面形状,并达到零件的尺寸要求,是通过切除工件上多余的材料来实现的。切除多余材料时工件和刀具之间的相对运动,称为切削运动。图5-1所示为车、钻、刨、铣、磨、镗削等切削运动。

根据切削运动在切削加工中的作用不同,可分为主运动和进给运动。

1) 主运动

图5-1中Ⅰ是主运动,它是直接切除工件上的切削层,使之转变为切削的基本运动。通常,其速度较高,所消耗的功率较大。在切削加工中,主运动只有一个。主运动可以是旋转运动,也可以是往复直线运动。如图5-1所示,车削时(a)、(d)、(g)工件的旋转运动、磨削时(b)砂轮的旋转运动以及牛头刨床刨削时(e)刨刀的往复直线运动等,都是主运动。

2) 进给运动

图 5-1 中 Ⅱ 是进给运动,它是不断地把切削层投入切削,以逐渐切出整个工件表面的运动。在切削运动中,其速度较低,所消耗的功率很小。在切削加工中,可能有一个或一个以上的进给运动。

通常,进给运动在主运动为旋转运动时是连续的;在主运动为直线运动时是间歇的。如图 5-1 所示,车削(a)、(d)和磨削(b)主运动是旋转运动,其进给运动(车刀的纵向直线运动,磨削工件的旋转及纵向直线运动)是连续的;刨削(e)主运动是直线运动,其进给运动(工件的横向直线运动)是间歇的。

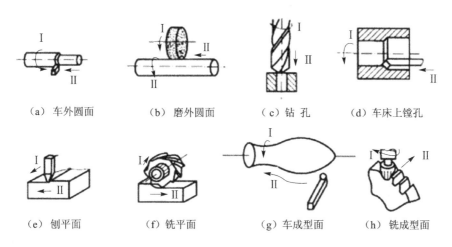

(a) 车外圆面　　(b) 磨外圆面　　(c) 钻孔　　(d) 车床上镗孔

(e) 刨平面　　(f) 铣平面　　(g) 车成型面　　(h) 铣成型面

图 5-1　各种切削加工的工作运动

2. 切削用量

如图 5-2 车削外圆所示,刀具和工件相对运动过程中,在主运动和进给运动作用下,工件表面的一层金属不断被刀具切下转变为切屑,从而加工出所需要的工件新表面。因此,被加工的工件上形成三个表面:待加工表面Ⅰ,工件上即将切去切屑的表面;已加工表面Ⅲ,工件上已经切去切屑的表面;加工表面(切削表面)Ⅱ,刀刃正在切削着的表面,即已加工表面与待加工表面之间的过渡表面。

在切削加工过程中,需要针对不同的工件材料、工件结构、加工精度、刀具材料和其他技术要求,来选定适宜的切削速度 v、进给量 f 和背吃刀量 a_p 值。切削速度、进给量和背吃刀量被称为切削用量的三要素。

1) 切削速度 v

切削速度是切削加工时刀具切削刃上的某一点相对于待加工表面在主运动方向上的瞬时速度。简单地说,就是切削刃选定点相对于工件的主运动的瞬时速度(线速度)。切削速度的单位通常是 m/s 或 m/min。如车削、钻削、铣削切削速度的计算公式为

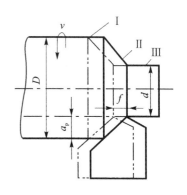

图 5-2　切削过程中工件上的表面

$$v = \pi D n / 60 \times 1\,000$$

式中：D 为工件待加工表面的直径(车削)或刀具的最大直径(钻削、铣削等)(mm)；n 为工件或刀具每分钟的转数(r/min)。

2) 背吃刀量 a_p

背吃刀量指工件上待加工表面与已加工表面之间的垂直距离，也就是刀刃切入工件的深度，也叫切削深度，单位为 mm。如车削外圆时(如图 5-2 所示)，背吃刀量的计算公式为

$$a_p = (D-d)/2$$

式中：D 为工件待加工表面直径(mm)；d 为工件已加工表面直径(mm)。

3) 进给量 f

刀具(或工件)沿进给运动方向上的位移量，用工件(或刀具)每转或每行程的位移量来表述，也叫走刀量，单位是 mm/r 或 mm/min。进给速度 v_f 为切削刃上选定点相对工件的进给运动的瞬时速度，公式如下：

$$v_f = f \times n$$

进给量 f 与切削深度 a_p 之乘积称为切削横截面的公称横截面积，其大小对切削力和切削温度有直接的影响，因而其直接关系到生产率和加工质量的高低。

5.1.2 切削刀具的基本知识

金属切削过程中，直接完成切削工作的是刀具，而刀具能否胜任切削工作，主要由刀具切削部分的合理几何形状与刀具材料的物理、力学性能决定。

1. 刀具切削部分的结构要素

切削刀具的种类繁多，结构各异，但是各种刀具的切削部分的基本构成是一样的。其中，外圆车刀是最基本、最典型的刀具，其他各种刀具(如刨刀、钻头、铣刀等)切削部分的几何形状和参数，都可视为以外圆车刀为基本形态而按各自的特点演变而成。

普通外圆车刀的构造如图 5-3 所示。其由刀体和刀头(也称切削部分)两部分组成。刀体是车刀在车床上定位和夹持的部分。刀头一般由三个表面、两个刀刃和一个刀尖组成，可简称为三面、两刃、一尖。

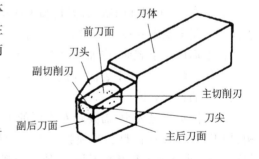

图 5-3 外圆车刀切削部分的组成

1) 三个表面

① 前刀面：切削时刀具上切屑流过的表面；

② 主后刀面：切削时刀具上与加工表面相对的表面；

③ 副后刀面：切削时刀具上与已加工表面相对的表面。

2) 两个刀刃

① 主切削刃：前刀面与主后刀面的交线，在切削过程中承担主要的切削工作；

② 副切削刃：前刀面与副后刀面的交线，在切削过程中参与部分切削工作，最终形成已加工表面，并影响已加工表面粗糙度的大小。

3) 一个刀尖

刀尖：主切削刃与副切削刃的交点，但其并非绝对尖锐，为了增加刀尖的强度和刚度，常做成一段小圆弧或直线，也称过渡刃。

前刀面、主后刀面和副后刀面的倾斜程度将直接影响刀具的锋利与切削刃口的强度。

2. 刀具的材料

制造刀具的材料应具有高的硬度、耐磨性和热硬性以及良好的工艺性和经济性。具备这些性能的材料除碳素工具钢、合金工具钢、高速钢和硬质合金外，陶瓷、人造金刚石和立方氮化硼亦可作为刀具材料，它们的硬度、耐磨性、热硬性均较前述各种材料好。但这些材料的脆性大、抗弯强度和冲击韧性很差，目前主要用于高硬度材料的半精加工和精加工。

常用刀具材料的主要特性和用途如表 5-1 所列。

表 5-1 常用刀具材料的主要特性和用途

种 类	常用牌号	硬度/HRA	抗弯强度/GPa	热硬性/℃	用 途
优质碳素工具钢	T8A～T16A	81～83	2.16	200	用于手动工具,如锉刀、锯条
合金工具钢	9SiCr、CrWMn	81～83.5	2.5～2.8	250～300	用于低速成型刀具,如丝锥、铰刀
高速钢	W18Cr4V、W6Mo5Cr4V2	82～87	2.5～4.5	550～600	用于中速及形状复杂刀具,如钻头
硬质合金	YG8、YG3、YT5、YT30	89～93	1.08～2.16	800～1 000	用于高速切削刀具,如车刀、铣刀

5.2 切削加工工艺

5.2.1 车削加工

车削是指在车床上用车刀进行切削加工。车削的主运动是工件的旋转运动，进给运动是刀具的移动，所以车床适合加工各种零件上的回转表面。

1. 普通车床的组成

车床是机械制造厂中不可缺少的加工设备之一，在各种类型的车床中，以普通车床的应用最多，其数量约占车床总台数的 60%。

现以 C6140 普通车床为例，它们的基本组成部分如图 5-4 所示。

1）主轴箱

主轴箱里面装有主轴，将变速箱运动经皮带轮、主轴变速机构传递给主轴。在主轴箱前面有若干手柄，用于操纵箱内的变速机构，使主轴得到若干种不同的转速。

2）变速箱

变速箱里面装有变速机构(由一些轴、齿轮以及离合器等组成)，电动机转速经变速后，得到多种转速由皮带轮输出。

3）进给箱

进给箱里面装有进给运动变速机构，进给箱前面的手柄用于改变进给运动的进给量。主轴的旋转运动经挂轮箱传到进给箱后，分别通过光杠或丝杠的旋转运动传出。

4）溜板箱

溜板箱作用是把光杠或丝杠的旋转运动变为刀架的纵向或横向直线运动。溜板分为大溜

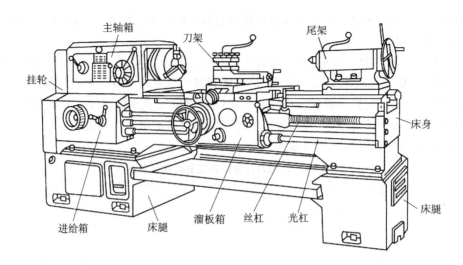

图 5-4 C6140 普通车床的组成

板、中溜板和小溜板三部分。大溜板安装在床身上靠外边的导轨上,可沿其纵向移动;中溜板装在大溜板顶部的燕尾导轨上,可以作横向移动;小溜板装在中溜板的转盘导轨上,可以转动±90°,并可作手动移动,但行程较短。

5) 尾　架

尾架装在床身导轨的右端,可沿导轨纵向移动。尾架套筒的锥孔中可安装后顶尖以支承较长工件的一端,也可以安装钻头、扩孔钻、铰刀等刀具来加工内孔。

6) 床身和床腿

床身和床腿是车床的基础零件。它们在切削时要保证足够的刚度,以便用来支承主轴箱、进给箱、光杠和丝杠等各部件,并保持稳定性。床身和床腿上面有两组直线度、平面度和平行度都很高的导轨。溜板和尾架可以分别沿其上做平行于主轴轴线的纵向移动。

7) 刀　架

刀架紧固在小溜板上,一般可同时安装四把车刀,扳动刀架手柄可以快速换刀。

8) 丝　杠

丝杠转动由进给箱传来,经开合螺母移动溜板箱,从而带动刀架作车削螺纹的纵向进给。为了保持丝杠的精度,一般不是车削螺纹的自动进给不许用丝杠带动。

9) 光　杠

光杠把进给箱的进给运动传给溜板箱,并由此获得刀架的纵向、横向所需进给量的自动进给,一般用于车削外圆、端面等。

5.2.2　车床常用附件

为了满足各种车削工艺的需要,车床常配备各种附件以备选用。

1. 三爪卡盘

三爪卡盘是车床最常用的夹具之一。如图 5-5 所示,三爪卡盘适宜夹持圆形和正六边形截面的工件,能自动定心,装夹方便迅速,但夹紧力较小,定心精度不高,一般为 0.05~0.15 mm。

2. 四爪卡盘

四爪卡盘如图5-6所示,卡盘体内的四个卡爪互不关联,由各自的丝杆调整。四爪卡盘夹紧力较大,但安装工件时需进行找正,比较费时。四爪卡盘用于装夹外形不规则的工件或较大的工件。

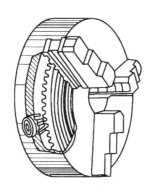
图5-5 三爪卡盘

图5-6 四爪卡盘

3. 花 盘

形状复杂、无法在卡盘上安装的工件可用花盘(见图5-7)安装。利用弯板、螺钉将工件固定在盘面上,加工前需仔细找正并加平衡块。

4. 顶 尖

长轴类工件加工时,一般都用顶尖安装,如图5-8所示。粗加工常采用一端以卡盘夹持另一端用顶尖支撑的方法卡紧;当工件精度要求较高或加工工序较多时一般采用双顶尖安装。顶尖安装的定位精度较高,即使多次安装与调头,仍能保持轴线的位置不变。

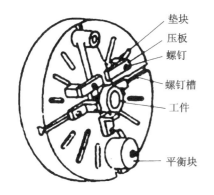
图5-7 花盘图

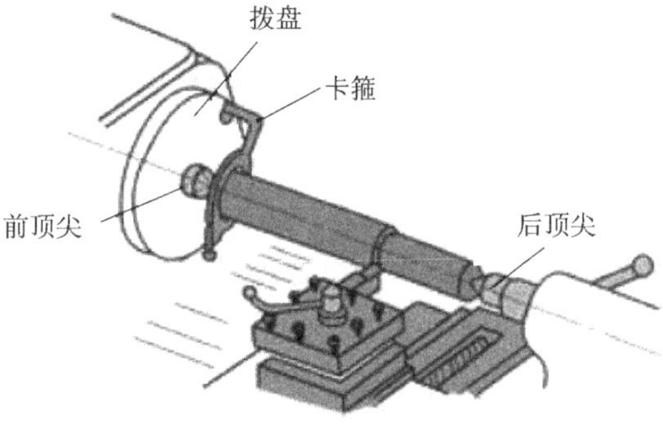

图5-8 顶尖安装轴类零件

5. 心 轴

加工带孔的盘套类工件的外圆和端面时,常先将内孔精加工后用心轴安装,然后一起安装在两尖顶之间进行加工,如图5-9所示。采用心轴装夹容易保证各表面的相互位置精度,但要求孔的加工精度较高,孔与心轴的配合间隙要小。

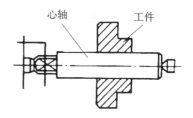
图5-9 心轴安装工件

5.2.3 车床的加工范围

车床的加工范围如图 5-10 所示。

车削中工件旋转形成主切削运动,刀具沿平行于旋转轴线方向运动时,就在工件上形成内、外圆柱面;刀具沿与轴线相交的斜线运动,就形成锥面;利用装在车床尾架上的刀具,可以进行内孔加工。仿形车床或数控车床上,可以控制刀具沿着一条曲线进给,则形成一特定的旋转曲面。车削还可以加工内外螺纹面、端平面及滚花等。

普通车削加工的经济精度为 IT8～IT7,表面粗糙度为 $Ra12.5\sim1.6\ \mu m$。精细车时,精度可达 IT6～IT5,粗糙度可达 $0.8\sim0.4\ \mu m$。车削的生产率较高,切削过程比较平稳,刀具较简单。

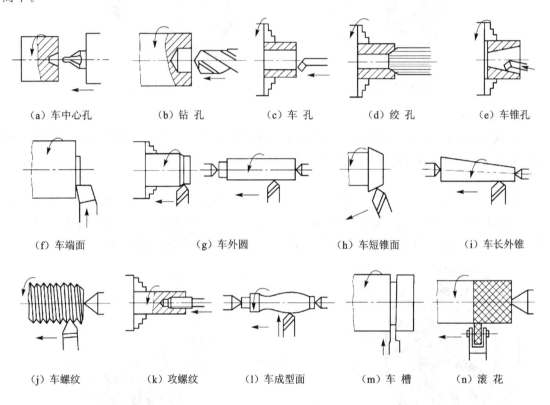

(a) 车中心孔　　(b) 钻孔　　(c) 车孔　　(d) 绞孔　　(e) 车锥孔

(f) 车端面　　(g) 车外圆　　(h) 车短锥面　　(i) 车长外锥

(j) 车螺纹　　(k) 攻螺纹　　(l) 车成型面　　(m) 车槽　　(n) 滚花

图 5-10　车床的加工范围

5.2.4 车削的工艺特点

1. 车削生产率高

车刀结构简单,制造、刃磨、安装方便,车削工作一般是连续进行的,当刀具几何形状、背吃刀量 a_p、进给量 f 一定时,车削切削层的截面积是不变的,因此切削过程较平稳,从而提高了加工质量和生产率。

2. 易于保证轴、盘、套等类零件各表面的位置精度

在一次装夹中车出短轴或套类零件的各加工面,然后切断,如图 5-11(a)所示;利用中心孔将轴类工件装夹在车床前后顶尖间,装夹调头车削外圆和台肩,多次装夹保证工件旋转轴线不变,如图5-11(b)所示;将盘套类零件的孔精加工后,安装在心轴上,车削各外圆和端面,保证与孔的位置精度要求,如图5-11(c)所示。工件在卡盘、花盘或花盘一弯板上一次装夹中所加工的外圆、端面和孔,均是围绕同旋转线进行的,可较好地保证各面之间的位置精度。

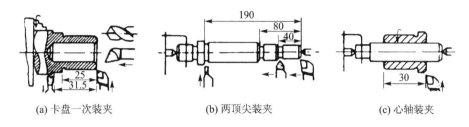

(a) 卡盘一次装夹　　　(b) 两顶尖装夹　　　(c) 心轴装夹

图5-11　保证位置精度的车削方法

3. 适用于有色金属零件的精加工

当有色金属的零件要求较高的加工质量时,若用磨削,则由于硬度偏低而造成砂轮表面空隙堵塞,使加工困难,故常用车、铣、刨、镗等方法进行精加工。

4. 加工的材料范围广泛

硬度在30HRC以下的钢料、铸铁、有色金属及某些非金属(如尼龙),可方便地用普通硬质合金或高速车刀进行车削。淬火钢以及硬度在50HRC以上的材料属难加工材料,需用新型硬质合金、立方氮化硼、陶瓷或金刚石车刀车削。

5.2.5　其他车床

为了满足被加工零件的大小、形状以及提高生产率等各种不同的要求,除普通车床外还有许多其他类型的车床,如立式车床、转塔车床、自动车床、仿形车床、数控车床、落地车床等。尽管这些车床与普通车床的外观和结构有所不同,但其基本原理是一样的。下面简要介绍立式车床和转塔车床。

1. 立式车床

立式车床的外形结构如图5-12所示。底座的圆形工作台上有四爪卡盘,用来安装工件并带动工件一起绕垂直轴旋转。在工作台后侧有立柱,立柱上有横梁和可装四把车刀的侧刀架,它们都能沿着立柱的导轨上下移动,侧刀架可进行水平方向进给。横梁上的垂直刀架可在横梁上做水平和垂直进给运动,其上有五个装刀位置的转塔,可转成不同的角度使刀架作斜向进给。

由于立式车床的工作台是在水平面内旋转的,因此对于重型工件,其装夹和调整都比较方便,而且刚性好,切削平稳。立式车床几个刀架可以同时工作,进行多刀切削,生产率高,缺点是排屑困难。

立式车床主要用来加工直径大、长度短的工件,如大型带轮、齿轮和飞轮等,可以加工内外圆柱面、圆锥面、端面和成形回转表面等。

2. 转塔车床

转塔车床(见图5-13)与普通车床相似,结构上的主要区别是没有丝杠和尾架,而是在尾架的位置上装有一个可以纵向进给的转塔刀架,其上可以装夹一系列的刀具。加工过程中,转

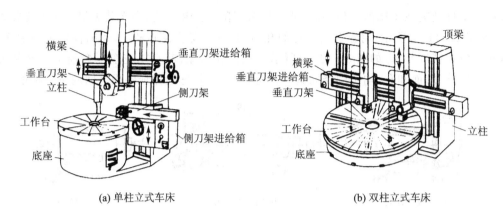

(a) 单柱立式车床　　　　　(b) 双柱立式车床

图 5-12　立式车床

塔刀架周期性地转位,将不同的刀具依次转到加工位置,顺序地对工件进行加工。每个刀具的行程距离都由行程挡块加以控制,以保证工件的加工精度。工件的装夹有专门的送料夹紧机构,操作方便、迅速,可以大大节省时间,提高生产率。

转塔车床能完成普通车床的各种加工工件,广泛用于成批生产中加工轴套、台阶轴以及其他形状复杂的工件。由于没有丝杠,所以只能用丝锥和板牙进行内外螺纹的加工。

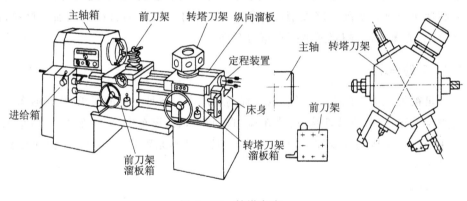

图 5-13　转塔车床

5.3　铣、刨、拉、钻、镗、磨削加工

5.3.1　铣削加工

在铣床上用铣刀加工工件的方法称为铣削,是平面加工的主要方法之一。铣削时,铣刀旋转做主运动,工件做直线进给运动。

1. 铣　刀

铣刀由刀齿和刀体两部分组成。刀齿分布在刀体圆周面上的铣刀称圆柱铣刀。圆柱铣刀的形状如图 5-14 所示,可用于在卧式铣床加工较窄平面。圆柱铣刀有高速钢整体制造、镶焊硬质合金等。为提高铣削时的平稳性,以螺旋形的刀齿居多。该铣刀有两种类型。粗齿圆柱铣刀具有齿数少、刀齿强度高、容屑空间大、重磨次数多等特点,适用于粗加工;细齿圆柱铣刀齿数多,工作平稳,适用于精加工。

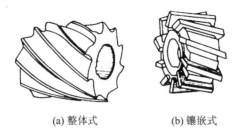

图 5-14 圆柱铣刀

端铣刀是用端面和圆周面上的刀刃进行切削的。它又分为整体式端铣刀和镶齿式端铣刀两种,如图 5-15 所示。小直径面铣刀用高速钢做成整体式,大直径面铣刀是在刀体上装配焊接式硬质合金刀头,或采用机械夹固式可转位硬质合金刀片。硬质合金面铣刀适用于高速铣削平面。

铣刀的每个刀齿相当于一把车刀,其切削部分几何角度及其作用与车刀相同。

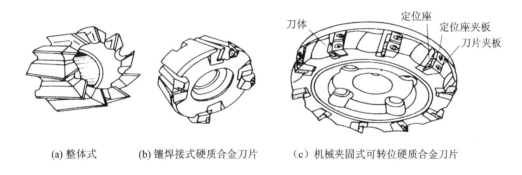

图 5-15 端铣刀

图 5-16 所示为立铣刀,相当于带柄的小直径圆柱铣刀,既可用于加工凹槽,也可加工平面、阶台面,利用靠模还可加工成形表面。立铣刀圆柱面上的切削刃是主切削刃,端面上的切削刃没有通过中心,是副切削刃。

2. 铣床

常用的铣床有卧式铣床和立式铣床两种。卧式铣床又可分为万能铣床和普通铣床两种。万能卧式铣床的工作台可以在一定的范围内偏转,普通卧式铣床则不能。

万能卧式铣床的外形如图 5-17 所示。其轴是水平的。主轴由电动机经装在床身内的变速箱传动而获得旋转运动。铣刀紧固在刀杆上,刀杆的一端夹紧在主轴的锥孔内,另一端支持于横梁上的吊架内。吊架可沿横梁导轨移动。横梁亦可沿床身顶部的导轨移动,调整其伸出长度,以适应不同长度的刀杆。

工件安装在工作台上,工作台可在转台的导轨上做纵向进给运动,转台还能连同工作台一起在横向溜板上做±45°以内的转动,以使工作台做斜向进给运动。横向溜板在升降台的导轨上做横向进给运动。升降台连同其上的横向溜板、转台及工作台沿床身的导轨做垂直进给运动。

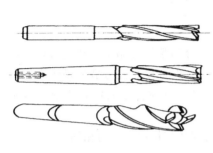

图 5-16 立铣刀

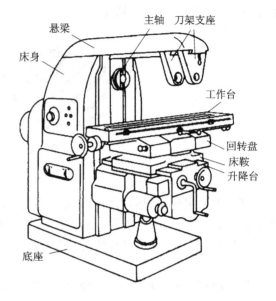

图 5-17 万能卧式铣床

立式铣床的外形如图 5-18 所示,它的主轴垂直于工作台面。立铣头还可以在垂直面内偏转一定的角度,使主轴对工作台倾斜成一定的角度来加工斜面。

龙门铣床简称龙门铣(见图 5-19),是具有门式框架和卧式长床身的铣床。龙门铣床上可以用多把铣刀同时加工表面,加工精度和生产效率都比较高,适用于在成批和大量生产中加工大型工件的平面和斜面。

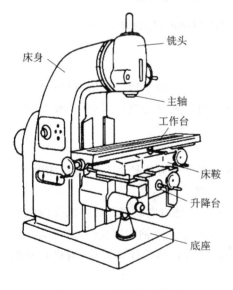

图 5-18 立式升降台铣床

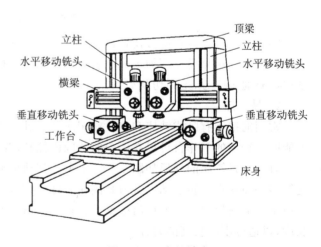

图 5-19 龙门铣床

3. 铣削的加工范围

铣削时,工件可用压板螺钉直接装夹在工作台上,也可用平口钳、分度头和 V 形铁直接装夹在工作台上。在成批大量生产中,也广泛使用各种专用夹具。

在铣床上可以加工平面、斜面、各种沟槽、成形面和螺旋槽。图 5-20 为在铣床上常见的铣削方式。

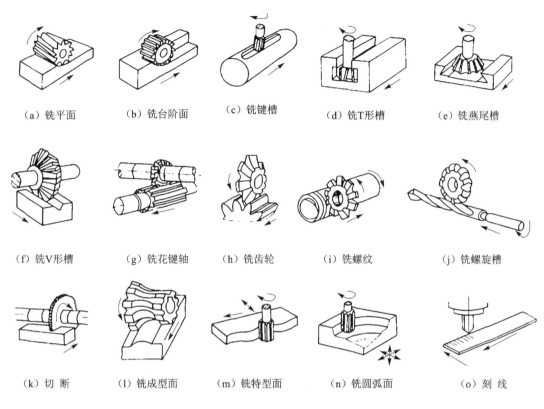

图 5-20　铣床工艺范围

5.3.2　刨削加工

在刨床上用刨刀加工工件的方法称为刨削。刨床类机床有牛头刨床、龙门刨床、插床等，主要用于加工各种平面和沟槽。加工时，工件或刨刀做往复直线主运动，往复运动中进行切削的行程称为工作行程，返回的行程称为空行程。为了缩短空行程时间，返回时的速度高于工作行程的速度。刨床具有 2~3 个进给运动，运动方向都与主运动方向垂直，并且都是在前一空行程结束、下一工作行程之前进行的，进给运动的执行件为刀具或工作台。

1. 牛头刨床加工

刨削较小的工件时，常使用牛头刨床，如图 5-21 所示。床身的顶部有水平导轨，由曲柄摇杆机构或液压传动带着滑枕、刀架沿导轨做往复主运动。横梁可连同工作台沿床身上的导轨上、下移动调整位置。刀架可在左、右两个方向调整角度以刨削斜面，并能在刀架座的导轨上做进给运动或切入运动。刨削时，工作台及其上面安装的工件沿横梁上的导轨做间歇性横向进给运动，用于加工各种平面和沟槽。

2. 龙门刨床加工

大型、重型工件上的各种平面和沟槽加工时，需使用龙门刨床。龙门刨床也可以用来同时加工多个中、小型工件。图 5-22 为龙门刨床的外形，与牛头刨床不同的是，工作台带着工件

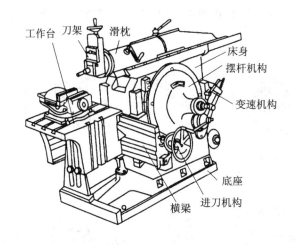

图 5-21 牛头刨床

做直线主运动,刨削垂直面时两个侧刀架可沿立柱做间隙垂直进给,刨削水平面时两个垂直刀架可在横梁上做间隙横向进给运动。各个刀架均可扳转一定的角度以刨削斜面。

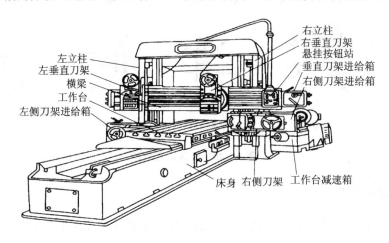

图 5-22 龙门刨床

3. 插床加工

插床(见图 5-23)实质上是立式刨床。与牛头刨床相同,插床也是由刀具的往复直线运动进行切削的。它的滑枕带着刀具做垂直方向的主运动,进给运动为工件的间隙移动或转动。床鞍和溜板可分别做横向及纵向的进给运动。圆工作台可由分度装置传动,在圆周方向做分度运动或进给运动。插床主要用来在单件小批生产中加工键槽、孔内的平面或成形表面。

4. 刨削加工范围

刨削的加工范围如图 5-24 所示。

刨削是单刃刀具。刨削回程时不进行切削,刨刀切入时,有较大的冲击力和换向时产生的惯性力,限制了切削速度的提高,但在狭长平面的加工中生产率高于铣削。刨削设备简单、通用,常适用于单件小批生产及修配加工。在不通孔的键槽加工中,插削是唯一的加工方法。

刨削加工经济精度 IT9~IT8,最高达 IT6。表面粗糙度 Ra 值为 $6.3\sim1.6\ \mu m$,最高达 $0.8\ \mu m$。

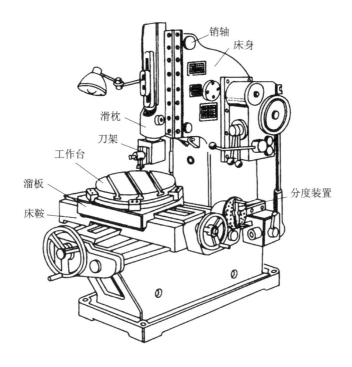

图 5-23 插 床

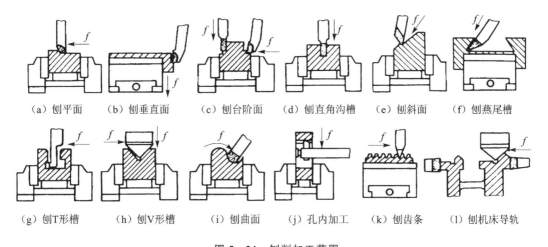

图 5-24 刨削加工范围

5.3.3 拉削加工

在拉床上用拉刀加工工件叫做拉削。图 5-25 为内孔拉削加工,图 5-26 为平面拉削加工。从切削性质上看,拉削近似刨削。拉刀的切削部分由一系列高度依次增加的刀齿组成。拉刀相对工件做直线移动(主运动)时,拉刀的每一个刀齿依次从工件上切下一层薄的切屑(进给运动)。当全部刀齿通过工件后,即完成工件的加工。

按加工表面不同,拉床可分为内拉床和外拉床。内拉床用于拉削内表面,如花键孔、方孔等。工件贴住端板或安放在平台上,传动装置带着拉刀作直线运动,并由主溜板和辅助溜板接送拉刀。外拉床用于外表面拉削。拉削的加工质量较好,加工精度可达 IT9~IT7,表面粗糙度 Ra 值一般为 1.6~0.8 μm。

拉床只有一个主运动,结构简单,工作平稳,操作方便,可加工各种截面的通孔,也可以加工平面和沟槽。图 5-27 所示的是适于拉削加工的典型表面。拉削加工一次行程能完成粗精加工,生产率极高。但拉刀结构复杂,价格昂贵,且一把拉刀只能加工一种尺寸的表面,故拉削主要用于大批量生产。

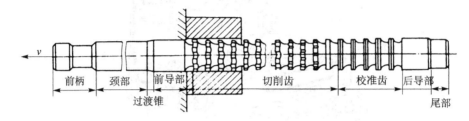

图 5-25 内孔拉削加工

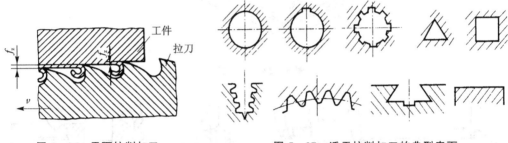

图 5-26 平面拉削加工　　　　图 5-27 适于拉削加工的典型表面

5.3.4 钻床加工

大多数零件都有孔的加工,钻床是孔加工的主要设备。在车床上加工孔时工件旋转,刀具进给,而钻床上加工孔时工件不动,刀具在做旋转主运动的同时,也做直线进给运动。

1. 钻床

钻床的主要类型有台式钻床、立式钻床和摇臂钻床。

1) 台式钻床

台式钻床外形如图 5-28 所示。其主轴用电动机经一对带传动,刀具用主轴前端的夹头夹紧,通过齿轮齿条机构使主轴套筒做轴向进给。台式钻床只能加工较小工件上的孔,但它的结构简单,体积小,使用方便,在机械加工和修理车间中应用广泛。

2) 立式钻床

立式钻床由底座、工作台、主轴箱、立柱等部件组成,如图 5-29 所示。刀具安装在主轴的锥孔内,由主轴带动做旋转主运动,主轴可以手动或机动做轴向进给。工件用工作台上的虎钳夹紧,或用压板直接固定在工作台上加工。立式钻床的主轴中心线是固定的,必须移动工件使被加工孔的中心线与主轴中心线对准。因此,立式钻床只适用于在单件小批生产中加工中、小型工件。

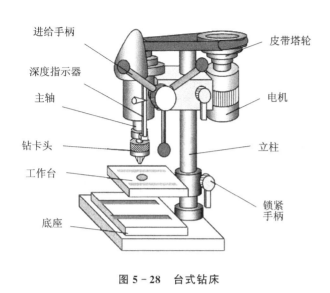
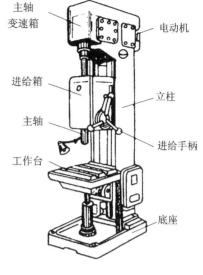

图 5-28　台式钻床　　　　　　　　图 5-29　立式钻床

3) 摇臂钻床

摇臂钻床(见图 5-30)的主要部件有底座、立柱、摇臂、主轴箱和工作台,适用于在单件和成批生产中加工较大的工件。加工时,工件安装在工作台或底座上。立柱分为内、外两层。内立柱固定在底座上,外立柱连同摇臂和主轴箱可绕内立柱旋转摆动。摇臂可在外立柱上做垂直方向的调整;主轴箱能在摇臂的导轨上做径向移动,使主轴与工件孔中心找正。主轴的旋转运动及主轴套筒的轴向进给运动的开停、变速、换向、制动机构,都布置在主轴箱内。

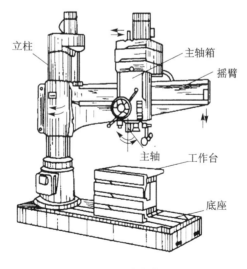

图 5-30　摇臂钻床

2. 钻床工作

1) 钻　孔

用钻头在实体材料上加工出孔,称为钻孔。麻花钻是钻孔时所用的刀具,其结构如图 5-31 所示。麻花钻前端为切削部分,有两个对称的主切削刃,两刃之间的夹角称为顶角;两主切削刃后面在钻头顶部的交线称横刃,如图 5-32 所示。钻削时,作用在横刃上的轴向力很大。导向部分有两条刃带和螺旋槽,刃带的作用是引导钻头,螺旋槽的作用是向孔外排屑和输进切削液。由于钻削时切削产生的热不易消散,切屑排出困难,所以钻孔只能作为孔的粗加工。钻孔加工精度一般为 IT12 级,表面粗糙度 Ra 一般为 12.5 μm。

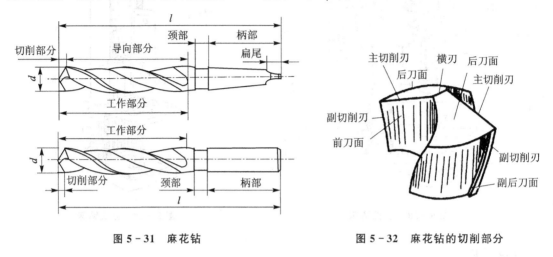

图 5-31 麻花钻   图 5-32 麻花钻的切削部分

2) 扩 孔

把工件上已有的孔进行扩大的工序,称为扩孔。扩孔用的刀具是扩孔钻,其形状基本上与麻花钻相似,如图 5-33 所示。所不同的是,扩孔钻有较多的切削刃(3~4 刃),没有横刃;由于刀刃棱边较多,所以有较好的导向性,切削也比较平稳。因此,扩孔质量比钻孔高,尺寸精度一般可达 IT10~IT9,表面粗糙度 Ra 通常为 3.2 μm,常用于孔的半精加工或铰前的预加工。

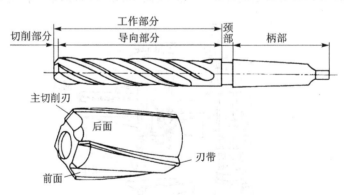

图 5-33 扩孔钻

铰刀有手铰刀和机铰刀两种。手铰刀为直柄,工作部分较长;机铰刀多为锥柄,可装在钻床或车床上铰孔,也可以手工操作。

3) 铰 孔

铰孔是在钻孔或扩孔之后进行的一种孔的精加工工序。铰刀(见图 5-34)是一种尺寸精确的多刃刀具,形状类似扩孔钻。它有更多的切削刃和较小的顶角,铰刀的每个切削刃上的负荷明显地小于扩孔钻。由于切屑很薄,并且孔壁经过铰刀的修光,所以铰出的孔既光洁又精确,尺寸精度可达 IT8~IT6,表面粗糙度值可达 0.8~0.2 μm。铰孔只能提高孔本身的尺寸

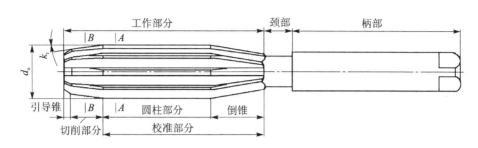

图 5-34 铰 刀

和形状精度,但不能提高孔的位置精度。

4) 攻　丝

攻丝也称攻螺纹,是用丝锥在光孔内加工出内螺纹的方法。丝锥的结构如图 5-35 所示,是一段开了槽的外螺纹,由切削部分、校准部分和柄部组成。在钻床上攻丝时,柄部传递机床的扭矩,切削完毕,钻床主轴需立即反转,用以退出丝锥。

5) 套　扣

用板牙在圆杆表面上切出完整的螺纹,称为套扣。所用工具称板牙。如图 5-36 所示,板牙形状似螺母,其上有数个排屑孔以构成切削刃。板牙的两面都有切削部分,可任选一面套扣。

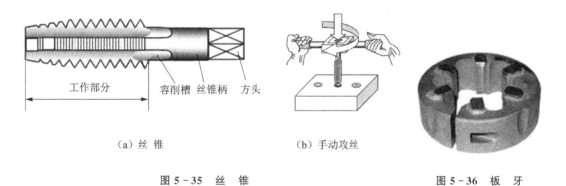

(a) 丝锥　　　　　　　(b) 手动攻丝

图 5-35 丝 锥　　　　　　　　　图 5-36 板 牙

图 5-37 是钻床加工的几种典型工艺。

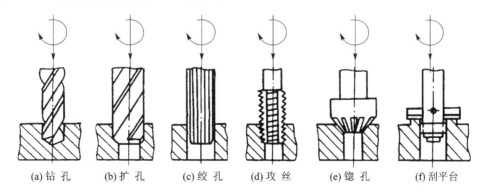

(a) 钻孔　(b) 扩孔　(c) 铰孔　(d) 攻丝　(e) 锪孔　(f) 刮平台

图 5-37 钻床加工的几种典型工艺

5.3.5 镗床加工

镗床和钻床都是孔加工机床。它们的主要区别是所使用的刀具不同。镗床使用镗刀加工孔,钻床使用钻头钻孔。钻床通常用于加工尺寸较小,精度要求不太高的孔。在钻床上钻孔时,工件一般固定不动,刀具作旋转主运动,同时沿轴向作进给运动。镗床通常用于加工尺寸较大,精度要求较高的孔,特别是分布在不同表面上,孔距和位置精度要求较高的孔,如各种箱体,汽车发动机缸体等零件上的孔。一般镗刀的旋转为主运动,镗刀或工件的移动为进给运动。使用不同的刀具和附件还可进行钻削、铣削。

1. 镗 床

图 5-38 为卧式镗床示意图。工件安装在工作台上,工作台可作横向和纵向进给,并能旋转任意角度。镗刀装在主轴或转盘的径向刀架上,通过主轴箱可使主轴获得旋转主运动。轴向进给运动。主轴箱还可沿立柱导轨上、下移动。主轴前端的锥孔可安装镗杆。若镗杆伸出较长,可支承在尾座上,以提高刚度。为了保证加工孔系的位置精度,镗床主轴箱和工作台的移动部分都有精密刻度尺和读数装置。

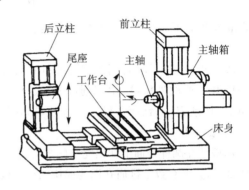

图 5-38 卧式镗床

2. 镗床工作

在镗床上可进行一般孔的钻、扩、铰、镗外,还可以镗端面、车外圆、车螺纹、车沟槽、铣平面等,如图 5-39 所示。镗削加工精度可达 IT6,表面粗糙度 Ra 值最高为 $1.6 \sim 0.8\ \mu m$。对于较大的复杂箱体类零件,镗床能在一次装夹中完成各种孔和箱体表面的加工,并能较好地保证其尺寸精度和形状位置精度。这是其他机床难以胜任的。

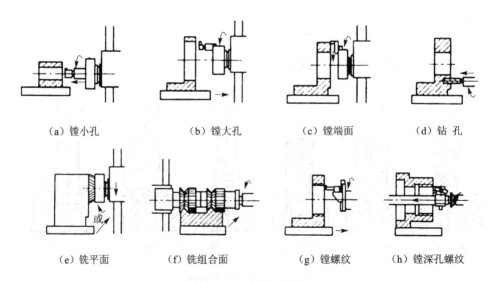

图 5-39 镗削工艺范围

5.3.6 磨削加工

磨削是精加工工序,余量一般为 0.1~0.3 mm,加工精度高(一般可达 IT5~IT6),表面粗糙度小(Ra 0.8~0.2 μm)。磨削中砂轮担任主要的切削工作,所以可加工特硬材料及淬火工件,但磨削速度高,切削热很大,为避免工件烧伤、退火,磨削时需要充分冷却。

磨削适于加工各种表面,包括外圆、内孔、平面、花键、螺纹和齿形磨削,如图 5-40 所示。

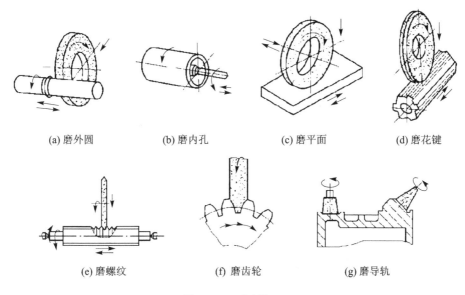

(a) 磨外圆　　(b) 磨内孔　　(c) 磨平面　　(d) 磨花键

(e) 磨螺纹　　(f) 磨齿轮　　(g) 磨导轨

图 5-40　磨削加工

1. 平面磨削

磨削平面是在平面磨床上进行的。图 5-41 所示为平面磨床的外形图。磨削时,砂轮的高速旋转是主切削运动,机床的其他运动分别为纵向、横向(圆周)和垂直进给运动;工件一般用磁力工作台直接安装。

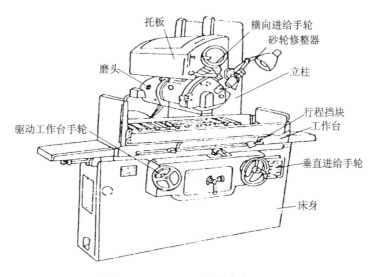

图 5-41　M7120A 平面磨床

磨平面可分为周磨和端磨两种,如图 5-42 所示。

周磨法是用砂轮的圆周面磨削平面。砂轮与工件接触面积小,磨削力小,排屑及冷却条件好,工件受热变形小,且砂轮磨损均匀,故加工精度较高;但砂轮主轴呈悬臂状态,刚性差,不能采用较大的磨削用量,生产率低,适用于精磨。

端磨法是用砂轮的端面磨削平面。砂轮一般比较大,能同时磨出工件的全宽,磨削面积较大,允许采用较大的磨削用量,故生产率高。但磨削力大,发热量大,冷却和排屑条件差,故加工精度和表面粗糙度差,适用于粗磨。

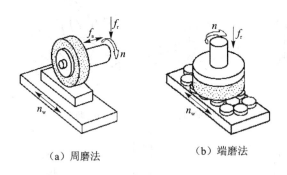

图 5-42 磨平面图

2. 外圆磨削

外圆磨削是用砂轮外圆周面来磨削工件的外圆周表面。它能加工圆柱面、圆锥面、端面、球面和特殊形状的外表面等,如图 5-43 所示。

外圆磨削可以在普通外圆磨床、万能外圆磨床以及无心外圆磨床上进行。

磨削工作时砂轮的高速旋转运动为主切削运动,工件作圆周、纵向进给运动,同时砂轮作横向进给运动。

外圆磨床由床身、工作台、头架、尾架和砂轮架等部件组成,如图 5-44 所示。

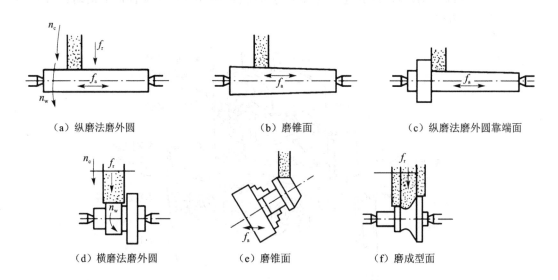

图 5-43 磨外圆

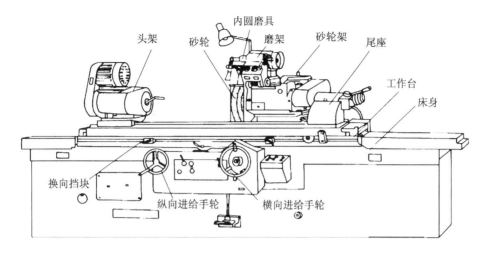

图 5-44 M1432A 万能外圆磨床

3. 内圆磨削

内圆磨削是用砂轮外圆周面来磨削工件的各种内孔（包括圆柱形通孔、盲孔、阶梯孔及圆锥孔等）和端面，如图 5-45 所示。它可以在专用的内圆磨床上进行，也能在具备内圆磨头的万能外圆磨床上实现。

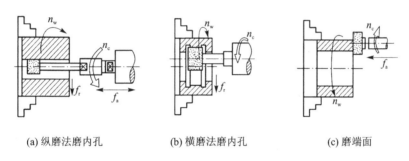

(a) 纵磨法磨内孔　　(b) 横磨法磨内孔　　(c) 磨端面

图 5-45 磨内圆

由于砂轮及砂轮杆的结构受到工件孔径的限制，其刚度一般较差，且磨削条件也较外圆差；故其生产率相对较低，加工质量也不如外圆磨削。顺便指出，万能外圆磨床兼有普通外圆磨床和普通内圆磨床的功能，故尤其适于磨削内外圆同轴度要求很高的工件。

5.4　数控加工

为了适应单件小批零件生产的自动化和加工结构复杂的零件以及提高生产率的需要，数控机床得到了迅速发展。数控加工是指数控机床加工。数控加工是具有高效率、高精度、高柔性特点的自动化加工方法。

5.4.1　数控机床的组成

数控机床由输入/输出装置、数控装置、伺服系统、测量反馈装置和机床本体组成，其组成框图如图 5-46 所示。

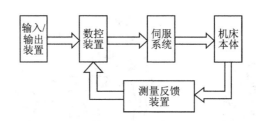

图 5-46 数控机床组成框图

1. 输入/输出装置

在数控机床上加工零件时,首先根据零件图样的技术要求,确定加工方案、工艺路线,然后编制出加工程序,通过输入装置将加工程序输送给数控装置。数控装置中存有的加工程序可以通过输出装置输出。有些数控机床还配置有自动编程机或 CAD/CAM 系统。

2. 数控装置和辅助控制装置

数控装置是数控机床的核心。它接收输入装置送来的脉冲信号,经过数控装置的系统或逻辑电路进行编译、插补运算和逻辑处理后,将各种指令信息输送给伺服系统,使机床的各个部分进行规定的、有序的动作。数控装置通常由一台通用或专用计算机构成。

辅助控制装置是连接数控装置和机床机械、液压部件的控制系统。它接收数控装置输出的主运动变速、换刀、辅助装置动作等指令信号,经过编译、逻辑判断、功率放大后驱动相应的电器、液压、气动和机械部件,以完成指令所规定的动作。

3. 伺服系统

伺服系统将数控系统送来的指令信息经功率放大后,通过机床进给传动元件驱动机床的运动部件,实现精确定位或按规定的轨迹和速度动作,以加工出符合图样要求的零件。伺服系统包括伺服控制线路、功率放大电路、伺服电动机、机械传动机构和执行机构。

4. 机床本体

数控机床本体主要包括支承部件(床身、立柱)、主运动部件(主轴箱)和进给运动部件(工作滑台及刀架)等。数控机床与普通机床相比,结构上发生了很大变化,普遍采用了滚珠丝杠、滚动导轨等高效传动部件来提高传动效率。采用了高性能的主轴及伺服传动系统,使得机械传动结构得以简化,传动链大为缩短。

5. 测量反馈装置

该装置通常分为伺服电动机角位移反馈(半闭环中间检测)和机床末端执行机构位移反馈(闭环终端检测)两种。检测传感器将上述运动部分的角位移或直线位移转换成电信号,输入数控系统,与指令位置进行比较,并根据比较结果发出指令,纠正所产生的误差。

5.4.2 数控机床加工零件的过程

数控机床加工与通用机床加工在方法和内容上有许多相似之处,不同点主要表现在控制方式上。

在通用机床上加工零件时,某道工序中各个工步的安排、机床各运动部件运动的先后顺序、位移量、走刀路线和切削用量的选择等,都是由机床操作人员自行考虑和确定的,而且是由手工操作方式来进行控制的。

在数控机床上加工零件时,要把原先在通用机床上加工时需要操作人员考虑和决定的操作内容和动作,例如工步的划分和顺序、走刀路线、位移量和切削用量等,按规定的代码和格式编制成数控加工程序,然后将程序输入到数控装置中。此后即可启动数控机床运行数控加工程序,机床就自动地对零件进行加工。图 5-47 所示为传统加工与数控加工的比较图。

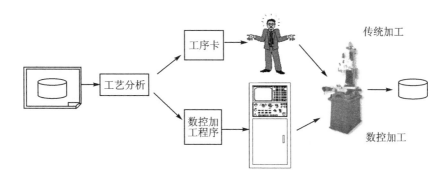

图 5-47 传统加工与数控加工的比较图

数控加工的步骤如下:

① 根据零件加工图样进行工艺分析,确定加工方案、工件的装夹方法,设定工艺参数和走刀路线,选择好刀具。

② 用规定的代码和格式编写零件的加工程序,或用自动编程软件用计算机自动编制出数控加工程序。

③ 程序的输入和传输。用手工编写的加工程序,可通过数控机床的操作面板手动输入程序;用计算机编制的加工程序,可通过计算机的串行通信接口直接传输到数控机床的数控装置(数控单元)。

④ 启动数控机床,运行加工程序,进行刀具路径模拟,试切加工。

⑤ 修改加工程序,调整机床或刀具,运行程序,完成零件的加工。

5.4.3 数控加工的特点

1. 加工适应性强

在数控机床上加工零件,零件的形状主要取决于加工程序。当加工对象改变时,只需要重新编制程序就能实现对零件的加工。这些为单件、小批量生产以及试制新产品提供了便利。此外,数控加工运动的可控性使其能完成普通机床难以完成或无法进行的复杂型面加工。

2. 加工精度高,产品质量稳定

数控机床本身的精度比普通机床高。在加工过程中,数控机床的自动加工方式可避免人为因素带来的误差,因此加工同一批零件的尺寸一致性好,精度高,加工质量十分稳定。

3. 加工生产率高

数控机床主轴转速和进给量的调节范围较普通机床要大得多,机床刚度较高,允许进行大切削量的强力切削,从而有效地节省了加工时间。数控机床移动部件空行程运动速度快,缩短了定位和非切削时间。数控机床按坐标运动,可以省去划线等辅助工序,减少辅助时间。被加工零件往往安装在简单的定位夹紧装置中,缩短了工艺装备的设计和制造周期,从而加快了生产准备过程。在带有刀库和自动换刀装置的数控机床上,零件只需一次装夹就能完成多道工序的连续加工,减少了半成品的周转时间,生产率的提高更为明显。

4. 自动化程度高,加工劳动强度低

数控机床加工零件是按事先编好的程序自动进行的,操作者的主要工作是加工程序编辑、程序输入、装卸零件、准备刀具、加工状态的观测及零件的检验等,不需要进行繁重的重复性手工操作。因此,劳动强度大幅度降低,机床操作者的工作趋于智力型工作。另外,数控机床一般是封闭式加工,既清洁,又安全。

5. 有利于生产管理现代化

数控机床加工能准确计算零件加工工时,并有效地简化了检验和工夹具、半成品的管理工作。数控机床使用数字信息,适于计算机联网,成为计算机辅助设计、制造、管理等现代集成制造技术的基础。

5.4.4 数控加工的应用范围

数控机床加工主要有以下应用:
① 结构复杂、精度高或必须用数学方法确定的复杂曲线、曲面类零件。
② 多品种小批量生产的零件。
③ 用通用机床加工时,要求设计制造复杂的专用工装或需很长调整时间的零件。
④ 价值高、不允许报废的零件。
⑤ 钻、镗、铰、攻螺纹及铣削加工等工序联合进行的零件,如箱体、壳体等。
⑥ 需要频繁改型的零件。

目前,在中批量生产甚至大批量生产中已有采用数控机床加工的情况。影响数控机床广泛推广使用的主要障碍是设备的初期投资大,维护费用较高。数控机床与自动物料传输装置相结合,已经发展成为由计算机控制的柔性制造系统(FMS),再进一步结合信息技术、自动化技术,形成对市场调研、生产决策、产品开发设计、生产计划管理、加工制造等由多级计算机全面综合管理的生产系统,即为计算机集成制造系统(CIMS)。

下篇

应用电工电子基础知识

第6章 电工电子基本理论

6.1 电工电子基本知识

6.1.1 基本概念

1. 电 路

电路就是电流所流过的路径,是由各种元器件连接而成的。电路通常由电源、负载、开关和导线组成。图6-1是一个最简单的电路。电源是将其他形式的能量(机械能、化学能等)转换成为电能的设备,用来向负载提供电能。如:干电池是将化学能转换成为电能,发电机是将机械能转换成为电能。负载是将电能转换成为其他形式的能量的设备。例如,电动机把电能转换成机械能,照明灯把电能转换成为光能等。开关用来控制电路的接通或断开。导线用来连接电源、负载和开关。

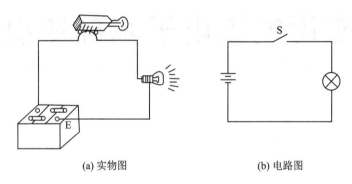

(a) 实物图　　　　　　　　(b) 电路图

图6-1 最简单的电路

2. 电路图

电路是由实际的电路元器件连接组成的。在画这些实际电路图(见图6-1(a))时,没有必要去根据实物画较为复杂的电路图,通常是用一些简化的电器元件的图形符号来表示实物。由电器元件的图形符号构成的图叫做电路模型图,简称电路图,如图6-1(b)所示。

6.1.2 电路的基本物理量

1. 电 流

电流是由电荷的定向移动而形成的。金属导体中的电流,是自由电子在电场力作用下运动而形成的。电流不仅有大小,而且有方向。

电流的大小用电流强度来表示,定义为单位时间内通过导体横截面的电量,简称电流。

如果电流的大小和方向均不随时间变化,这种电流称为恒定电流,简称直流。对于直流,

可用大写字母 I 表示,其电流强度的定义式为 $I = \dfrac{Q}{t}$。

若电流的大小和方向随时间而变化(如按正弦函数的规律变化),这种电流称为交流,通常用小写字母 i 表示,其电流强度的定义式为 $i = \dfrac{\mathrm{d}q}{\mathrm{d}t}$。

电流强度的单位为安培,简称安(A)。计算微小电流时,电流的单位用毫安(mA)或微安(μA)表示。$1\ \mathrm{mA} = 10^{-3}\ \mathrm{A}$,$1\ \mu\mathrm{A} = 10^{-6}\ \mathrm{A}$。

电流的实际方向,规定为正电荷移动的方向,它与自由电子移动的方向相反。在金属导体中,正电荷并不移动,而是自由电子移动。虽然自由电子在电场中的移动方向与正电荷相反,但从电流这一概念来说,两者是等效的。电流的方向可用箭头来表示。在分析与计算电路时,电流的实际方向往往无法预先确定,因而引入电流参考方向的概念。可以先任意假设某一方向为电流的参考方向(用箭头指向),若在此方向下计算电流的结果为正值,则说明电流的实际方向与参考方向相同;若计算结果为负值,则说明电流的实际方向与参考方向相反,如图 6-2 所示。

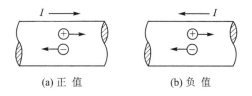

图 6-2 电流的方向

2. 电位和电压

在电路中,电流的流动说明电场力对电荷做了功。正电荷在电路的某一点上具有一定的电位能。要确定电位能的大小,必须在电路上选择一参考点作为基准点。正电荷在某点所具有的电位能就等于电场力把正电荷从某点移到参考点所做的功。在图 6-3 所示的电路中,以 B 点为参考点,则正电荷在 A 点所具有的电位能 W_A 与正电荷所带电量 Q 的比值,称为电路中 A 点的电位,用 V_A 表示:

$$V_A = \dfrac{W_A}{Q}$$

式中:电位的单位是焦耳/库仑(J/C),称为伏特,简称伏(V)。

电路中某点电位的高低是相对于参考点而言的,参考点不同,则各点电位的大小也不同。参考点一经选定,电路中各点的电位就是一个定值。参考点的电位通常设为零,在实际电路中常以机壳或大地为参考点,即把机壳或大地的电位规定为零电位。零电位的符号为"⊥"。电位高于零电位为正值,电位低于零电位为负值。

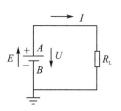

图 6-3 以 B 点为参考点的电路

在电路中,由于电源的作用,电场力把正电荷从 A 点移到 B 点所做的功 W_{AB} 与正电荷的电量 Q 的比值称为 A、B 两点间的电压,用 U_{AB} 表示:

$$U_{AB} = \dfrac{W_{AB}}{Q}$$

电场力所做的功 W_{AB} 等于正电荷在 A 点的电位能 W_A 与在 B 点的电位能 W_B 的差,即

$$U_{AB} = \frac{W_{AB}}{Q} = \frac{W_A}{Q} - \frac{W_B}{Q} = U_A - U_B$$

由电压的定义可知,A、B两点之间的电压,就是该两点之间的电位差,所以电压也称电位差。电压是衡量电场力做功能力的物理量。

电压的单位亦是伏特,简称伏(V)。较大的电压用千伏(kV)表示,较小的电压用毫伏(mV)表示,$1 \text{ kV} = 10^3 \text{ V}$,$1 \text{ mV} = 10^{-3} \text{ V}$。

电压的实际方向规定为从高电位点指向低电位点,即由正极"+"指向负极"-"。因此在电压的方向上电位是逐渐降低的。

电压的方向可用双下标表示,如U_{AB},也可用箭头表示,箭头的起点代表高电位点,终点代表低电位点,如图6-4所示。

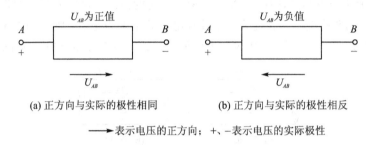

(a) 正方向与实际的极性相同　　(b) 正方向与实际的极性相反

——→表示电压的正方向; +、- 表示电压的实际极性

图6-4　电压的方向

在一些复杂电路中,某两点间电压的实际方向预先难以确定,先任意设定两点间电压的参考方向(正方向),一般用箭头表示,而"+"、"-"表示电压的实际方向。若计算结果为正值,说明电压的实际方向与参考方向相同;若计算结果为负值,说明电压的实际方向与参考方向相反,如图6-4所示。

应该指出:电位和电压是有区别的,电位是相对值,与参考点的选择有关;电压是绝对值,与参考点的选择无关。今后在计算电路的某一未知电流或电压时,应先标明该电流或电压的正方向,然后根据计算结果确定电流或电压的实际方向。

3. 电动势

在闭合电路中,要维持连续不断的电流,必须要有电源。电源内有一种外力称为电源力,它能把正电荷从电源内部"-"极移到"+"极,从而使正电荷沿电路不断地循环。

在干电池和汽车用蓄电池中,电源力是靠电极与电解液间的化学反应而产生的。在发电机中,电源力由导体在磁场中作机械运动而产生。其实这些都是能量转换的结果,电源把其他形式的能量转变为电能。为了衡量电源把非电能转变为电能的能力,在电源内部,电源力(外力)把正电荷从负极移到正极所做的功W_E与正电荷电量Q的比值,称为该电源的电动势,用E表示,即:

$$E = \frac{W_E}{Q}$$

电动势是衡量外力做功能力的物理量。外力克服电场力所做的功,使正电荷的电位能升高,正电荷获得能量,把非电能转换为电能。

电动势的单位是伏特(V)。电动势的大小只取决于电源本身的性质,而与外电路无关。例如:干电池的电动势为1.5 V,汽车用蓄电池的电动势一般为24 V和12 V两种。

4. 电能与电功率

电流能使电灯发光,发动机转动,电炉发热,这些都说明电流通过电气设备时做了功,消耗了电能。我们把电气设备在工作时间消耗的电能(也称为电功)用 W 表示。电能的大小与通过电气设备的电流和加在电气设备两端的电压以及通过的时间成正比,即 $W=IUt$,电能的单位是焦耳,简称焦(J)。

电气设备在单位时间内消耗的电能称为电功率,简称功率,用 P 表示,即: $P=\dfrac{W}{t}=UI$。

电功率的单位是瓦特,简称瓦(W)。在电工应用中,功率的常用单位是千瓦(kW),电能的常用单位是千瓦时(kWh),1 千瓦时即为 1 度电,千瓦时与焦耳之间的换算关系如下:

$$1 \text{ 度电} = 1 \text{ kWh} = 1\,000 \text{ Wh} = 3.6 \times 10^6 \text{ J}$$

我们把电气设备在给定的工作条件下正常运行而规定的最大容许值称为额定值。实际工作时,如果超过额定值工作,会使电气设备损坏,使用寿命缩短;如果小于额定值,会使电气设备的利用率降低甚至不能正常工作。额定电压、额定电流、额定功率分别用 U_N、I_N、P_N 来表示。

5. 电 阻

导体对电流的阻碍作用叫做电阻,用 R 表示。电阻的单位是欧姆,简称欧(Ω)。电阻的常用单位还有千欧($k\Omega$)、兆欧($M\Omega$),$1 \text{ k}\Omega = 10^3 \text{ }\Omega$,$1 \text{ M}\Omega = 10^6 \text{ }\Omega$。

导体的电阻是客观存在的,它不随导体两端的电压变化而变化。实验证明:在一定温度下,导体的电阻大小与导体的长度 L 成正比,与导体的横截面积 S 成反比,并与导体材料的性质有关,即: $R = \rho \dfrac{L}{S}$。

电阻的倒数称为电导,用 G 表示,即 $G=\dfrac{1}{R}$,电导的单位是西门子,简称西(S)。电导越大,电阻越小,电流越容易通过。

6. 电 源

发电机、电池等都是实际的电源。在电路分析中,常用等效电路来代替实际的部件。电源的等效电路有两种表示形式:一种是用电压源的形式表示的,称为电压源等效电路(简称电压源);另一种是用电流源的形式表示的,称为电流源等效电路(简称电流源)。

1) 电压源

为了便于对电路分析计算,可用 U_S 和 R_0 串联的电路来等效代替实际的电源,如图 6-5 所示。

在电路的分析和计算中,通常会使用等效电路的概念,所谓等效电路是指两个电路对外显现的电压、电流关系相等,即外特性一致。

在图 6-5 所示电压源等效电路中,如果令 $R_0=0$,则 $U=U_S$。因为 U_S 通常是一恒定值,所以这种电压源称为理想电压源,又称为恒压源。

理想电压源是一个具有无限能量的电源,它能输出任意大小的电流而保持其端电压不变。虽然,这样的电源实际是不存在的,但是如果电源的内电阻 R_0 远小于负载电阻 R,随着外电路负载电流的变化,电源的端电压基本上保持不变,那么这种电源就接近于一个恒压源。如图 6-6 所示即为理想电压源。理想电压源的端电压是恒值,但电流是由外电路所决定的。当负载电阻变化时电流随之而变。

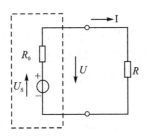
图 6-5 电压源等效电路

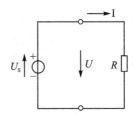
图 6-6 理想电压源

2) 电流源

电源除用电压源形式表示外,还可用电流源形式表示。由图 6-5 可得

$$U_S = U + R_0 I \quad \text{或} \quad \frac{U_S}{R_0} = \frac{U}{R_0} + I$$

式中:U_S/R_0 称为电源短路电流 I_S;I 是外电路负载电流;U_S/R_0 可视作电源内部被 R_0 分去的电流 I_i,即:$I_S = I_i + I$。

根据上式,可作出电源的另一种等效电路,如图 6-7 所示。

对外电路来说,图 6-7 和图 6-5 两个电路的端电压 U、电流 I 两者完全一样,只是把电源改用一个电流 I_S 和内电阻并联分流的形式来表示而已。这种等效电路称为电流源等效电路,简称电流源。

在电流源中,如果令 $R_0 = \infty$,则 $I = I_S$,因为 I_S 为一恒定值,所以这种电流源称为理想电流源,又称为恒流源。

理想电流源也是一个具有无限能量的电源,实际上并不存在。但是,如果电源的内电阻 R_0 远大于负载电阻 R,随着外电路负载电阻的变化,电源输出的电流几乎不变,那么这种电源就接近于一个恒流源。如图 6-8 所示为理想电流源。理想电流源的电流是恒值,但端电压是由外电路所决定的。当负载电阻增大时,端电压随之增大。

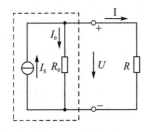
图 6-7 电流源等效电路

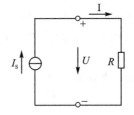
图 6-8 理想电流源

3) 电压源和电流源等效变换

一个实际的电源既可用电压源表示,也可用电流源表示。从电压源和电流源表达式比较可知,当 $I_S = U_S/R_0$ 或 $U_S = I_S R_0$ 时,这两种电源对于端电压 U 及外电路上电流 I 是相等的。因此它们之间可以等效变换,如图 6-9 所示。

当两种电源的内阻相等时,只要满足以下条件:

$$I_S = \frac{U_S}{R_0} \quad \text{或} \quad U_S = I_S R_0$$

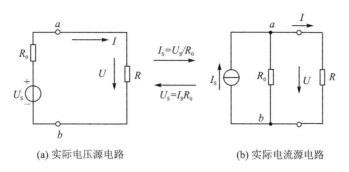

(a) 实际电压源电路　　　　　(b) 实际电流源电路

图 6-9　电压源与电流源等效变换

则电压源与电流源之间就可以等效变换。

在进行电源的等效变换时,应注意以下几点:

① 电压源和电流源的等效变换是对外电路等效,是指对外电路的端电压 U 和电流 I 等效,对电源内部并不等效。例如,当外电路开路时电压源中无电流,而电流源内部仍有电流。

② 等效变换时,对外电路的电压和电流的大小和方向都不变。因此,电流源的电流流出端应与电压源的电压正极相对应。

③ 理想电压源和理想电流源之间不能进行等效变换,因为当 $R_0=0$ 时,电压源换成电流源,I_S 将变为无穷大。当 $R_0=\infty$ 时,电流源换成电压源,U_S 将为无穷大,它们都不能得到有限值。

④ 等效变换时,不一定仅限于电源的内阻。只要在恒压源电路上串联有电阻,或在恒流源的两端并联有电阻,则两者均可进行等效变换。

6.1.3　电路的工作状态

电路有三种工作状态:通路、断路和短路。

1. 通路(闭路)

通路就是电源和负载构成回路,如图 6-10 所示。图中 U_S 是电源电压,R_0 是电源内阻,R 是负载,K 是开关。当 K 合上后,电路中有电流通过,此时电源的输出电压称为端电压。不计导线的电阻,则电源的端电压就是负载的电压。

2. 断路(开路)

断路就是电源和负载未构成闭合回路,如图 6-11 所示。此时电路中无电流通过,负载上也没有电压,电源的端电压(称为开路电压)等于电源电压,即 $I=0, U_0=U_S$。

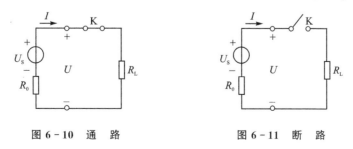

图 6-10　通　路　　　　　图 6-11　断　路

3. 短　路

短路就是电源未经负载而直接由导线接通构成闭合回路,如图 6-12 所示。此时电流不经过负载而由短路点直接构成回路,负载 R_L 上没有电压,负载电流 I_R 为 0,即:$U=0$,$I_R=0$。当电源两端被短路时,由于负载电阻为零,电源的内阻 R_0 一般又较小,因此电源将提供很大的电流,其值为

$$I_S = \frac{U_S}{R_0}$$

式中,I_S 为短路电流。

电路中的短路电流比正常工作时的电流大几十甚至几百倍,经过一定时间,短路电流通过电路将产生大量的热量,使导线温度迅速升高,因而可能烧坏导线,损坏电源及其他设备,影响电路的正常工作。严重时会引起火灾,所以要尽量避免。

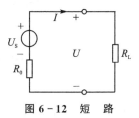

图 6-12 短　路

6.2　电路的基本定律

6.2.1　欧姆定律

1. 部分电路的欧姆定律

图 6-13 所示为电路中的一部分,实验证明,在这一段电路中,通过电路的电流与这段电路两端的电压成正比,而与这段电路的电阻成反比。这就是部分电路的欧姆定律。可用公式表示为

$$I = \frac{U}{R} \qquad U = IR \qquad R = \frac{U}{I}$$

当电流一定时,电阻越大,在电阻 R 上产生的电压就降越大;电阻越小,在电阻 R 上产生的电压降也就越小。

2. 全电路欧姆定律

图 6-14 所示为含有电源和电阻的单个闭合电路,可简称为单回路。其中,电源内部的电路称为内电路,电源外部的电路称为外电路。

实验证明:在全电路中,通过电路的电流与电源电动势成正比,与电路总电阻($R+R_0$)成反比。这就是全电路欧姆定律,可用公式表示为

$$I = \frac{E}{R + R_0}$$

式中:R_0 为内电路电阻,即电源内阻。

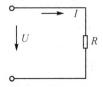

图 6-13　电压与电流的关系

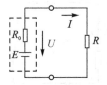

图 6-14　最简单的全电路

图 6-14 中:

$$E = IR + IR_0 = U + U_0$$

式中：U 为外电路的电压降,也称为端电压；U_0 为内电路电压降,也称为内阻降。因此,电源的电动势等于端电压与内阻压降之和。当回路中有多个电源时,公式中分母为所有电源电动势的代数和。

6.2.2 基尔霍夫定律

1. 几个基本概念

支路：电路中的每一个分支。一条支路流过一个电流,称为支路电流,如图 6-15 中的 ACB。

结点：三条或三条以上支路的连接点,如图 6-15 中的 A、B。

回路：由支路组成的闭合路径,如图 6-15 中的 ACBDA。

网孔：内部不含支路的回路,如图 6-15 中的 ACBA。

2. 基尔霍夫电流定律（KCL）

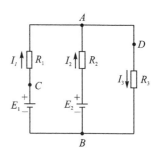

图 6-15 电路举例

基尔霍夫电流定律指出,电路中任一结点,在任一瞬间流入结点的电流 $I_入$ 之和必定等于从该结点流出电流 $I_出$ 之和,即

$$\sum I_入 = \sum I_出$$

称为基尔霍夫电流方程式。

例如在图 6-15 中,流入结点 A 的电流为 I_1 和 I_2,从结点 A 流出的电流为 I_3,故得

$$I_1 + I_2 = I_3 \text{ 或 } I_1 + I_2 - I_3 = 0$$

因此,基尔霍夫电流定律也可表达为：在任一结点上,各电流的代数和等于零,即 $\sum I = 0$。一般习惯以流入结点电流取正,流出结点电流取负。

当然,在电路中,KCL 方程是根据电流参考方向列出的,若计算得到结果为负值,说明电流的实际方向与参考方向相反。

3. 基尔霍夫电压定律（KVL）

基尔霍夫电压定律指出,从电路的任意一点出发,沿回路绕行一周回到原点时,在绕行方向上,各部分电位升 $U_升$ 之和等于电位降 $U_降$ 之和,即 $\sum U_升 = \sum U_降$,称为基尔霍夫电压方程式。

以图 6-15 为例,沿 ABCA 回路绕行方向,则回路中电位升是 E_1 与 $R_2 I_2$,电位降是 E_2 与 $R_1 I_1$,得到

$$E_1 + R_2 I_2 = E_2 + R_1 I_1 \text{ 或 } E_1 - E_2 = R_1 I_1 - R_2 I_2$$

因此,基尔霍夫电压定律还可表达为：沿任一回路绕行一周,回路中所有电动势的代数和等于电阻上的电压降的代数和,即：$\sum E = \sum RI$。

在计算复杂电路时,常应用上述公式。首先任选一个回路方向（顺时针方向或逆时针方向）,以这个回路方向为标准,来确定电动势和电阻上电压降的正负。当电动势方向与回路方向一致时,电动势取正号,反之取负号。当电阻上的电流方向与回路方向一致时,则电阻上的电压降取正号,反之取负号。根据这个规定对图 6-15 可列出回路 ADBCA、ABCA 和 ABDA（均设为顺时针回路方向）的电压方程式。

回路 ADBCA：

$$R_1I_1 + R_3I_3 = E_1 \quad ①$$

回路 $ABCA$：
$$R_1I_1 - R_2I_2 = E_1 - E_2 \quad ②$$

回路 $ABDA$：
$$R_2I_2 + R_3I_3 = E_2 \quad ③$$

用基尔霍夫电压定律，可列出上述三个回路电压方程式，但用式①减去式③得到式②结果，所以独立的回路方程式只有两个。平面电路中，根据网孔列出的回路电压方程，一般是独立的回路电压方程式。

6.3 电路基本分析方法

6.3.1 电阻串联、并联的等效变换

1. 电阻的串联

如果把几个电阻顺序相连，并使其中没有其他支路，则这种连接方式称为串联，如图 6-16(a) 所示。

在图 6-16(a) 中，由于 R_1 和 R_2 流过同一电流，根据 KVL 方程得：$U = U_1 + U_2 = IR_1 + IR_2 = I(R_1 + R_2)$，若令 $R = R_1 + R_2$，则 $U = IR$。

几个串联电阻可以用一个电阻来替代，如图 6-16(b)，而电路两端的电压和电流关系不变，所以这个电阻称为等效电阻。若 N 个电阻串联，等效电阻的阻值等于各串联电阻之和，即
$$R_{eq} = \sum_{i=1}^{N} R_i 。$$

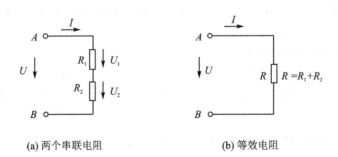

(a) 两个串联电阻　　　　　　(b) 等效电阻

图 6-16　电阻串联的电路

电阻串联可以起到限流和分压作用。两个电阻串联，各电阻上所分得的电压分别为

$$U_1 = R_1 I = R_1 \frac{U}{R} = \frac{R_1}{R_1 + R_2} U$$

$$U_2 = R_2 I = R_2 \frac{U}{R} = \frac{R_2}{R_1 + R_2} U$$

可见，各串联电阻上分配到的电压与该电阻的阻值成正比，且电阻越大，所分得的电压越高。

2. 电阻的并联

如果把几个电阻的一端相连，接在电路的同一点上，而把它们的另一端共同接在电路的另

一点上,则这种连接方式称为并联,如图 6-17(a)所示。

在图 6-17(a)中,由于 R_1 和 R_2 的两端具有同一电压,因而由 KCL 方程得

$$I = I_1 + I_2 = \frac{U}{R_1} + \frac{U}{R_2} = \left(\frac{1}{R_1} + \frac{1}{R_2}\right)U$$

若令 $\frac{1}{R} = \frac{1}{R_1} + \frac{1}{R_2}$,则 $I = \frac{U}{R}$。

几个并联电阻可以用一个电阻来替代,如图 6-17(b)所示,而电路两端的电压和电流关系仍不变,所以这个电阻称为等效电阻。等效电阻为各并联电阻倒数和的倒数。两个电阻并联的等效电阻为

$$R = \frac{R_1 R_2}{R_1 + R_2}$$

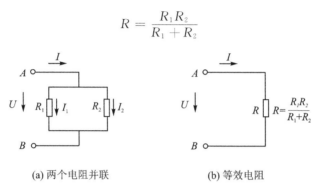

(a) 两个电阻并联　　　　(b) 等效电阻

图 6-17　电阻并联的电路

电阻并联可以起到分流作用。两个电阻并联,各电阻上所分得的电流为

$$I_1 = \frac{U}{R_1} = \frac{RI}{R_1} = \frac{R_2}{R_1 + R_2}I \qquad I_2 = \frac{U}{R_2} = \frac{RI}{R_2} = \frac{R_1}{R_1 + R_2}I$$

可见,各并联电阻上分配到的电流与该电阻的阻值成反比,且电阻越大,所分得的电流越小。

6.3.2　支路电流法

支路电流法是分析复杂电路的基本方法。所谓复杂电路是指多回路的电路,如图 6-18 所示,这种电路不能用串联或并联的方法简化成为单回路的简单电路。

支路电流法是以支路电流为未知量应用基尔霍夫定律,列出与支路电流数目相等的独立方程式,并联立求解的方法。

用支路电流法解题的步骤如下:

① 先用箭头标出电流参考方向。参考方向可任意设定,如图 6-18 所示。

② 根据基尔霍夫电流定律列出电流方程。两个结点 a 点和 b 点,只能列出一个独立的电流方程。

结点 a:$I_1 + I_2 = I_3$

或结点 b:$I_3 = I_1 + I_2$

③ 选定回路的绕行方向,用基尔霍夫电压定律列出独立的回路电压方程式。在图 6-18 中,设定回路Ⅰ和Ⅱ的绕行方向,根据 $\sum E = \sum RI$,得两

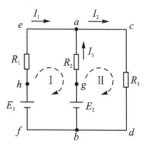

图 6-18　支路电流法

个独立回路的电压方程:

$$R_1I_1 - R_2I_2 = E_1 - E_2 \qquad R_2I_2 + R_3I_3 = E_2$$

④ 联立方程求解。把已知电阻和电压值代入下列方程式就可求得 I_1、I_2 和 I_3。

$$\begin{cases} I_1 + I_2 - I_3 = 0 \\ R_1I_1 - R_2I_2 = E_1 - E_2 \\ R_2I_2 + R_3I_3 = E_2 \end{cases}$$

6.3.3 结点电压法

结点电压法是提供一种较直接方便地求出各结点间电压的方法。求出结点间电压,各支路电流也就容易算出来了。图 6-19 是用得较多的具有两个结点的电路,U 为 a、b 两结点之间电压,$U=U_{ab}$。根据图中已经设定的电流参考方向列出电压方程式:

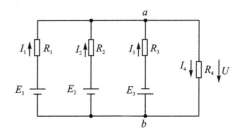

图 6-19 两结点电路

$$U = E_1 - R_1I_1 \qquad I_1 = \frac{E_1 - U}{R_1}$$

$$U = E_2 - R_2I_2 \qquad I_2 = \frac{E_2 - U}{R_2}$$

$$U = -E_3 - R_3I_3 \qquad I_3 = \frac{-E_3 - U}{R_3}$$

$$U = R_4I_4 \qquad I_4 = \frac{U}{R_4}$$

根据电流方程得 $I_1 + I_2 + I_3 - I_4 = 0$,即:

$$\frac{E_1 - U}{R_1} + \frac{E_2 - U}{R_2} + \frac{-E_3 - U}{R_3} - \frac{U}{R_4} = 0$$

整理上式后可得:

$$U = \frac{\frac{E_1}{R_1} + \frac{E_2}{R_2} - \frac{E_3}{R_3}}{\frac{1}{R_1} + \frac{1}{R_2} + \frac{1}{R_3} + \frac{1}{R_4}} = \frac{\sum \frac{E}{R}}{\sum \frac{1}{R}}$$

上式适用于求两个结点间的电压,此式也称为弥尔曼定理。

6.3.4 叠加定理

在电路中,若电流的数值正比于电源的电动势,一般称该电路为线性电路。在有多个电源作用的线性电路中,任一支路中的电流,都可以是由各个电源单独作用时分别在该支路中产生的电流的代数和。这就是叠加原理。电路的叠加原理以图 6-20 来说明。在图 6-20(a)中有:

$$I = \frac{E_1 - E_2}{R_1 + R_2} = \frac{E_1}{R_1 + R_2} - \frac{E_2}{R_1 + R_2} = I' - I''$$

$$I' = \frac{E_1}{R_1 + R_2}$$

$$I'' = \frac{E_2}{R_1 + R_2}$$

由上式可以看出,电流 I 可分为 I' 和 I'' 两部分。I' 及 I'' 分别为 E_1 及 E_2 单独作用时在电路中所产生的电流,而图 6-20(a)中的电流 I 等于图 6-20(b)中电流 I' 和图 6-20(c)中电流 I'' 的叠加。I' 取正值,因为 I' 的参考方向与 I 一致;I'' 取负值,因为 I'' 的参考方向与 I 相反。

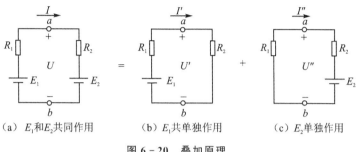

(a) E_1 和 E_2 共同作用　　(b) E_1 共单独作用　　(c) E_2 单独作用

图 6-20　叠加原理

6.4　正弦交流电的基本知识

6.4.1　交流电的概念

随时间按正弦函数变化的电动势、电压和电流总称为正弦交流电,它们的表达式为

$$\begin{cases} e = E_\mathrm{m}\sin\omega t \\ u = U_\mathrm{m}\sin\omega t \\ i = I_\mathrm{m}\sin\omega t \end{cases}$$

式中,小写字母 e、u、i 是这些量的瞬时值。

图 6-21 所示为正弦电动势波形图。图中横坐标可用时间 t/s、弧度 $\omega t/\mathrm{rad}$ 或电角度 $\omega t/(°)$ 表示。

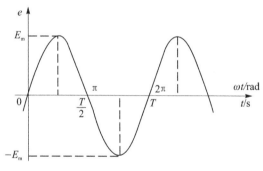

图 6-21　正弦电动势波形图

6.4.2　正弦交流电的三要素

1. 周期、频率和角频率

正弦量交变一次所需的时间称为周期,用字母 T 表示,单位为秒(s),如图 6-21 所示。1 s 内正弦量的交变次数称为频率,用字母 f 表示,单位为赫兹(Hz),简称赫。显然,频率与周期互为倒数,即 $f = \frac{1}{T}$。

我国规定工业用电标准的频率(工频)为 50 Hz,日本、美国为 60 Hz。在某些设备中,需要频率较高的交流电,例如高频电炉所用的频率可达 10^8 Hz,无线电工程上使用的频率为 $10^5 \sim 3\times10^{10}$ Hz。正弦量每秒钟所经历电角度称为角频率,用字母 ω 表示,单位为 rad/s。由于正弦量交变一周为 2π 弧度,故角频率与频率的关系为 $\omega = 2\pi f = \frac{2\pi}{T}$。

2. 相位、初相位和相位差

正弦量在不同的时刻有不同的瞬时值。例如，电动势 $e=E_m\sin\omega t$，当 t 变化时，ωt 也变，e 的数值随之而变，ωt 就称为正弦量的相位或相位角。

初相位是一个反映正弦量初始值的物理量，是计时开始时(即 $t=0$)的相位角。

在图 6-22 中，e_1 和 e_2 是两个频率相等的正弦电动势，但是它们的初相位是不同的。它们的函数式是

$$e_1 = E_{m1}\sin(\omega t + \varphi_1)$$
$$e_2 = E_{m2}\sin(\omega t + \varphi_2)$$

当 $t=0$ 时，$e_1=E_{m1}\sin(\omega t+\varphi_1)$，$e_2=E_{m2}\sin(\omega t+\varphi_2)$，它们的初相位角分别为 φ_1 和 φ_2。因此，当 $\varphi_1\neq\varphi_2$ 时，e_1 和 e_2 的初始值是不相等的。

两个同频率正弦量的初相位角之差称为相位角差，简称相位差，用 φ 表示。上式中 e_1 和 e_2 的相位差为

$$\varphi = (\omega t + \varphi_1) - (\omega t + \varphi_2) = \varphi_1 - \varphi_2$$

图 6-23 所示为同相与反相的正弦量。

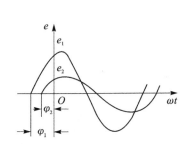

图 6-22 正弦电动势的相位

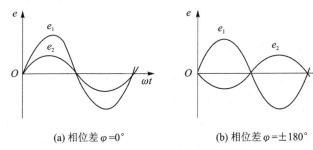

(a) 相位差 $\varphi=0°$ 　　(b) 相位差 $\varphi=\pm 180°$

图 6-23 同相与反相的正弦量

3. 最大值和有效值

交流电在某一瞬间的数值称为瞬时值，规定用小写字母表示，例如，e、u、i 分别表示正弦电动势、电压、电流的瞬时值。在一周期内出现的最大瞬时值称为最大值，也称为幅值，分别用字母 E_m、U_m、I_m 表示。

最大值只是交流电在变化过程中某一瞬间的数值，不能用来代表交流电在一段较长的时间内的平均效果，故在电路中通常会引入有效值的概念。交流电的有效值是以其热效应与直流电比较后确定的量值。正弦交流电的有效值 1 A 或 1 V 所产生的热效应与直流电 1 A 或 1 V 所产生的热效应相同。

设有一电阻 R，通以交变电流 i，在一周期 T 内产生的热量为

$$Q_{AC} = \int_0^T Ri^2 dt$$

同是该电阻 R，通以直流电路 I，在一周期 T 内产生的热量为

$$Q_{DC} = RI^2 T$$

热效应相等的条件为 $Q_{AC}=Q_{DC}$，因此可得交流电的有效值为

$$I = \sqrt{\frac{1}{T}\int_0^T i^2 dt}$$

有效值又称均方根值,用大写字母表示。在正弦交流电中,代入上式得其有效值为

$$I = \sqrt{\frac{1}{T}\int_0^T I_m^2 \sin^2 \omega t \, dt} = \frac{I_m}{\sqrt{2}}$$

即

$$I_m = \sqrt{2}I = 1.414I \quad 或 \quad I = 0.707 I_m$$

同理得电动势和电压的有效值为

$$E = \frac{E_m}{\sqrt{2}} \qquad U = \frac{U_m}{\sqrt{2}}$$

工程上通常所说的交流电压和交流电流的数值都是指有效值,如某电器的额定电压为 220 V,某电路的电流为 3 A。交流电表所测得的数值一般也是有效值。

6.4.3 三相正弦交流电源

三个单相正弦交流电通过一定的连接方式可组成三相正弦交流电源。由三个幅值相等、频率相等、相位相差 120°的单相正弦交流电组成的三相正弦交流电源称为对称三相交流电源,如图 6-24 所示。

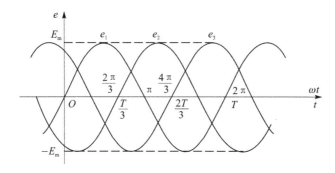

图 6-24 三相电动势波形图

三个电动势到达正或负的最大值的先后顺序称为三相交流电的相序。一般以 e_1 作为参考电动势,若 e_2 滞后于 e_1, e_3 又滞后于 e_2, 即(1→2→3)的相序,则称为顺相序;反之,若为(1→3→2)的相序则称为逆相序。如无特别说明,三相电动势总是指顺相序。

三相对称电动势的函数表达式为

$$e_1 = E_m \sin \omega t$$
$$e_2 = E_m \sin(\omega t - 120°)$$
$$e_3 = E_m \sin(\omega t + 120°)$$

在三相制的电力系统中,电源的三个绕组不是独立向负载供电的,而是按一定方式连接起来,形成一个整体。连接的方式有星形(Y 形)和三角形(△形)两种,如图 6-25 所示。

在星形连接中,三相绕组的三个末端 U2、V2、W2 连接在一起,成为一个公共点,称为中性点。从中性点引出的导线,称为中性线,用字母 N 表示。低压系统的中性点通常接地,故中性点又称零点,中性线又称零线或地线。

从三相绕组的三个首端 U1、V1、W1 引出的导线称为相线或端线,又称为火线。三条引出的相线在电路图中分别用 L1、L2、L3 表示。

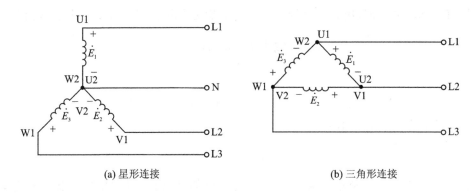

(a) 星形连接　　　　　　　　　　(b) 三角形连接

图 6-25　三相电源的连接方法

三根相线和一根中性线都引出的供电方式称为三相四线制供电（如图 6-25(a)所示），中性线不引出的方式称为三相三线制供电。

将电源三个绕组的首端、末端依次相连，从三个连接点 U1(W2)、V1(U2)、W1(V2)分别引出三根火线 L1、L2、L3，如图 6-25(b)所示，这种连接方式称为三角形连接。

在三相四线制供电系统中，相线与中线之间的电压称为相电压，用 U_1、U_2 和 U_3 表示；相线与相线之间的电压称为线电压，用 U_{12}、U_{23} 和 U_{31} 表示。

三相电源相电压和线电压的参考方向如图 6-26 所示。

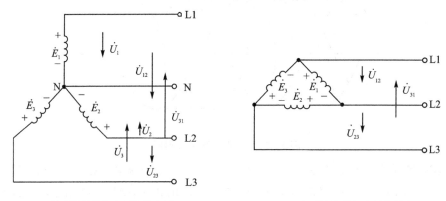

(a) 星形连接的相电压与线电压　　　(b) 三角形连接的相电压与线电压

图 6-26　三相电源的相电压与线电压

当相电压对称时，线电压也是对称的。星形连接时，线电压的有效值为相电压有效值的 $\sqrt{3}$ 倍。在相位关系上，各线电压分别超前于相应的相电压 30°。我国低压供电线路的标准电压为相电压 220 V，故线电压等于 380 V。

三角形连接时，线电压等于相电压。

三相负载也有星形和三角形两种接法，至于采用哪种方法，要根据负载的额定电压和电源电压确定。

6.5 半导体基础知识

在物理学中,按照材料的导电能力,可以把材料分为导体与绝缘体。衡量导电能力的一个重要指标是电阻率。导体的电阻率小于 $10^{-6}\ \Omega\cdot cm$,绝缘体的电阻率大于 $10^6\ \Omega\cdot cm$,介于导体与绝缘体之间的物质被称为半导体。在电子技术中,常用的半导体材料有硅(Si)、锗(Ge)和化合物半导体,如砷化镓(GaAs)等,目前最常用的半导体材料是硅。

半导体的导电能力受各种因素影响,比如温度、光照、杂质浓度等。

6.5.1 P型与N型半导体

半导体工业中完全纯净、结构完整的半导体材料,称为本征半导体。半导体中存在两种载流子:带负电的自由电子和带正电的空穴。当然,绝对纯净的物质实际上是不存在的。半导体材料通常要求纯度达到 99.999 999%,而且绝大多数半导体的原子排列十分整齐,呈晶体结构,所以由半导体构成的管件也称晶体管。

纯净的半导体掺入微量元素后就成为杂质半导体。由于掺入的杂质不同,使半导体中两种载流子的浓度发生了变化,所以杂质半导体可分为N型半导体和P型半导体。P型半导体的多数载流子(多子)是空穴,少数载流子(少子)是自由电子,N型半导体多数载流子是自由电子,少数载流子是空穴。P型或N型半导体的导电能力虽然很高,但并不能直接用来制造半导体器件。

在掺杂半导体中多数载流子主要是由掺入的杂质元素提供的,所以可以通过控制掺杂浓度来改变半导体的导电能力。掺杂半导体中尽管有一种载流子占多数,但是整个晶体仍然是呈电中性的。

6.5.2 PN结及其特性

PN结是构成各种半导体的基础。在一块完整的硅片上,采用特定的掺杂工艺使其一边形成N型半导体,另一边形成P型半导体,那么在两种半导体交界面附近,由于多子的扩散和少子的漂移,就形成了PN结,如图6-27所示。

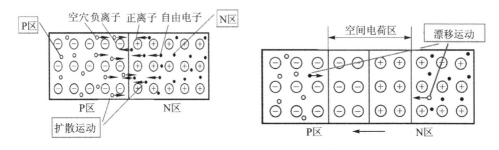

图 6-27 PN结结构

在空间电荷区,由于正、负电荷之间的相互作用,在空间电荷区中形成一个电场,其方向从带正电的N区指向带负电的P区,由于该电场是由载流子扩散后在半导体内部形成的,故称为内电场。在无外电场或其他因素激励时,PN结中无宏观电流。

当电源正极接 P 区,负极接 N 区时,称为给 PN 结加正向电压或正向偏置,此时 PN 结电阻很低,正向电流较大,PN 结处于导通状态;如图 6-28 所示。

当电源正极接 N 区、负极接 P 区时,称为给 PN 结加反向电压或反向偏置,此时,PN 结电阻很高。反向电压产生的外加电场的方向与内电场的方向相同,使 PN 结内电场加强,PN 结的电阻增大,打破了 PN 结原来的平衡,但反向电流较小,PN 结处于截止状态,如图 6-29 所示。

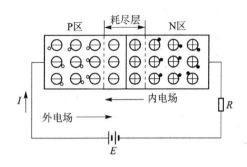

图 6-28 正向电压时的 PN 结　　　　图 6-29 反向电压时的 PN 结

可见,PN 结具有单向导电性。即在 PN 结上加正向电压时导通,加反向电压时截止。

6.6　数字电子基础

6.6.1　数制及运算

在日常生活中,十进制数是我们最常用的计数进制。而数字电路中的基本工作信号是二进制的数字信号,只有 0 和 1 两个基本数字。因此,在数字系统中进行数字的运算和处理时,采用的都是二进制数,但二进制数有时表示起来不太方便,位数太多,所以也经常采用十六制数(每位代替 4 位二进制数)。

本小节将介绍几种常见数制的表示方法,相互间的转换方法和几种常见的二-十进制码。

1. 数的表示方法

1) 十进制数

在十进制数中有 0～9 十个数码,任何一个十进制数均可用这 10 个数码按一定规律排列起来表示。计数时,以 10 为基数,逢十进一,即 9+1=10。

在十进制中,0～9 这 10 个数可以用一位基本数码表示,10 以上的数则要用两位以上的数码表示。

每一数码处于不同的位置时,它代表的数值是不同的,即不同的数位有不同的位权。例如 555,虽然三个数码都是 5,但从右边数起,第一个"5"表示的是个位数(10^0 位),它代表 5,即 5×10^0;第二个"5"表示的是十位数(10^1 位),它代表 50,即 5×10^1;第三个"5"表示的是百位数(10^2 位),它代表 500,即 5×10^2。用数学式表达为

$$555 = 5\times 10^2 + 5\times 10^1 + 5\times 10^0$$

其中,10^0、10^1、10^2 称为十进制数各位的"权"。

上述表示方法,也可扩展到小数,不过这时小数点右边的各位数码要乘以基数的负幂次。例如,数 3.14 可表示为 $3.14=3\times10^0+1\times10^{-1}+4\times10^{-2}$。对于一个十进制数来说,小数点左边的数码,位权依次为 10^0、10^1、10^2 等;右边的数码,位权分别为 10^{-1}、10^{-2}、10^{-3} 等。每一位数码所表示的数值等于该数码(称为该位的系数)乘以该位的位权,每一位的系数和位权的乘积称为该位的加权系数。任意一个十进制数所表示的数值,等于其各位加权系数之和,可表示为

$$[N]_{10} = \sum_{i=-\infty}^{\infty} k_i \times 10^i$$

任意一个 N 位十进制正整数,可表示为

$$[N]_{10} = k_{n-1}\times10^{n-1}+k_{n-2}\times10^{n-2}+\cdots+k_1\times10^1+k_0\times10^0 = \sum_{i=0}^{n-1}k_i\times10^i$$

式中:下标 10 表示 N 是十进制数,下标也可以用字母 D 来代替数字"10"。

例如:$[278]_D = [278]_{10} = 2\times10^2+7\times10^1+8\times10^0 = 278$。

2)二进制数

二进制数只有 0 和 1 两个数码,计数时以 2 为基数,逢二进一,即 $1+1=10$(读作"壹零")。为了与十进制数相区别,二进制数通常在数码的末尾加字母 B 表示。和十进制数一样,二进制数中的同一数码因在数中的位置不同而表示不同的数值。例如 1111B,虽然 4 个数码都是 1,但右边起第一个"1"表示 2^0,第二个"1"表示 2^1,第三和第四个"1"分别表示 2^2 和 2^3,用数学式表示为 $1111B=1\times2^3+1\times2^2+1\times2^1+1\times2^0$。其中,$2^0$、$2^1$、$2^2$ 等称为二进制数各位的"权"。表 6-1 列出了二进制数各位的"权"值。

表 6-1 二进制数各位的权值表

数的位数	11	10	9	8	7	6	5	4	3	2	1
权	2^{10}	2^9	2^8	2^7	2^6	2^5	2^4	2^3	2^2	2^1	2^0
权 值	1 024	512	256	128	64	32	16	8	4	2	1

任何一个 N 位二进制正整数,可表示为

$$[N]_2 = k_{n-1}\times2^{n-1}+k_{n-2}\times2^{n-2}+\cdots+k_1\times2^1+k_0\times2^0 = \sum_{i=0}^{n-1}k_i\times2^i$$

式中:下标 2 表示 N 是二进制数,也可以用字母 B 来代替数字"2"。

二进制数表示的数值也等于其各位加权系数之和。

例如:$[1001]_2 = [1001]_B = 1\times2^3+0\times2^2+0\times2^1+1\times2^0 = [9]_{10}$。

虽然十进制数及其运算是大家非常熟悉的,但在数字电路中采用十进制数却很不方便。因为在数字电路中,数码是通过电路或元件的不同状态来表示的,而要使电路或元件有 10 种不同的状态来表示 0~9 这 10 个数码,这在技术上很困难。最容易实现的是使电路或元件具有两种工作状态,如电路的通与断,电位的高与低,晶体管的导通与截止,灯泡的亮与不亮等。在这种情况下,采用只有两个数码 0 与 1 的二进制是极其方便的。由于二进制具有十进制无法具备的优点,因此在数字电路中得了极其广泛的应用。

3)八进制数

八进制数的基数是 8,采用 8 个数码:0、1、2、3、4、5、6、7。八进制数的计数规律是"逢八进

一",各位的位权是 8 的幂。N 位八进制正整数可表示为

$$[N]_8 = \sum_{i=0}^{n-1} k_i \times 8^i$$

式中:下标 8 也可以用字母 O 来代替。

例如:$[56]_8 = [56]_O = 5 \times 8^1 + 6 \times 8^0 = [46]_{10}$;$[91]_8 = [91]_O = 9 \times 8^1 + 1 \times 8^0 = [73]_{10}$。

4）十六进制数

十六进制数的基数是 16,采用 16 个数码:0、1、2、3、4、5、6、7、8、9、A、B、C、D、E、F,其中 10~15 分别用 A~F 表示。十六进制数的计数规律是"逢十六进一",各位的位权是 16 的幂。N 位十六进制正整数可表示为

$$[N]_{16} = \sum_{i=0}^{n-1} k_i \times 16^i$$

式中:下标 16 也可以用字母 H 来代替。

例如:$[80]_{16} = [80]_H = 8 \times 16^1 + 0 \times 16^0 = [128]_{10}$;

$[9D]_{16} = [9D]_H = 9 \times 16^1 + 13 \times 16^0 = [157]_{10}$;

$[FF]_{16} = [FF]_H = 15 \times 16^1 + 15 \times 16^0 = [255]_{10}$。

表 6-2 所列为不同数制对照表。

表 6-2 不同数制对照表

十进制	0	1	2	3	4	5	6	7	8	9	10	11	12	13	14	15
二进制	0	1	10	11	100	101	110	111	1000	1001	1010	1011	1100	1101	1110	1111
八进制	0	1	2	3	4	5	6	7	10	11	12	13	14	15	16	17
十六进制	0	1	2	3	4	5	6	7	8	9	A	B	C	D	E	F

2. 不同数制间的相互转换

1）二进制、八进制、十六进制数转换为十进制数

只要将二进制、八进制、十六进制数求出其各位加权系数之和,就可得相应的十进制数。

2）十进制数转换为二进制数、十六进制数

将十进制正整数转换为二进制、八进制、十六进制数可以采用除 R 倒取余数法。R 代表所要转换成的数制的基数,对于二进制数为 2,八进制数为 8,十六进制数为 16。

转换步骤如下：

① 把给定的十进制数$[N]_{10}$除以 R,取出余数,即为最低位数的数码 k_0。

② 将前一步得到的商再除以 R,再取出余数,即得次低位数的数码 k_1。

以下各步类推,直到商为 0 为止,最后得到的余数即为最高位数的数码 k_{n-1}。

例 6-1 将$[75]_{10}$转换成二进制数。

解： 2|75 …… 余 1,即 $k_0 = 1$

2|37 …… 余 1,即 $k_1 = 1$

2|18 …… 余 0,即 $k_2 = 0$

2|9 …… 余 1,即 $k_3 = 1$

2|4 …… 余 0,即 $k_4 = 0$

2|2 …… 余 0,即 $k_5 = 0$

$2\underline{|1}$ …… 余 1,即 $k_6 = 1$
　　0

即 $[75]_{10} = [1001011]_2$。

例 6-2　将 $[75]_{10}$ 转换成十六进制数。

解：$16\underline{|75}$ …… 余 11,即 $k_0 = B$
　　　$16\underline{|4}$ …… 余 4,即 $k_1 = 4$
　　　　0

即 $[75]_{10} = [4B]_{16}$。

3. 二进制数与十六进制数的相互转换

1) 将二进制转换为十六进制数

将二进制数从最低位开始,每 4 位分为一组,每组都相应转换为 1 位十六进制数(最高位可以补 0)。

例 6-3　将二进制数 $[1001011]_2$ 转换为十六进制数。

解：　二进制数　　　0100　1011
　　　十六进制数　　　4　　B

即 $[1001011]_2 = [4B]_{16}$,也可表示为 $[1001011]_B = [4B]_H$。

2) 将十六进制转换为二进制数

将十六进制数的每一位转换为相应的 4 位二进制数即可。

例 6-4　将 $[4F]_{16}$ 转换为二进制数。

解：　十六进制数　　　4　　F
　　　二进制数　　　0100　1111

即 $[4F]_{16} = [1001111]_2$(最高位为 0 可舍去),也可表示为 $[4F]_H = [1001111]_B$。

十六进制和二进制数的互换计算在计算机编程中使用较为广泛。

4. 二进制数与八进制数的相互转换

1) 将二进制转换为八进制数

将二进制数从最低位开始,每 3 位分为一组,每组都相应转换为 1 位八进制数(最高位可以补 0)。

例 6-5　将 $[1101011]_2$ 转换为八进制数。

解：　二进制数　　001　101　011
　　　八进制数　　　1　　5　　3

即 $[1101011]_2 = [153]_8$,也可表示为 $[1101011]_B = [153]_O$。

2) 将八进制转换为二进制数

将八进制数的每一位转换为相应的 3 位二进制数即可。

例 6-6　将 $[53]_8$ 转换为二进制数。

解：　八进制数　　　5　　3
　　　二进制数　　101　011

即 $[53]_8 = [101011]_2$。

请同学自行思考八进制与十六进制数之间的相互转换。

5. 二-十进制码(BCD 码)

数字系统中的信息可以分为两类：一类是数值信息，另一类是文字、符号信息。数值的表示已如前述。为了表示文字符号信息，往往也采用一定位数的二进制数码来表示，这个特定的二进制码称为代码。建立这种代码与文字、符号或特定对象之间的一一对应的关系称为编码。这就如运动会上给所有运动员编上不同的号码一样。

所谓二-十进制码，指的是用 4 位二进制数来表示十进制数中的 0～9 这 10 个数码，简称 BCD 码。由于 4 位二进制数码有 16 种不同的组合状态，用以表示十进制数中的 10 个数码时，只需选用其中 10 种组合，其余 6 种组合则不用(称为无效组合)。因此，BCD 码的编码方式有很多种，如表 6-3 所列。

表 6-3 常见的几种 BCD 编码

十进制数码	8421 编码	5421 编码	2421 编码	余 3 码(无权码)	格雷码(无权码)
0	0000	0000	0000	0011	0000
1	0001	0001	0001	0100	0001
2	0010	0010	0010	0101	0011
3	0011	0011	0011	0110	0010
4	0100	0100	0100	0111	0110
5	0101	1000	1011	1000	0111
6	0110	1001	1100	1001	0101
7	0111	1010	1101	1010	0100
8	1000	1011	1110	1011	1100
9	1001	1100	1111	1100	1000

在二-十进制编码中，一般分有权码和无权码。例如，8421 BCD 码是一种最基本的，应用十分普遍的 BCD 码，它是一种有权码。8421 就是指编码中各位的位权分别是 8、4、2、1。另外，2421 BCD 码、5421 BCD 码也属于有权码，而余 3 码和格雷循环码(也称格雷码)则属于无权码。

将十进制数的每一位分别用 4 位二进制码表示出来，所构成的数称为二-十进制数，例如，$[47]_{10} = [01000111]_{8421BCD}$，下标表示该数为 8421 编码方式的二-十进制数。在二-十进制数中，每 4 位数形成一组，代表一个十进制数码，组与组之间的关系仍是十进制关系。

6.6.2 逻辑代数基础

1. 基本概念

逻辑代数又称布尔代数，是研究逻辑电路的数学工具，它为分析和设计逻辑电路提供了理论基础。逻辑代数所研究的内容，是逻辑函数与逻辑变量之间的关系。

自然界中，许多现象总是存在对立方，为了描述这种相互对立的逻辑关系，往往采用仅有两个取值的变量来表示。这种二值变量就称为逻辑变量。例如，电平的高低、灯泡的亮灭等现象都可以用逻辑变量来表示。

在逻辑电路中，电位的高低是相互对立的逻辑状态，可用逻辑 1 和逻辑 0 分别表示。有两种不同的表示方法，规定如下：

① 若将高电平表示有信号,并用逻辑 1 表示;低电平表示无信号,并用逻辑 0 表示,则称为正逻辑体制,简称正逻辑。

② 若将低电平表示有信号,用逻辑 1 表示;高电平表示无信号,并用逻辑 0 表示,则称为负逻辑体制,简称负逻辑。

对于同一个电路,可以采用正逻辑也可以采用负逻辑,但应事先规定。因为即使同一种电路,由于选择的正、负逻辑体制不同,功能也不相同,一般若无特殊说明,均采用正逻辑。

逻辑变量和普通代数中的变量一样,可以用字母 A、B、C、…、X、Y、Z 来表示。但逻辑变量表示的是事物的两种对立的状态,只允许取两个不同的值,分别是逻辑 0 和逻辑 1。这里 0 和 1 不表示具体的数值,只表示事物相互对立的两种状态。

逻辑代数就是用于描述逻辑关系,反映逻辑变量运算规律的数学,它是按照一定的逻辑规律进行运算的。与普通代数相同,逻辑代数也是由逻辑变量(用字母表示)、逻辑常量(0 和 1)和逻辑运算符("与"、"或"、"非")组成的。逻辑电路的输入量和输出量之间的关系是一种因果关系,可以用逻辑表达式来描述。

2. 基本逻辑及其运算

所谓逻辑关系是指一定的因果关系。基本的逻辑关系只有"与"、"或"、"非"三种。实现这三种逻辑关系的电路分别叫做"与门"、"或门"、"非门"。因此,在逻辑代数中有三种基本的逻辑运算,即"与"运算、"或"运算、"非"运算。其他逻辑运算就是通过这三种基本运算来实现的。

1)"与"逻辑和"与"运算

(1)"与"逻辑

当决定某一事件的所有条件(前提)都具备时,该事件才会发生(结论)。这种结论与前提的逻辑关系称为"与"逻辑关系,简称"与"逻辑。例如,两个串联开关共同控制一个指示灯,如图 6-30 所示。

在图 6-30 所示电路中,只有当开关 A 与 B 同时接通(即两个条件同时都具备)时,指示灯 F 才亮。只要有一个开关断开,灯就灭。因此,灯亮和开关 A、B 的接通是"与"逻辑关系。

(2)"与"运算

实现"与"逻辑关系的运算称为"与"运算。运算符号为"·",通常可以省略。引入"与"运算后,前面的电灯亮这一命题与两开关闭合之间的逻辑关系可表示为 $Y = A \cdot B$ 或 $Y = AB$(其中"·"可以省略)

通常,我们把结果发生或条件具备用逻辑 1 表示,结果不发生或条件不具备用逻辑 0 表示。在此电路中,灯亮用 1 表示,灯灭用 0 表示;开关接通用逻辑 1 表示,断开用逻辑 0 表示,可得"与"运算的运算规则:$0 \cdot 0 = 0, 0 \cdot 1 = 0, 1 \cdot 0 = 0, 1 \cdot 1 = 1$。

由于其运算规则与普通代数中的乘法相似,故"与"运算又称逻辑乘。图 6-31 所示为"与"逻辑符号,也是"与门"的逻辑符号。

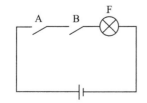

图 6-30 两个串联开关控制指示灯的电路

图 6-31 "与"逻辑符号

图 6-31 中，A、B 称为输入逻辑变量，Y 为输出逻辑变量，"与"逻辑是当所有输入均为"1"状态时，输出才为"1"状态。用逻辑式表示为 $Y=A \cdot B$。记忆口诀为：有 0 出 0，全 1 出 1。

2）"或"逻辑和"或"运算

（1）"或"逻辑

在决定某一事件的各个条件中，只要有一个或一个以上的条件具备，该事件就会发生，这种逻辑关系称为"或"逻辑关系，简称或逻辑。例如，两个并联开关共同控制一个指示灯，如图 6-32 所示。

在上述电路中，开关 A 和 B 并联，当开关 A 接通或 B 接通，或 A 和 B 都接通时，电灯就会亮。因此灯亮和开关 A、B 的接通是"或"逻辑关系。

（2）"或"运算

实现"或"逻辑关系的运算称为"或"运算。运算符号为"+"。前面的电灯亮这一命题与两个并联开关控制电灯的逻辑关系可表示为 $F=A+B$。

同样，灯亮、开关接通，我们用逻辑 1 表示；灯灭、开关断开，我们用逻辑 0 表示。可得"或"运算的运算规则：0+0=0，0+1=1，1+0=1，1+1=1。

这里要注意的是：1+1 不应等于 10，而应等于 1，这是因为灯的状态要么为 1，要么为 0，不可能为 10。"或"运算又称逻辑加，其逻辑符号如图 6-33 所示（也是"或门"的逻辑符号）。"或"逻辑的记忆口诀为：有 1 出 1，全 0 出 0。

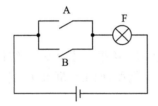

图 6-32　两个并联开关控制指示灯的电路　　图 6-33　"或"逻辑符号

3）"非"逻辑和"非"运算

（1）"非"逻辑

在逻辑问题中，若条件具备时事件不发生，而当条件不具备时，该事件必然发生，这种结论与前提总是相反的逻辑关系称为"非"逻辑关系，简称"非"逻辑，或逻辑非。例如，开关 A 和灯泡并联，如图 6-34 所示电路。

在图 6-34 所示电路中，当开关接通时灯不亮，而当开关断开时灯反而亮。因此，灯亮和开关 A 的接通是"非"逻辑关系。

（2）"非"运算

实现"非"逻辑关系的运算称为"非"运算，"非"运算用"－"表示。即 A 的非运算记为 $\overline{A}$，读作"A 非"或"A 反"，这样，开关接通和电灯亮的逻辑关系可表示为 $Y=\overline{A}$。

若条件满足、结果发生用逻辑 1 表示，条件不满足、结果不发生用逻辑 0 表示，则得非运算规律：$\overline{0}=1$；$\overline{1}=0$。

数字电路中用来实现非逻辑关系的电路称为非门，其符号和非逻辑的符号相同，如图 6-35 所示。

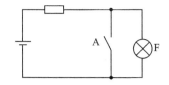
图 6-34 开关与灯泡并联电路

图 6-35 "非"逻辑符号

3. 逻辑函数及其表示方法

1) 逻辑函数的定义

逻辑函数的定义和普通代数中函数的定义类似。在逻辑电路中,如果输入变量 A、B、C 等的取值确定后,输出变量 Y 的值也被唯一确定了。那么,我们就称 Y 是 A、B、C 等的逻辑函数。逻辑函数的一般表达式可以写作:

$$Y = F(A,B,C,\cdots)$$

根据函数的定义:$Y = A \cdot B$、$Y = A + B$、$Y = \overline{A}$ 三个表达式反映的是三个基本的逻辑函数,表示 Y 是 A、B 的与函数、或函数、非函数。

在逻辑代数中,逻辑函数和逻辑变量一样,都只有逻辑 0 或逻辑 1 两种取值(以后直接简称为 0 或 1,它们没有大小之分,不同于普通代数中的 0 和 1)。

2) 逻辑函数的表示方法

逻辑函数的表示方法有很多种,以下结合实际的逻辑问题分别加以介绍。

① 真值表 真值表是将输入逻辑变量的各种可能的取值和相应的函数值排列在一起而组成的表格。

例 6-7 有两个变量 A 和 B,当其取值一致时,输出指示灯显亮,否则显暗。

解:指示灯的状态我们用 Y 表示,$Y=1$ 表示灯亮,$Y=0$ 表示灯灭。这样,就可以列出 A、B 每种取值情况下的 Y 值,如表 6-4 所列。这就是该函数的真值表。

列表时,必须把逻辑变量的所有可能的取值情况都列出,并列出相应的函数值。根据排列组合理论,如有 N 个逻辑变量,每个逻辑变量有两种可能的取值,则可能的取值有 2^n 种。习惯上,常按逻辑变量各种可能的取值所对应的二进制数的大小(从 $0 \sim 2^n -1$)排列,这样,既可避免遗漏,也可避免不必要的重复。在上例中,AB 的取值则是按 00、01、10、11 排列的。

表 6-4 逻辑函数 Y 的真值表

逻辑变量值		逻辑函数值
A	B	Y
0	0	1
0	1	0
1	0	0
1	1	1

用真值表表示逻辑函数,主要的优点是直观明了地表示了逻辑变量的各种取值情况和逻辑函数值之间的对应关系;缺点是变量多时,列表比较繁琐。

② 逻辑函数表达式 逻辑函数表达式是用各变量的与、或、非逻辑运算的组合表达式来表示逻辑函数的,简称逻辑表达式、函数式、表达式。

在例 6-7 中,电灯的状态 Y 与开关的状态 A、B 的关系可表示为

$$Y = AB + \overline{A}\overline{B}$$

根据与、或、非逻辑的基本概念,从式中可以看出,Y 在两种情况下为 1:一种是 $AB=1$(即 $A=B=1$),另一种情况是 $\overline{A}\overline{B}=1$(即 $\overline{A}=\overline{B}=1$,也就是 $A=B=0$)。这两种情况的任何一种

情况满足,Y 的值都等于 1,这与它的真值表是相符的。这种逻辑关系也称为同或逻辑。

根据真值表可以得到逻辑表达式,即:先将真值表中输出结果为 1 的各状态中对应的所有变量相"与"(取值为 1 的写成原变量形式,取值为 0 的写成反变量形式),得到基本乘积项;再把这些基本乘积项进行逻辑加。

③ 逻辑图 用规定的逻辑符号连接构成的图,称为逻辑图。如 $Y = A \cdot B + \overline{A} \cdot \overline{B}$,可用图 6-36 表示。

由于逻辑符号也代表逻辑门,和电路器件是相对应的,所以,逻辑图也称为逻辑电路图。

3) 逻辑函数相等的概念

如果两个逻辑函数具有相同的真值表,则称这两个逻辑函数是相等的,其条件是具有相同的逻辑变量,并且在变量的每种取值情况下,两函数的函数值也相等。

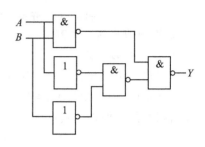

图 6-36 函数的逻辑图

例 6-8 已知 $L = AB + \overline{A}\,\overline{B}$,$Z = (A + \overline{B})(\overline{A} + B)$;求证:$L = Z$。

解:列出函数 L 和 Z 的真值表,如表 6-5 所列。

表 6-5 函数 L 和 Z 的真值表

A	B	$L = AB + \overline{A}\,\overline{B}$	$Z = (A + \overline{B})(\overline{A} + B)$
0	0	1	1
0	1	0	0
1	0	0	0
1	1	1	1

可见,函数 L 和 Z 的真值表相同,所以 $L = Z$。

第7章 测量及仪表

测量是通过实验方法及各种仪器仪表,对客观事物取得定量信息,即数量概念的过程。人们通过对客观事物大量的观察和测量,形成定性和定量的认识,归纳、建立起各种定理和定律,而后又要通过测量来验证这些认识、定理和定律是否符合实际情况。历史事实也已证明:科学的进步,生产的发展,与测量理论、技术、手段的发展和进步是相互依赖、相互促进的。

7.1 测量的基本概念

电工测量泛指以电工技术为基本手段的一种测量技术,是利用电工仪表,获得被测电量(电压、电流、功率等)或磁量(磁感应强度、磁通等)数值的过程。电工测量除具体运用电工学的基本理论、方法和设备对各种电量、电信号及电路元器件的特性和参数进行测量外,还可通过各种敏感器件和传感装置对非电量进行测量。因此,电工测量不仅应用于电学各专业,也广泛应用于物理学、化学、光学、机械学、材料学、生物学、医学等科学领域,以及生产、国防、交通、通讯、商业贸易、生态环境保护乃至日常生活的各个方面。

近几十年来,随着计算机技术和微电子技术的迅猛发展,为电工测量和测量仪器仪表的发展增添了巨大活力。电子计算机尤其是微型计算机与电工测量仪器相结合,构成了一代崭新的仪器和测试系统,即人们通常所说的"智能仪器"和"自动测试系统"。它们具有对若干电参数进行自动测量、自动量程选择、数据记录和处理、数据传输、误差修正、自检自校、故障诊断及在线测试等功能,不仅改变了若干传统测量概念,更对整个电子技术和其他科学技术产生了巨大的推动作用。现在,电工测量技术(包括测量理论、方法,测量仪器装置等)已成为整个电工学领域的一个重要分支。

7.1.1 电工测量的内容和特点

电工测量的内容包括各种电能量的测量,如各种频率、波形下的电压、电流、功率等的测量;电信号特性的测量,如波形、频率、周期、相位、失真度、调频指数及数字信号的逻辑状态等的测量;电路元件参数的测量,如电阻、电感、电容、阻抗、品质因数及电子器件的参数等的测量。电子设备的性能测量,如增益、衰减、灵敏度、频率特性、噪声指数等的测量。

在科学研究和生产实践中,常常需要对许多非电量进行测量。传感技术的发展为这类测量提供了新的方法和途径。现在,可以利用各种敏感元件和传感装置将非电量(如位移、速度、温度、压力、流量、物面高度、物质成分等)变换成电信号,再利用电工测量设备进行测量。

在一些危险的和人们无法进行直接测量的场合,这种方法几乎成为唯一的选择。在生产的自动过程控制系统中,将生产过程中各有关非电量转换成电信号进行测量、分析、记录并据以对生产过程进行控制,是一种典型的方法。

与测量学的其他分支相比较,电工测量具有如下一些特点:

1. 测量频率范围宽

电工测量中所遇到的测量对象,其频率覆盖范围较宽,通常要求测量者根据不同的工作频段,采用不同的测量原理和使用不同的测量仪器。

2. 测量量程宽

量程是测量范围的上下限值之差或上下限值之比。电工测量的另一个特点是被测对象的量值大小相差悬殊。例如,地面上接收到的宇宙飞船自外空发来的信号功率,可低至 10^{-14} W 数量级,而远程雷达发射的脉冲功率,可高至 10^8 W 以上,两者之比为 1:1 022。一般情况下,使用同一台仪器,同一种测量方法,是难以覆盖如此宽广量程的。

3. 测量准确度高低相差悬殊

就整个电子测量所涉及的测量内容而言,测量结果的准确度是不一样的。有些参数的测量准确度可以很高,而有些参数的测量准确度却又相当低。例如,对频率和时间的测量准确度,可以达到 $10^{-13} \sim 10^{-14}$ 量级,是目前在测量准确度方面的较高指标。除了频率和时间的测量准确度很高之外,其他参数的测量准确度相对都比较低。

造成这种现象的主要原因在于电磁现象本身的性质,使得测量结果极易受到外部环境的影响,尤其在较高频率段,待测装置和测量装置之间、装置内部各元器件之间的电磁耦合,外界干扰及测量电路中的损耗等。这些因素对测量结果的影响,往往不能忽略却又无法精确估计。

为此,对许多电工测量和测量仪器,除规定了必须满足的工作条件外,在对电工测量仪器的检定过程中,还规定了一套比工作条件更为严格的基准条件。除了须遵守这些规定外,还应尽可能减小外部环境的影响,许多测量都需要良好的电磁屏蔽和接地措施,系统内部则应尽量减小寄生电容、电感的影响,而在高频和微波测量中,阻抗匹配更是必须认真对待的问题。

4. 易于实现测试智能化和测试自动化

随着电子计算机尤其是功耗低、体积小、处理速度快、可靠性高的微型计算机的出现,给电工测量理论、技术和设备带来了新的革命。电工测试技术与计算机技术的紧密结合与相互促进,为测量领域带来了极为美好的前景。

5. 影响因素众多,误差处理复杂

任何测量都不可避免会有误差,如果不能准确地确定误差或误差范围的大小,那就无法衡量测量结果的准确程度、可靠性及可依赖性,从而也就失去了测量的意义和价值。造成测量误差的原因是多方面的。客观上影响测量结果及造成测量误差的因素大体上可分为外部的和内部的。能对测量结果产生影响的量,称为影响量,它通常来自测量系统的外部,如环境温度、湿度、电源电压,外界电磁干扰等。测量系统内部会对测量结果产生影响的工作特性,称为影响特性。

例如,交流电压表中检波器的检波特性,会随着被测电压的频率和波形而有所改变,从而影响到测量结果;电工测量中另一个难以避免而又无法准确估算其实际影响大小的因素,是测量仪器内部各元器件之间,测量与被测量装置之间无处无时不在的寄生电容、电感、电导等的不良影响。因此,测量中的影响量和影响特性众多而又复杂,其规律难以确定,这就给测量结果的误差分析和处理带来了困难。

7.1.2 电工测量的一般方法

由于电工测量内容的广泛性,所以电工测量的手段也具有多样性和特殊性,不同的被测参数往往需要采用不同的测量方法。

1. 按测量手续分类

1）直接测量

它是指直接从测量仪表的读数获取被测量量值的方法，比如用电压表测量晶体管的工作电压，用欧姆表测量电阻阻值，用计数式频率计测量频率等。直接测量的特点是不需要对被测量与其他实测的量进行函数关系的辅助运算，因此测量过程简单迅速，是工程测量中广泛应用的测量方法。

2）间接测量

它是利用直接测量的量与被测量之间的函数关系（可以是公式、曲线或表格等），间接得到被测量量值的测量方法。例如，需要测量电阻上消耗的直流功率 P，可以通过直接测量电压 U、电流 I，而后根据函数关系 $P=UI$，经过计算，"间接"获得功耗 P。

间接测量费时费事，常在下列情况下使用：直接测量不方便，或间接测量的结果较直接测量更为准确，或缺少直接测量仪器等。

3）组合测量

当某项测量结果需用多个未知参数表达时，可通过改变测量条件进行多次测量，根据测量值与未知参数间的函数关系列出方程组并求解，进而得到未知量。这种测量方法称为组合测量。一个典型的例子是电阻器电阻温度系数的测量。电阻器阻值 R_t 与温度 t 间满足关系

$$R_t = R_{20} + \alpha(t-20) + \beta(t-20)^2$$

式中：R_{20} 为 $t=20℃$ 时的电阻值，一般为已知量；α、β 称为电阻的温度系数；t 为环境温度。

2. 按测量方式分类

1）偏差式测量法

在测量过程中，用仪器仪表指针的位移（偏差）表示被测量大小的测量方法，称为偏差式测量法。例如使用指针式万用表测量电压、电流等。由于是从仪表刻度上直接读取被测量，包括大小和单位，因此这种方法也叫直读法。用这种方法测量时，作为计量标准的实物并不装在仪表内直接参与测量，而是事先用标准量具对仪表读数、刻度进行校准，实际测量时根据指针偏转大小确定被测量量值。

2）零位式测量法

零位式测量法又称零示法或平衡式测量法。测量时用被测量与标准量相比较（因此也把这种方法叫做比较测量法），用指零仪表（零示器）指示被测量与标准量相等（平衡），从而获得被测量。利用惠斯通电桥测量电阻（或电容、电感）是这种方法的一个典型例子，如图 7-1 所示。

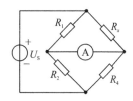

图 7-1 惠斯通电桥测量电阻示意图

当电桥平衡时，可以得到 $R_x = \dfrac{R_1}{R_2} \cdot R_4$。

通常是先大致调整比率 R_1/R_2，再调整标准电阻 R_4，直至电桥平衡。当检流计指示为零时，即可根据上式计算得到被测电阻 R_x 的值。

3. 按被测量的性质分类

如果按被测量的性质，测量还可以作如下分类。

1) 时域测量

时域测量也叫瞬态测量,主要测量被测量随时间的变化规律。典型的例子如用示波器观察脉冲信号的上升沿、下降沿、平顶降落等脉冲参数以及动态电路的暂态过程等。

2) 频域测量

频域测量也称为稳态测量,主要目的是获取待测量与频率之间的关系。如用频谱分析仪分析信号的频谱,测量放大器的幅频特性、相频特性等。

3) 数据域测量

数据域测量也称为逻辑量测量,主要是用逻辑分析仪等设备对数字量或电路的逻辑状态进行测量。数据域测量可以同时观察多条数据通道上的逻辑状态,或者显示某条数据线上的时序波形,还可以借助计算机分析大规模集成电路芯片的逻辑功能等。随着微电子技术的发展需要,数据域测量及其测量智能化、自动化显得愈来愈重要。

4) 随机测量

随机测量又叫统计测量,主要是对各类噪声信号进行动态测量和统计分析。这是一项较新的测量技术,尤其在通信领域有着广泛应用。

除了上述几种常见的分类方法外,还有其他一些分类方法。比如,按照对测量精度的要求,可以分为精密测量和工程测量;按照测量时测量者对测量过程的干预程度,又可分为自动测量和非自动测量;按照被测量与测量结果获取地点的关系,分为本地测量(原位)和远地测量(遥测)、接触测量和非接触测量;按照被测量的属性,分为电量测量和非电量测量,等等。

7.2 测量的误差及数据的处理

在实际测量中,由于测量器具不准确、测量手段不完善、环境影响、测量操作不熟练及工作疏忽等因素,都会导致测量结果与被测量的真值不同。测量仪器仪表的测量值与被测量真值之间的差异,称为测量误差。测量误差的存在具有必然性和普遍性,人们只能根据需要和可能,将其限制在一定范围内而不可能完全加以消除,所以,我们通常说误差是不可避免的。人们进行测量的目的,通常是为了获得尽可能接近真值的测量结果。如果测量误差超出一定限度,测量工作及由测量结果所得出的结论就失去了意义。在科学研究及现代生产中,错误的测量结果有时还会使研究人员作出错误的判断,使研究工作误入歧途甚至带来灾难性后果。因此,人们不得不认真对待测量误差,研究误差产生的原因、误差的性质、减小误差的方法以及对测量结果的处理等。

7.2.1 有关误差的几个概念

在学习误差的相关知识前,首先应该了解与误差有关的几个概念。

1. 真值 A_0

一个物理量在一定条件下所呈现的客观大小或真实数值称为它的真值。要想得到真值,必须利用理想的量具或测量仪器进行无误差测量。由此可推断,物理量的真值实际上是无法测得的。这首先因为,"理想"量具或测量仪器即测量过程的参考标准(或叫计量标准)只是一个纯理论值。例如,电流的计量标准安培,按国际计量委员会的定义,"安培"是指处于真空中相距1 m的两根无限长而圆截面可忽略的平行直导线,若此两导线之间产生的力为每米长度

上等于 2×10^{-7} N,则导线内流过的电流大小为 1 A。显然这样的电流计量标准是一个理想的但实际却无法实现的理论值,因而,某电流的真值我们无法实际测得,因为没有符合定义的可供实际使用的测量参考标准。尽管随着科技水平的提高,可供实际使用的测量参考标准可以越来越逼近理想的理论定义值,但是,它跟真值还是有一定差值的。其次,在测量过程中由于各种主观、客观因素的影响,做到无误差的测量也是不可能的。

2. 指定值 A_s

由于绝对真值是不可知的,所以一般由国家设立各种尽可能维持不变的实物标准(或基准),以法令的形式指定其所体现的量值作为计量单位的指定值。例如,指定国家计量局保存的铂铱合金圆柱体质量原器的质量为 1 kg,指定国家天文台保存的铯钟组所产生的特定条件下铯-133 原子基态的两个超精细能级之间跃迁所对应的辐射 9 192 631 770 个周期的持续时间为 1 s 等。国际间通过互相比对保持一定程度的一致。指定值也叫约定真值,一般就用来代替真值。

3. 实际值 A

实际测量中,不可能都直接与国家基准相比对,所以国家通过一系列的各级实物计量标准构成量值传递网,把国家基准所体现的计量单位逐级比较传递到日常工作仪器或量具上去。在每一级的比较中,都以上一级标准所体现的值当做准确无误的值,通常称为实际值,也叫做相对真值。比如,如果更高一级测量器具的误差为本级测量器具误差的 1/3 到 1/10,就可以认为更高一级测量器具的测得值(示值)为真值。在本书后面的叙述中,不再对实际值和真值加以区别。

4. 标称值

测量器具上标定的数值称为标称值。如标准电阻上标出的 1 Ω,标准电池上标出的电动势 1.5 V 等。由于制造和测量精度不够以及环境等因素的影响,标称值并不一定等于它的真值或实际值。为此,在标出测量器具的标称值时,通常还要标出它的误差范围或准确度等级。

5. 示 值

由测量器具指示的被测量量值称为测量器具的示值,也称测量器具的测得值或测量值,包括数值和单位。一般地说,示值与测量仪表的读数有区别,读数是仪器刻度盘上直接读到的数字。例如,以 100 分度表示 50 mA 的电流表,当指针指在刻度盘上的 50 处时,读数是 50,而示值是 25 mA。为便于核查测量结果,在记录测量数据时,一般应记录仪表量程、读数和示值(当然还要记载测量方法、连接图、测量环境、测量用仪器及编号、测量者姓名、测量日期等),对于数字显示仪表,通常示值和读数是统一的。

7.2.2 误差的表示方法

1. 绝对误差

绝对误差定义为

$$\Delta x = x - A_0$$

式中:Δx 称为绝对误差;x 称为测得值;A_0 为被测量真值。

前面已提到,真值 A_0 一般无法得到,所以用实际值 A 代替 A_0,因而绝对误差更有实际意义的定义是:

$$\Delta x = x - A$$

对于绝对误差,应注意下面几个特点:

① 绝对误差是有单位的量,其单位与测得值和实际值相同。

② 绝对误差是有符号的量,其符号表示测量值与实际值的大小关系。若测得值较实际值大,则绝对误差为正值,反之为负值。

③ 测得值与被测量实际值间的偏离程度和方向通过绝对误差来体现。

2. 相对误差

相对误差用来说明测量精度的高低,又可分为实际相对误差、示值相对误差和满度相对误差。

1) 实际相对误差

实际相对误差定义为

$$\gamma_A = \frac{\Delta x}{A} \times 100\%$$

2) 示值相对误差

示值相对误差也叫标称相对误差,定义为

$$\gamma_x = \frac{\Delta x}{x} \times 100\%$$

如果测量误差不大,可用示值相对误差 γ_x 代替实际误差 γ_A,但若 γ_x 和 γ_A 相差较大,两者应加以区别。

3) 满度相对误差

满度相对误差定义为仪器量程内最大绝对误差 Δx_m 与测量仪器满度值 x_m(量程上限值)的百分比值

$$\gamma_m = \frac{\Delta x_m}{x_m} \times 100\%$$

满度相对误差也叫满度误差和引用误差。由上式可以看出,通过满度误差实际上给出了仪表各量程内绝对误差的最大值

$$\Delta x_m = \gamma_m \cdot x_m$$

例 7-1 某电压表 $s=1.5$,试算出它在 $0\sim100$ V 量程中的最大绝对误差。

解:在 $0\sim100$ V 量程内上限值 $x_m=100$ V,由式可得到

$$\Delta x_m = \gamma_m \cdot x_m = \pm 1.5\% \times 100 \text{ V} = \pm 1.5 \text{ V}$$

一般讲,测量仪器在同量程不同示值处的绝对误差实际上未必处处相等,但对使用者而言,在没有修正值可利用的情况下,只能按最坏情况处理。即认为仪器在同一量程各处的绝对误差是常数且等于 Δx_m,人们把这种处理叫做误差的整量化。为了减小测量中的示值误差,在进行量程选择时应尽可能使示值能接近满度值,一般以示值不小于满度值的 2/3 为宜。

例 7-2 某 1.0 级电流表,满度值 $x_m=100$ μA,求测量值分别为 $x_1=100$ μA,$x_2=80$ μA,$x_3=20$ μA 时的绝对误差和示值相对误差。

解:绝对误差

$$\Delta x_m = \gamma_m \cdot x_m = \pm 1\% \times 100 \text{ μA} = \pm 1 \text{ μA}$$

前已叙述,绝对误差是不随测量值改变的。

而测得值分别为 100 μA、80 μA、20 μA 时的示值相对误差各不相同,分别为

$$\gamma_{x1} = \frac{\Delta x}{x_1} \times 100\% = \frac{\Delta A x_m}{x_1} \times 100\% = \frac{\pm 1}{100} \times 100\% = \pm 1\%$$

$$\gamma_{x2} = \frac{\Delta Ax}{x_2} \times 100\% = \frac{\Delta Ax_m}{x_2} \times 100\% = \frac{\pm 1}{80} \times 100\% = \pm 1.25\%$$

$$\gamma_{x3} = \frac{\Delta Ax}{x_3} \times 100\% = \frac{\Delta Ax_m}{x_3} \times 100\% = \frac{\pm 1}{20} \times 100\% = \pm 5\%$$

可见在同一量程内,测得值越小,示值相对误差越大。由此我们应当注意到,测量中所用仪表的准确度并不是测量结果的准确度,只有在示值与满度值相同时,二者才相等(不考虑其他因素造成的误差,仅考虑仪器误差);否则测得值的准确度数值将低于仪表的准确度等级。

在实际测量操作时,一般应先在大量程下测得被测量的大致数值,而后选择合适的量程再进行测量,以尽可能减小相对误差。

7.2.3 测量误差的来源

1. 仪器误差

仪器误差又称设备误差,是由于设计、制造、装配、检定等的不完善以及仪器使用过程中元器件老化、机械部件磨损、疲劳等因素而使测量仪器设备带有的误差。仪器误差还可细分为:

- 读数误差,包括出厂校准定度不准确产生的校准误差、刻度误差、读数分辨力有限而造成的读数误差及数字式仪表的量化误差;
- 仪器内部噪声引起的内部噪声误差;
- 元器件疲劳、老化及周围环境变化造成的稳定误差;
- 仪器响应的滞后现象造成的动态误差;
- 探头等辅助设备带来的其他方面的误差。

为了保证测量仪器示值的准确,仪器出厂前必须由检验部门对其误差指标进行检验。在使用期间,必须定期进行校准检定,凡各项误差指标在容许误差范围之内的,视为合格;否则就不能算作合格的仪器,其测量结果失去可靠性,只能供参考。仪器的容许误差是衡量测量仪器质量的最重要的指标,通常用工作误差、固有误差、影响误差和稳定误差四项指标来描述测量仪器的容许误差。

1) 工作误差

工作误差是在额定工作条件下仪器误差的极限值,即来自仪器外部的各种影响量和仪器内部的影响特性为任意可能的组合时,仪器误差的最大极限值。这种表示方法的优点是,对使用者非常方便,可以利用工作误差直接估计测量结果误差的最大范围。缺点是,工作误差是在最不利的组合条件下给出的,而实际使用中构成最不利组合的可能性很小。因此,用仪器的工作误差来估计测量结果的误差会偏大。

2) 固有误差

固有误差是当仪器的各种影响量和影响特性处于基准条件时,仪器所具有的误差。这些基准条件是比较严格的,所以这种误差能够更准确地反映仪器所固有的性能,便于在相同条件下,对同类仪器进行比较和校准。

3) 影响误差

影响误差是当一个影响量在其额定使用范围内(或一个影响特性在其有效范围内)取任一值,而其他影响量和影响特性均处于基准条件时所测得的误差,如温度误差、频率误差等。只有当某一影响量在工作误差中起重要作用时才给出,它是一种误差的极限。

4) 稳定误差

稳定误差是仪器的标称值在其他影响量和影响特性保持恒定的情况下,于规定时间内产生的误差极限。习惯上以相对误差形式给出,或者注明最长连续工作时间。

减小仪器误差的主要途径是根据具体测量任务,正确地选择测量方法和使用测量仪器,包括检查所使用的仪器是否具备出厂合格证及检定合格证,在额定工作条件下按使用要求进行操作等。量化误差是数字仪器特有的一种误差,减小由它带给测量结果准确度的影响的办法是设法使显示器显示尽可能多的有效数字。

2. 使用误差

使用误差又称操作误差,是由于对测量设备操作使用不当而造成的误差。比如,有些设备要求正式测量前进行预热而未预热;有些设备要求水平放置而未水平放置,倾斜或垂直放置;有的测量设备要求实际测量前须进行校准(例如:普通万用表测电阻时应校零,用示波器观测信号的幅度前应进行幅度校准等)而未校准,等等。

减小使用误差的最有效途径是提高测量操作技能,严格按照仪器使用说明书中规定的方法步骤进行操作。

3. 人身误差

人身误差主要指由于测量者感官的分辨能力、视觉疲劳、固有习惯等而对测量实验中的现象与结果判断不准确而造成的误差。比如,指针式仪表刻度的读取,谐振法测量 L、C、Q 时谐振点的判断等,都很容易产生误差。

减小人身误差的主要途径有:提高测量者的操作技能和工作责任心;采用更合适的测量方法;采用数字式显示的客观读数以避免指针式仪表的读数视差等。

4. 影响误差

影响误差是指各种环境因素与要求条件不一致而造成的误差。对电工测量而言,最主要的影响因素是环境温度、电源电压和电磁干扰等。当环境条件符合要求时,影响误差通常可不予考虑。但在精密测量及计量中,需根据测量现场的温度、湿度、电源电压等影响数值求出各项影响误差,以便根据需要做进一步的数据处理。

5. 方法误差

顾名思义,方法误差是指所使用的测量方法不当,或测量所依据的理论不严密,或对测量计算公式不适当简化等原因而造成的误差。方法误差也称理论误差。例如,当用于均值检波器测量交流电压时,平均值检波器输出正比于被测正弦电压的平均值 $\overline{U}$,而交流电压表通常以有效值 U 定度,两者间理论上应有下述关系:

$$U = \frac{\pi}{2\sqrt{2}} \overline{U} = K_F \overline{U} \approx 1.11 \overline{U}$$

显然两者相比,就产生了误差。这种由于计算公式的简化或近似造成的误差就是一种理论误差。

方法误差通常以系统误差(主要是恒值系统误差)形式表现出来。由于其产生的原因是方法、理论、公式不当或过于简化等造成,因而在掌握了具体原因及有关量值后,原则上都可以通过理论计算、分析或改变测量方法来加以消除或修正。对于内部带有微处理器的智能仪器,要做到这一点是不难的。

7.2.4 误差的分类

1. 系统误差

在多次等精度测量同一量值时,误差的绝对值和符号保持不变,或当条件改变时按某种规律变化的误差称为系统误差,简称系差。如果系统误差的大小、符号不变而保持恒定,则称为恒定系差,否则称为变值系差。变值系差又可分为累进性系差、周期性系差和按复杂规律变化的系差。

图 7-2 中描述了几种不同系差的变化规律。直线 a 表示恒定系差;直线 b 属变值系差中累进性系差,这里表示系差递增的情况,也有递减系差;曲线 c 表示周期性系差,在整个测量过程中,系差值成周期性变化;曲线 d 属于按复杂规律变化的系差。

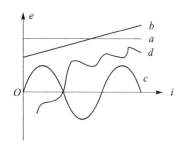

图 7-2 不同系差的变化规律

系统误差的主要特点是,只要测量条件不变,误差即为确切的数值,用多次测量取平均值的办法不能改变或消除系差,而当条件改变时,误差也随之遵循某种确定的规律而变化,具有可重复性。例如,标准电池的电动势随环境温度变化而变化,因而实际值和标称值间产生一定的误差 ΔE。

2. 随机误差

随机误差又称偶然误差,是指对同一量值进行多次等精度测量时,其绝对值和符号均以不可预定的方式无规则变化的误差。

就单次测量而言,随机误差没有规律,其大小和方向完全不可预定,但当测量次数足够多时,其总体服从统计学规律,多数情况下接近正态分布。

随机误差的特点是,在多次测量中误差绝对值的波动有一定的界性,即具有有界性;当测量次数足够多时,正负误差出现的机会几乎相同,即具有对称性;同时,随机误差的算术平均值趋于零,即具有抵偿性。由于随机误差的上述特点,可以通过对多次测量取平均值的办法,来减小随机误差对测量结果的影响,或者用其他数理统计的办法对随机误差加以处理。

3. 粗大误差

在一定的测量条件下,测得值明显地偏离实际值所形成的误差称为粗大误差,也称为疏忽误差,简称粗差。确认含有粗差的测得值称为坏值,应当剔除不用,因为坏值不能反映被测量的真实数值。

上述对误差按其性质进行的划分,具有相对性,某些情况可互相转化。例如较大的系差或随机误差可视为粗差;当电磁干扰引起的误差数值较小时,可按随机误差取平均值的办法加以处理,而当其影响较大又有规律可循时,可按系统误差引入修正值的办法加以处理;又如后面要叙述的谐振法测量时的误差,是一种系统误差,但实际调谐时,即使同一个人用同等的细心程度进行多次操作,每次调谐结果也往往不同,从而使误差表现出随机性。

最后指出,除粗差较易判断和处理外,在任何一次测量中,系统误差和随机误差一般都是同时存在的,需根据各自对测量结果的影响程度,做不同的具体处理:

① 系差远大于随机误差的影响,此时可基本上按纯粹系差处理,而忽略随机误差。
② 系差极小或已得到修正,此时基本上可按纯粹随机误差处理。
③ 系差和随机误差相差不远,二者均不可忽略,此时应分别按不同的办法来处理,然后估计其最终的综合影响。

7.2.5 测量数据的处理

1. 有效数字的处理

1) 有效数字的概念

有效数字就是实际能测到的数字,某测量数据从它左边第一个不为零的数字起,到右面最后一个数字(包括零)止,都叫做它的有效数字。如果有一个结果表示有效数字的位数不同,说明用的测量仪器的准确度不同。有效数字的位数,与分析过程所用的分析方法、测量方法、测量仪器的准确度有关。

  3.141 6   5 位有效数字;
  3.142   4 位有效数字;
  8 700   4 位有效数字;
  $87×10^2$ 2 位有效数字;
  0.087   2 位有效数字;
  0.807   3 位有效数字。

我们可以把有效数字这样表示:
$$有效数字 = 所有的可靠的数字 + 1 位可疑数字$$

2) 有效数字修约规则("四舍六入五成双"规则)

对测量结果中的多余有效数字,应按下面的舍入规则进行:

① 尾数≤4 则舍,尾数≥6 则入;
② 尾数等于 5 而后面的数都为 0 时,5 前面为偶数则舍,5 前面为奇数则入;
③ 尾数等于 5 而后面还有不为 0 的任何数字,无论 5 前面是奇还是偶都入。

例 7-3 将下列数字修约为 4 位有效数字。

 解: 修约前   修约后
    0.526 647   0.526 6
    0.362 661 12   0.362 7
    10.235 00   10.24
    250.650 00   250.6
    18.085 002   18.09
    3 517.46   3 517

2. 有效数字的运算规则

1) 加减法

先按小数点后位数最少的数据保留其他各数的位数,再进行加减计算,计算结果也使小数点后保留相同的位数。

例 7-4 计算 $50.1+1.45+0.5812=$?

 解: 修约为 $50.1+1.4+0.6=52.1$

例 7-5 计算 $12.43+5.765+132.812=$?

 解: 修约为 $12.43+5.76+132.81=151.00$

注意:用计数器计算后,屏幕上显示的是 151,但不能直接记录,否则会影响以后的修约,应在数值后添加两个 0,使小数点后有两位有效数字。

2) 乘除法

先按有效数字最少的数据保留其他各数,再进行乘除运算,计算结果仍保留相同有效数字。

例 7-6 计算 $0.012\ 1×25.64×1.057\ 82=$?

 解: 修约为 $0.012\ 1×25.6×1.06=$?

计算后结果为 0.328 345 6,结果仍保留 3 位有效数字。

记录为 $0.012\ 1×25.6×1.06=0.328$

注意：用计算器计算结果后，要按照运算规则对结果进行修约。

例 7-7 计算 $2.5046 \times 2.005 \times 1.52 = ?$

解： 修约为 $2.50 \times 2.00 \times 1.52 = ?$

计算器计算结果显示为 7.6，只有 2 位有效数字，但抄写时应在数字后加一个 0，保留 3 位有效数字，即 $2.50 \times 2.00 \times 1.52 = 7.60$。

综上例题运算得知，有效数字的运算规则：

① 当几个有效数字相加或相减时，其结果的小数点后的位数与参加运算的数值中小数点位数最少的数相同。

② 当几个有效数字相乘或相除时，其结果的有效数字位数一般与参加运算的各数中有效数字位数最少者相同。

3）乘方、开方运算

运算结果比原数多保留一位有效数字。例如：

$$(27.8)^2 \approx 772.8 \qquad (115)^2 \approx 1.322 \times 10^4$$

$$\sqrt{9.4} \approx 3.07 \qquad \sqrt{265} \approx 16.28$$

7.3 测量仪表的基本知识

7.3.1 测量仪表的分类

电工测量仪表是实现电量、磁量测量过程所需技术工具的总称。

电工仪表的种类繁多，分类方法也各有不同。

① 按照电工仪表的结构和用途，大体上可以分为以下 5 类：
- 指示仪表类：直接从仪表指示的读数来确定被测量的大小。
- 比较仪器类：需在测量过程中将被测量与某一标准量比较后才能确定其大小。
- 数字式仪表类：直接以数字形式显示测量结果，如数字万用表、数字频率计等。
- 记录仪表和示波器类，如 X-Y 记录仪、双踪示波器等。
- 扩大量程装置和变换器，如分流器、附加电阻、电流互感器、电压互感器等。

② 按仪表的电路形式分类：
- 模拟式（机械式）电工测量指示仪表：这类仪表将被测模拟物理量变换为机械位移（如指针或光标的角位移等），再通过指示器指示出被测物理量的值。
- 数字式电工测量指示仪表：这类仪表将被测模拟物理量通过模/数转换器变换为数字量，再通过数码显示被测物理量的值。

③ 按仪表的工作原理分类，主要有电磁式、电动式和磁电式指示仪表，其他还有感应式、振动式、热电式、静电式、整流式、光电式和电解式等类型的指示仪表。

④ 按测量对象的种类分类，主要有电流表（包括安培表、毫安表、微安表）、电压表（包括伏特表、毫伏表等）、功率表、频率表、欧姆表、电度表等。

⑤ 按被测电流种类分类，有直流仪表、交流仪表、交直流两用仪表。

⑥ 按使用方式分类，有安装式仪表和可携式仪表。

⑦ 按仪表的准确度分类，指示仪表的准确度可分为 0.1、0.2、0.5、1.0、1.5、2.5、5.0 七个等级。仪表的级别即仪表准确度的等级。

⑧ 按使用环境条件分类，指示仪表可分为 A、B、C 三组。

A 组：工作环境为 0～+40℃，相对湿度在 85% 以下。

B 组：工作环境为 -20～+50℃，相对湿度在 85% 以下。

C 组：工作环境为 -40～+60℃，相对湿度在 98% 以下。

⑨ 按对外界磁场的防御能力分类，指示仪表有 Ⅰ、Ⅱ、Ⅲ、Ⅳ 四个等级。

7.3.2 指示仪表的型号及表面标记

指示仪表的型号一般标注在仪表表面或刻度盘上，通常由外形尺寸代号、系列代号、用途代号、设计序号等组成。

常用的用途代号：A 为电流表，V 为电压表，W 为功率表；

常用的系列代号：C 为磁电系，T 为电磁系，D 为电动系。

在电工测量中，应按指示仪表的表面标记正确选用仪表，并要求符合仪表的正常工作条件，表 7-1 所列为传统指示仪表的表面标记。

表 7-1 传统指示仪表的表面标记

种类	符号	符号意义	种类	符号	符号意义
电流种类	—	直流	安置方式	→⌐	水平放置
	~	交流（单相）		↑⊥	垂直放置
	≈	交直流两用		∠60°	倾斜60°放置
	3~	三相交流	绝缘试验	⚡2 kV	试验电压2 kV
仪表用途	Ⓐ	安培表		☆	试验电压2 kV
	mA	毫安表	防御电磁场能力	Ⅰ	允许读数改变±0.5%
	Ⓥ	伏特表		Ⅱ	允许读数改变±1.0%
	mV	毫伏表		Ⅲ	允许读数改变±2.5%
	Ⓦ	瓦特表		Ⅳ	允许读数改变±5.0%
	MΩ	兆欧表	不标注（A）		温度0~40℃ 25℃时相对湿度95%
	kWh	电度表			
仪表工作原理	⌒	磁电系（C）	使用环境	Ⓑ	温度-20~50℃ 25℃时相对湿度95%
	⚡	磁电系（T）			
	⊟	电动系（D）		Ⓒ	温度-40~60℃ 25℃时相对湿度95%t
	⊠	磁电系比率计			
	⊙	感应系（G）	端钮符号	—	负端钮
	⌒	带整流器的磁电系		+	正端钮
准确度等级	1.5	以标尺量限的百分数表示 例如准确度为1.5级		✶	公共端钮
	∨1.5	以标尺长度的百分数表示 例如准确度为1.5级		⊥	接地端钮
				⏚	与外壳相接的端钮
	①.5	以指示值的百分数表示 例如准确度为1.5级		◌	与屏蔽相连接的端钮
			调零器	⌒	调整零位

7.3.3 常用仪表简介

1. 万用表

万用表又叫多用表、复用电表,是电工在安装、维修电气设备时用得最多的、可测量多种电量的多量程便携式仪表。它的特点是量程大,用途广,便于携带。一般可测量直流电阻、交直流电流,交、直流电压等。有的表还可测量音频电平、电感、电容和三极管的 β 值。根据其内部测量电路形式的不同,可分为模拟(指针式)万用表和数字万用表。

1) 指针式万用表

指针式万用表主要由表头、测量线路和转换开关三大部分组成。下面以电工测量中常用的 MF—30 型万用表为例,说明其使用方法。图 7-3 为 MF—30 型万用表的表盘。

MF—30 型万用表的指针表头的指示值,面板上最上一条弧形线,右侧标有"Ω",此弧形线指示的是电阻值;第二条弧形线,左侧标有"~",此弧形线指示的是交、直流电压,直流电流 mA(或 μA);第三条弧形线,右侧标有"10 V",是专供交流 10 V 档用的;第四条弧形线右侧标有"dB",是供测音频电平值用的。

(1) 指针式万用表的使用方法

使用前,应检验万用表,观察指针摆动是否灵活,表棒绝缘是否良好,转换开关转动是否灵活;检查表针是否在零位,如果不是则进行机械调零;将红表笔插入"+"插孔、黑表笔插入"-"(有的表为"COM"或"*")插孔,而后按实际情况进行测量。具体如下:

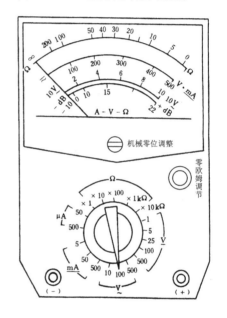

图 7-3 MF—30 型指针式万用表的表盘

① 根据被测对象,正确选择被测物理量及其量程档位。若未知被测量是交流量还是直流量,先用交流档位试测;若未知被测量大小范围,则先选大量程试测,然后根据示值大小再选合理的量程。一般所选量程应尽可能使表头指针超过满刻度的一半。

② 测量电阻前,表中需装入电池,且每变换一次量程都需重新进行欧姆调零,不能在电路通电情况下测电路中的电阻值,也不能用两只手同时接触万用表的表棒导体部分(此时测得的是人体电阻与被测电阻的并联等效电阻)。根据指针位置从表头读取数值,被测电阻阻值为电阻档倍率乘以指针所指数值。

③ 测量电压、电流前,正确调置转换开关至合适的测量档位并作机械调零,注意不能在通电情况下调置转换开关。

④ 测量直流电流时,表与被测电流所在支路串联,并使实际电流从表"+"插孔流进、"-"插孔流出;测量电压时,表与被测电压所在支路并联,若测量直流电压,还需注意被测电压的高电位点与"+"端钮对接、低电位点与"-"端钮对接。测量直流量时,若发现指针反偏,说明接反,必须及时对换。

⑤ 测量中,读数需认明标尺表面刻度线,并在与被测物理量相符的刻度线上取值,尤其注

意不能交、直流刻度线串用。

⑥测量完毕后,应将转换开关置于交流电压最高档(有些型号的表专有 off 档)。

(2) 指针式万用表的使用注意事项

① 量程转换开关必须正确选择被测量电量的档位,不能放错;禁止带电转换量程开关;切忌用电流档或电阻档测量电压。

② 在测量电流或电压时,如果对于被测量电流、电压的大小心中无数,则应先选最大量程,然后再换到合适的量程上测量。所谓合适量程,是使指针指在整个量程的 1/2~2/3 之间。

③ 测量直流电压或直流电流时,必须注意极性。

④ 测量电流时,应特别注意必须把电路断开,将表串接于电路之中。

⑤ 测量电阻时不可带电测量,必须将被测电阻与电路断开;使用欧姆档时换档后要重新调零。

⑥ 每次使用完后,应将转换开关拨到空档或交流电压最高档,以免造成仪表损坏;长期不使用时,应将万用表中的电池取出。

2) 数字式万用表

数字式万用表由液晶显示屏、量程转换开关、表笔插孔等组成,是大规模集成电路和数字显示技术综合应用的产物。它具有测量精度高、速度快、功能多、测量数值便于观察记录等诸多优点。

数字式万用表除了具有指针式万用表的基本功能外,很多型号的表还可以测量温度、频率、占空比等。图 7-4 所示为 DT—830 型数字式万用表的表盘。

使用时,数字式万用表的黑表笔插入 COM 插孔,红表笔应根据被测物理量插入对应插孔(测电阻、电压可插入 V-Ω 插孔;小于 200 mA 的电流,插入 mA 插孔;大于或等于 200 mA 的电流,插入 10 A 插孔)。数字式万用表的测量和使用与指针式万用表基本相同,按实际情况正确调置转换开关,选择合适的测量档位进行测量,但在使用中仍需注意以下几点:

① 使用数字式万用表前,应先估计被测量值的范围,尽可能选用接近满刻度的量程,这样可提高测量精度。

② 数字式万用表在刚测量时,显示屏的数值会有跳数现象,这是正常的(类似于指针式表的表针摆动),应当待显示数值稳定后(不超过 1~2 s),才能读数。

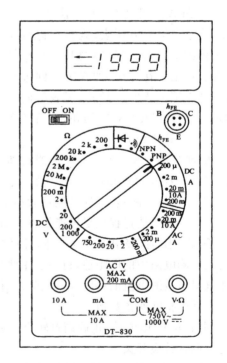

图 7-4 DT—830 型数字式万用表的表盘

③ 用数字万用表测试一些连续变化的电量和过程,不如用指针式万用表方便直观。

④ 测 10 Ω 以下的精密小电阻时(200 Ω 档),先将两表笔短接,测出表笔线电阻(约

0.2 Ω),然后在测量中减去这一数值。

⑤ 尽管数字式万用表内部有比较完善的各种保护电路,使用时仍应力求避免误操作,如用电阻档去测 220 V 交流电压等,以免带来不必要的损失。

2. 指针式电流表

尽管万用表也能测量电流大小,但从测量精度、测量安全等角度考虑,一般在实验室中,通常选用专用的电流表来测试电流大小。电流表分为指针式和数字式两种。数字式电流表的使用比较简单,只要选择符合电流性质,合适量程的仪表直接读数即可。指针式电流表要根据选用的量程和指针的偏转换算为实际的测量值。下面以直流电流表为例来说明指针式电流表的使用方法,图 7-5 为 C31 型直流毫安表的表盘。

图 7-5 C31 直流毫安表的表盘

C31 型直流毫安表以 0~10 的数字进行分刻度,有 5 个接线柱,最左边的为负极,另外 4 个为正极。每个接线柱下有一个数值,代表相应的量程;每次测量时根据被测量的大小选择其中的一个。所选量程表示指针满偏所对应的实际值,所以在测量过程中,要根据指针的偏转和所选量程进行换算。例如,当选择 5 mA 为量程时,代表满偏时的实际电流为 5 mA;当指针偏转至 8 的位置时,实际的测量大小为 4 mA。又如,当选择 20 mA 为量程时,代表满偏时的实际电流为 20 mA;当指针偏转至 8 的位置时,实际的测量大小为 16 mA。以此类推,只有选择 10 mA 量程时,因表面刻度与所选量程一致,无需换算,直接读数即可。

3. 兆欧表

电气设备绝缘性能的好坏,直接关系到设备的运行和操作人员的人身安全,为了对绝缘材料因发热、受潮、老化、腐蚀等原因造成的损坏进行检测,需要经常测量电气设备的绝缘电阻。兆欧表就是用于测量各种电气设备的绝缘电阻的仪表,因在测量过程中需手摇内置发电机摇柄,因而又叫做摇表。它是一种不带电测量电器设备及线路绝缘电阻的便携式的仪表,图 7-6 所示为其外形,图 7-7 为其面板。

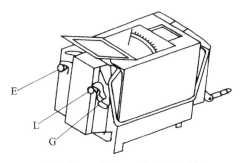

L—接线路;E—接地;G—接保护环(屏蔽)

图 7-6 兆欧表外形

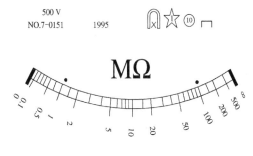

图 7-7 兆欧表面板

兆欧表的使用：

① 选表：根据被测设备的额定电压选合适的电压等级的表。对于一般电器的线圈以及电动机的绕组，若被测的额定电压小于 500 V，宜选用额定电压为 500 V 的兆欧表；若被测的额定电压大于 1 000 V，应选用额定电压为 1 000 V 的兆欧表；对于一般的电器设备，若被测的额定电压小于 500 V，宜选用额定电压为 500 V 或 1 000 V 的兆欧表；若被测的额定电压大于 500 V，应选用额定电压为 2 500 V 的兆欧表；对于电力变压器或瓷瓶、母线、刀开关，应选用额定电压为 2 500 V 的兆欧表。

② 验表：兆欧表内部由于无机械反作用力矩的装置，指针在表盘上任意位置皆可，无机械零位，因此在使用前不能以指针位置来判别表的好坏，而是要通过验表来判别。首先将表水平放置，两表夹分开，一只手按住摇表，另一只手以 90～130 r/min 转速摇动手柄，若指针偏到 ∞，则停止转动手柄；然后将接地端钮 E 和接线端钮 L 短接，缓慢摇动手柄，若指针偏到 0，则说明该表良好可用。特别要指出的是：兆欧表的指针一旦到零，应立即停止摇动手柄，否则将使表损坏。此过程又称校零和校无穷，简称校表。

③ 接线：一般情况只用 L 和 E 两接线柱。当被测设备有较大分布电容（如电缆）时，须用 G 接线柱来屏蔽表面电流。首先将两条接线分开，不要有交叉。将 L 端与设备高电位端相连，E 端接低电位端（如测电机绕组与外壳绝缘电阻时，L 端与绕组相连，E 端与外壳相连），若被测设备的两部分电位不能分出高低，则可任意连接（如测电缆绝缘电阻时），如图 7-8 所示。

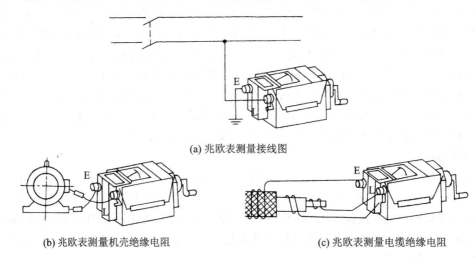

(a) 兆欧表测量接线图

(b) 兆欧表测量机壳绝缘电阻　　　　　(c) 兆欧表测量电缆绝缘电阻

图 7-8　兆欧表接线

④ 测量：先慢摇，后加速，加到 120 r/min 时，匀速摇动手柄 1 min，并待表指针稳定时，读取指示值为测量结果。读数时，应边摇边读，不能停下来读数。

⑤ 拆线：拆线原则是先拆线后停表，即读完数后，不要停止摇动手柄，将 L 线拆开后，才能停摇。如果电器设备容量较小，其内无电容器或分布电容很小，亦可停止摇动手柄后再拆线。

⑥ 放电：拆线后对被测设备两端进行放电。

4. 功率表

有功功率表用于测量直流电路的功率、单相交流电路的有功功率。

有功功率表是电动式仪表，其内部结构和工作原理如图 7-9(a)所示。

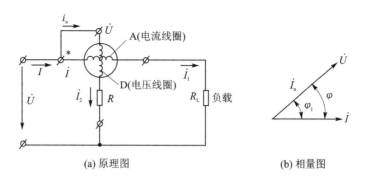

图 7-9 功率测量原理图

图 7-9(a)中,定圈 A(电流线圈)与负载串联,测量时流过其电流就是被测负载的电流;动圈 D(电压线圈)和附加电阻 R 串联后与负载并联,测量时其端电压就是被测负载的端电压。当电流、电压同时分别作用于两线圈时,由于电磁相互作用产生电磁转矩,使得活动线圈转动而带动指针偏转。

当测量直流电路的功率时,根据电动式仪表的 $\alpha=KI_1I_2$,电流线圈电流为 I_1,电压线圈电流为 I_2,$I_2=U/R_2$(R_2 为电压线圈电阻和附加电阻之和),则 $\alpha=K_pI_1U=K_pP$。

当测量交流电路的功率时,电流线圈电流为 $\dot{I}_1=\dot{I}$,电压线圈电流为 $\dot{I}_2$。由于附加电阻 R 的阻值很大,电压线圈的感抗近似忽略,故 $\dot{I}_2$ 与 $\dot{U}$ 同相。即 $\dot{I}_1$ 与 $\dot{I}_2$ 的相位差就等于 $\dot{I}$ 与 $\dot{U}$ 的相位差 φ,如图 7-9(b)所示,则 $\alpha=K_pIU\cos\varphi=K_pP$。

可见,电动式功率表的指针偏转角 α 正比于功率 P,即可用于实际功率测量。

图 7-10 是功率表的前面板标志图。

在功率表每个线圈的一个端钮都标有"*"符号,此为电源端。接线时,必须先将两线圈的电源端都接在电源的同一极性上(以保证两线圈的电流都从该端钮流入),再将电流线圈串联于被测电路,电压线圈并联于被测电路,如图 7-11 所示。

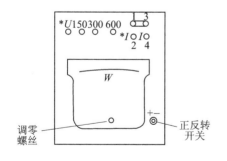

图 7-10 功率表的前面板标志图

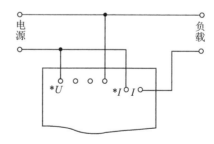

图 7-11 功率表的接线图

功率表指针的零位可用"调零螺丝"来调整,指针的反偏可用"正反转开关"调整。

功率表的量程包括电流量程、电压量程和功率量程,功率量程由电流量程、电压量程共同确定。

电压量程有三档,可通过仪表表面的三个不同接线端来选择量程,其原理是由仪表内部的电压线圈串联不同附加电阻来实现。

电流量程有大、小两档,都标记在表头面板上,可通过仪表表面两个金属片的不同连接方向来选择量程,其原理是由仪表内部两段电流线圈的不同连接方式来实现:图 7-12 中两个金属片横接,则两线圈串联,所选的是小量程;图 7-13 中两个金属片竖接,则两线圈并联,所选的是大量程。

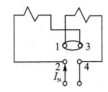

图 7-12 两线圈串联的小量程

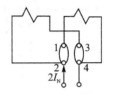

图 7-13 两线圈并联的大量程

功率表的读数需经换算得到被测功率：
$$P = nC$$
式中:n 为指针偏转格数;C 为分格常数,计算公式:
$$C = \frac{电压量程 \times 电流量程}{表盘满刻度数}$$

第8章 材料及工具

8.1 电工材料

材料学属于一门边缘学科，是研究、生产、使用材料的专门学科。各种电工仪器、仪表、机械设备、电气设备以及电力系统所应用的材料，根据其专门用途可分为结构材料、电工材料、修饰材料等。

电工材料是指包括对于任何电器、电机、电力系统等内部所发生的电磁过程起到有效作用的材料。它被广泛应用于社会生产、生活、科学技术和社会活动等各个领域范畴。尤其是新型的电工材料不断问世，对于现代科技、高电压技术的发展和社会经济的进步有着巨大的推动作用。根据电工材料的用途，主要可以分为如下几种类型：

① 用以传导电流的材料——导电材料；
② 限制电流通过的绝缘材料（电介质）；
③ 储积或导通磁通的材料——磁性材料；
④ 半导体以及其他特殊电工材料。

导电材料可用来制成控制电能以及产生热、光、磁、化学效应等的器件或装置，分为普通导电材料、特殊导电材料等。它具有高的导电性、足够的机械强度、不易氧化、不易腐蚀、易加工和焊接等特性。随着电工技术的发展，普通导电材料将会向节省铜材，用铝代铜，逐步提高综合性能（即高强度、轻、耐温、耐燃）的方向发展；特殊导电材料则会向高品质、多样化方向发展。

绝缘材料在提高产品质量、缩小产品体积、降低产品成本、提高产品的可靠性和安全性等方面都起着显著的作用。它的主要功能是：隔离电位不同的导体；改善高压电场中的电位梯度；为电容器提供储存或释放电能的条件；在电气工程中起灭弧、散热、冷却、防潮、防腐、防辐射、防电晕，以及机械支撑、固定导体、保护导体等作用。它可以分为气态绝缘材料、液态绝缘材料、半固态绝缘材料、固态绝缘材料等多种类别。随着绝缘技术的发展，将会不断改进绝缘材料的工艺水平，向耐高压、耐高温、耐低温、阻燃、无毒无害、节能、复合绝缘以及提高绝缘质量和可靠性等方向发展。

磁性材料按其磁性特点与应用情况分为硬磁材料和软磁材料。硬磁材料的磁滞回线较宽，具有较大的矫顽力，剩磁大，磁滞现象比较显著；并且一旦经过磁化很不容易去磁，能长期保持磁性基本不变。软磁材料具有磁滞回线狭窄、磁导率高、矫顽力较小等特点，在工程上主要起到减小磁路的磁阻、增强磁通量的作用。随着特殊磁性材料技术的发展，新型的磁性材料不断问世，并广泛应用于计算机的记忆、记录等存储元件，以及录音、录像、磁控开关等设备中，在科技现代化中起到了重要作用。

8.1.1 常用绝缘材料

绝缘材料又称电介质，其电阻率大于 10^9 Ω·m（某种材料制成的长度为 1 m、横截面积为

1 mm² 的导线的电阻,叫做这种材料的电阻率)。它在外加电压的作用下,只有很微小的电流通过,这就是通常所说的不导电物质。绝缘材料的主要功能是能将带电体与不带电体相隔离,将不同电位的导体相隔离,以确保电流的流向或人身的安全。在某些场合,还起支撑、固定、灭弧、防晕、防潮等作用。

绝缘材料种类繁多,按其形态可分为气体绝缘材料、液体绝缘材料和固体绝缘材料三大类。气体绝缘材料常见的有空气、六氟化硫、氮气、氟利昂、二氧化碳等;液体绝缘材料常见的有变压器油、断油器油、电容器油、电缆油等;固体绝缘材料常见的有绝缘漆、胶、纸板等制品,漆布、漆管等绝缘浸渍纤维制品,以及云母、电工塑料、陶瓷、橡胶等。电工作业中常见的绝缘材料主要是固体绝缘材料。

按绝缘材料的化学性质可分为有机绝缘材料、无机绝缘材料和混合绝缘材料。有机绝缘材料主要有橡胶、树脂、麻、丝、漆、塑料等,其有较好的机械强度和耐热性能。无机绝缘材料主要有云母、石棉、大理石、电瓷、玻璃等,其耐热性能和机械强度都优于有机绝缘材料。混合绝缘材料是由无机绝缘材料和有机绝缘材料经加工后制成的各种成型绝缘材料,常用做电器的底座、外壳等。

此外,根据材料的用途可分为高压电工材料和低压电工材料;根据材料的来源可分为天然绝缘材料和人工合成绝缘材料。

1. 绝缘材料的基本性能

1) 耐热性

耐热性是指绝缘材料承受高温而不改变介电、机械、理化等特性的能力。通常,电气设备的绝缘材料长期在热态下工作,其耐热性是决定绝缘性能的主要因素。

2) 绝缘强度

绝缘材料在高于某一极限数值的电压作用下,通过电介质的电流将会突然增加,这时绝缘材料被破坏而失去绝缘性能。这种现象称为电介质的击穿。电介质击穿的形式大致可分为电击穿、热击穿和放电击穿三种。电介质发生击穿时的电压称为击穿电压。单位厚度的电介质被击穿时的电压称为绝缘强度,也称击穿强度,单位为 kV/mm。

3) 力学性能

绝缘材料的机械性能也有多种指标,其中主要一项是抗张强度,它表示绝缘材料承受力的能力。

2. 常用电工绝缘材料

1) 空　气

空气存在于自然界中,是一种取之不尽的气体绝缘材料。它具有良好的绝缘性能,击穿后其绝缘性能可以瞬间自动恢复,且它的电气、物理性能稳定,所以应用极为广泛。在电气设备中,常用于输、配电线路及变压器的绝缘或辅助绝缘;压缩空气常用于断路器的绝缘和灭弧介质;真空常用于高压真空开关和各种电子管等。

2) 绝缘油

绝缘油具有良好的抗氧化性能,良好的电气性能和润滑性能,同时高温安全性和低温流动性均较好,且具有较低的凝固点和良好的抗乳化性能、防锈性能和抗泡沫性能,理化性能均较稳定。电气设备中的绝缘油主要有天然矿物油、人工合成油和植物油三大类。

绝缘油的主要用途是:在电气设备中可用它填充间隙,排除气体,增强设备的绝缘能力;依靠绝缘油的流动性,其对流作用可以改善设备的冷却散热条件;作为绝缘漆的稀释剂,可作为防护涂层用于浸渍纸介电容器,以提高它的容量和击穿强度。

3) 绝缘漆

绝缘漆是一种以高分子聚合物为基础,能在一定条件下固化成绝缘硬膜或绝缘整体的重要绝缘材料。它由天然树脂或合成树脂为漆基加入某些辅助材料组成。绝缘漆的分类方式有多种,按其用途可分为浸渍漆、漆包线漆、覆盖漆、硅钢片漆、防电晕漆等数种。绝缘漆主要用于覆盖电机、电器的线圈及绝缘零部件的表面修饰。

4) 电工塑料

电工塑料是由合成树脂或天然树脂、填充剂、增塑剂和添加剂等配合而成的粉状、粒状或纤维状高分子绝缘材料。合成树脂是塑料的主要成分,它决定了塑料制品的主要性能。按树脂类型的不同,绝缘塑料可分为热固性塑料和热塑性塑料,电工设备的绝缘塑料以热固性塑料为主。

电工塑料具有质轻、机械强度高、介电性能好、耐热、耐腐蚀、易加工等优点,在一定的温度、压力下可以加工成各种规格、形状的电工设备绝缘零件,是主要的导线绝缘和护层材料,在电气设备中被广泛应用。

5) 电工橡胶

橡胶是一种分子链为无定形结构的高分子聚合物,富有弹性、抗冲击,具有耐寒、耐热的特点,按其来源可分天然橡胶和人工合成橡胶两类。

① 天然橡胶由橡胶树分泌的浆液制成,主要成分是聚异戊二烯。其抗张强度、抗撕性和回弹性一般比合成橡胶好,但不耐热,易老化,不耐臭氧,不耐油,不耐有机溶剂,且易燃。天然橡胶适合制作柔软性、弯曲性和弹性要求较高的电线电缆绝缘护套,长期使用温度为60~65℃,耐电压等级可达6 kV。

② 合成橡胶是碳氢化合物的合成物,是具有类似天然橡胶性质的高分子聚合物。它主要分为非极性合成橡胶和极性合成橡胶两种。其中,非极性合成橡胶主要有丁苯橡胶、丁基橡胶、乙丙橡胶和硅橡胶等,主要用做电线电缆的绝缘;极性合成橡胶主要有氯丁橡胶、丁腈橡胶、氯磺化聚乙烯、氯化聚乙烯、氯醚橡胶和氟橡胶等,主要用做电线电缆的护套材料。

6) 绝缘薄膜

绝缘薄膜是由若干高分子聚合物——合成树脂,通过拉伸、流涎、浸涂、车削辗压和吹塑等方法制成的。选择不同材料和方法可以制成不同特性和用途的绝缘薄膜。电工用绝缘薄膜厚度在0.006~0.5 mm之间,具有柔软、耐潮、电气性能和机械性能好的特点,可制成透明、半透明、不透明或不同颜色的各种产品。电工薄膜在电机、电器、仪器仪表中,主要用做线圈和电线电缆的绕包绝缘以及电容器介质。常用的电工薄膜主要有聚丙烯薄膜、聚酯薄膜、聚苯乙烯薄膜和聚乙烯薄膜等。

7) 绝缘粘带

电工用绝缘粘带有三类:织物粘带、薄膜粘带和无底材粘带。

织物粘带是以无碱玻璃布或棉布为底材,涂以胶粘剂,再经烘焙、切带而成的。薄膜粘带是在薄膜的一面或两面涂以胶粘剂,再经烘焙、切带而成。无底材粘带由硅橡胶或丁基橡胶和填料、硫化剂等经混炼、挤压而成。绝缘粘带多用于导线、线圈的绝缘,其特点是在缠绕后自行粘牢,使用方便,但应注意保持粘面清洁。

黑胶布是最常用的绝缘粘带，又称绝缘胶布带、黑包布，是电工用途最广、用量最多的绝缘粘带。黑胶布是在棉布上刮胶、卷切而成的。胶浆由天然橡胶、炭黑、松香、松节油、重质碳酸钙、沥青及工业汽油等制成，有较好的黏着性和绝缘性能。它适用于交流电压380 V以下(含380 V)的电线、电缆做包扎绝缘，能够在−10～+40℃环境范围使用。使用时，不必借用工具即可撕断，操作方便。其外形如图8-1所示。

图8-1 黑胶布

8.1.2 常用导电材料

在工业生产中，能够传导电流的金属材料，称为导电材料。导电材料具有良好的导电性，其电阻率一般为$10^{-8}\sim10^{-9}$ Ω·m。用于导电的金属材料，在具有高导电性的同时，还应具有足够的机械强度、不易氧化、不易腐蚀、容易加工和容易焊接等多种特性。对于导电金属材料的选用问题，应根据材料的经济和资源情况进行综合考虑。

1. 金属导电材料

导电材料的主要功能是用于传输电能及电信号。能够用来导电的金属材料种类很多，其中金、银属于贵重金属并为优良导体，但由于资源少，价格昂贵，综合考虑材料的导电性、经济性以及资源情况，它们一般只用于特殊场合。在电力工程中，应用最广泛的导电材料是铜和铝。

1) 铜

铜具有较高的导电性和导热性，足够的机械强度和良好的耐腐蚀性，并具有良好的延展性和可塑性，无低温脆性，便于焊接，易于加工成各种型材等诸多优点，因而成为一种广泛应用的导电材料。电机、变压器上使用的是含铜量为99.5%～99.95%的纯铜，俗称紫铜。其中，硬铜做导电的零部件，软铜做电机、电器等线圈。杂质、冷变形、温度和耐腐蚀性等是影响铜性能的主要因素。

2) 铝

铝是一种轻金属材料，铝的密度约为铜的30%；铝的电导率约为铜的61%，对于长度和电阻相同的铜和铝而言，铝材料所需的截面是铜的1.6倍，体积也是铜的1.6倍，质量却是铜的54%。如果载流相同，铝的截面是铜的1.5倍，但质量要比铜材料轻很多。除此之外，铝的导热性能也非常良好，其热导率约为铜的56%；且铝的塑性优良，易于加工，可拉成细丝或压成薄片，机械强度为铜的50%。铝的资源丰富，价格低廉，使用中若对导体尺寸和力学性能没有特殊要求，可以优先考虑选用铝作为导电材料。

另外，有些合金材料的导电、导热以及可锻性等各项性能也都优于纯金属。因此，还可以根据不同的导电用途和其他特殊需要，采用合金导体以及复合金属导体作为导电材料使用。

2. 金属导线

各种导电材料根据使用场合的不同，可制成不同形式的金属导线。

1) 裸导线

裸导线是指导线表面没有绝缘层的金属电线。它属于电线电缆产品中最基本的一种大类产品，应用非常广泛。根据裸导线形状、结构和用途的不同，将它分为圆单线、型线和型材、架空用绞线、软接线四个系列；按照所用材料的组成，可分为单金属线、合金线、双金属线三种，裸导线在工程中主要用于电力、交通、通信工程以及电机、变压器和各种电气设备的制造。

圆单线由不同的导体材料以及不同的加工方式制作而成,可单独使用,也可制成绞线,同时,圆单线还是构成各种电线、电缆线芯的单体材料。圆单线一般分为圆铜线、圆铝线、铝镁硅系合金圆线、铜包钢线、铝包钢线等。

型线的形状是多样的,有矩形、梯形和其他几何形状。型线可以单独使用,也可以用于制造电缆及电气设备的元件。型线包括铜、铝母线,铜、铝扁线,各种铜排、铜带,空芯导线和电车线等。

绞线是指多根圆单线或型线,经同芯分层呈螺旋形扭绞及相邻层扭绞方向相反的绞合而形成的导线或导体。绞线具有足够的强度,因而被广泛用于高、低压输电的电力线路。绞线从结构上分为简单绞线(单绞线)、复合绞线(双绞线)和组合绞线。简单绞线是由相同材料的圆单线绞合而成,并且导体中的单线应具有相同的标称直径;复合绞线是指将数股单绞线构成的线束,再按单绞的方式绞合成的整条电线;组合绞线是由导电部分的圆单线和增强部分的芯线组合绞制而成。

软接线是由小截面软圆铜线绞制或编织而成,柔软性较好,主要用于各种软连接的场合。软接线包括裸铜软线、铜编织线、铜电刷线等。

2) 电磁线

电磁线是一种具有很薄绝缘层的金属电线,用于实现电能和磁能的相互转换。通常将它绕制成线圈或绕组的形式,使电磁线在磁场中切割磁力线产生感应电动势;或者通过电流产生磁场,故又称为绕组线。

电磁线主要用于制造电机、变压器、各种电器、仪器仪表的线圈绕组。根据导电线芯的材料,分为铜线、无磁性铜和铝线;根据电磁线的外形状态,可分为扁线、带、箔等;根据电磁线绝缘层材料的特点和用途,可分为漆包线、绕包线、无机绝缘线和特种电磁线。

① 漆包线由导电线芯和绝缘层组成。漆包线绝缘层是由聚酯、聚氨酯、缩醛等有机合成高分子化合物所构成的绝缘漆,均匀涂敷在导电线芯上,经过烘干后形成一层绝缘漆膜。按漆膜和使用特点可分为普通漆包线、耐高温漆包线和特种漆包线等。由于漆包线具有漆膜较薄、均匀、光滑、便于线圈绕制、有利于提高空间因素等特点,被广泛应用于仪器、仪表的各种线圈、绕组,中小型电机或微型电工产品。

② 绕包线是指在导电线芯或漆包线上紧密绕包不同的绝缘材料,构成不同绝缘层的电磁线。部分的绕包线,经绕包后还要通过浸渍的处理而形成组合绝缘。绕包线根据其绝缘层的材料不同,可以分为纸包线、玻璃丝包线、天然丝和人造丝包线等。绕包线与漆包线相比,有绝缘层厚、电性能更优、过载能力强等特点,常用于大、中型电工设备。

③ 无机绝缘电磁线主要有氧化铝带(箔)陶瓷绝缘线、玻璃膜绝缘微细线和氧化膜线等产品。该类电磁线具有耐高温、耐辐射的优点。主要用于绕制发电机、大中型电动机变压器的绕组以及仪表、电信设备的线圈等。

④ 特种电磁线是用于特殊场合绝缘结构和性能的一种电磁线,比如高温、高湿、深低温等环境。

3) 电气设备用电线电缆

工矿企业中,用于低压电力系统的绝缘电线,包括各种电气设备与电源间连接的电线电缆、电气设备内部安装线、控制信号系统所用的电线电缆等,都称为电气设备用电线电缆。其基本结构是由导电线芯、绝缘层、屏蔽层以及护层(护套)组成。

工程应用中,根据电气设备用电线电缆的使用特性,可分为以下 6 种:

① 通用电线电缆,主要包括塑料绝缘电线电缆、橡皮绝缘电线电缆、通用橡套软电缆、电焊机电缆、电梯电缆等。

② 电工设备和仪器仪表用电线电缆,主要包括电机、电器引接线,电器、仪表安装线,电光源用电线电缆,潜水电机用防水橡套电缆,无机绝缘高温电缆,电工、电子仪器仪表用电线电缆,医疗仪器用电线等。

③ 交通工具用电线电缆,主要包括汽车、拖拉机用电线,机电车辆用电线电缆,航空电线,船用电缆等。

④ 地质勘探和采掘工业用电线电缆,主要包括检测电缆,钻探电缆,油田生产用电线电缆,采掘工业电线电缆等。

⑤ 信号、控制用电缆,主要包括信号电缆、橡皮和塑料绝缘控制电缆、船用控制电缆、计算机用控制电缆、其他控制电缆等。

⑥ 直流高压用电缆,主要包括 X 射线机用直流高压电缆、电子轰击炉用电缆、电子束焊机用高压电缆、静电喷漆用电缆等。

4) 电力电缆

电力电缆是在电气工程中,用于输送和分配大功率电能的一种常用导线。它在结构上与绝缘电线类似,由导电线芯、绝缘层、护套、屏蔽层组成。即将一根或数根导电线芯分别裹以相应的绝缘材料,外面包上密闭的铅(或铝、塑料、橡皮等)皮所制成的导线,称为电力电缆。与绝缘电线的不同之处在于,电力电缆工作运行时电压等级高,电流大,线路长,要求高。电力电缆按绝缘材料可分为油浸纸绝缘、塑料绝缘、橡胶绝缘及气体绝缘等;按结构特征可分为统包型、分相型、自容型、扁平型等;按电压等级可分为高电压电缆和低电压电缆;按电缆的芯数可分为单芯、双芯、三芯和四芯;按导体的形状可分为圆形、扇形和椭圆形。

电力电缆在电力系统中的主要作用是传输和分配电能,一般用于发电厂、变电站、工矿企业的动力引入和引出线路;也可用于跨越江河、铁路、城市地区的输配电线路和工矿企业内部主干电力电路中。

5) 通信电缆

在电信工程中,人们把用来传输电话、电报、广播、电视、传真、数据信息和其他电信息的绝缘电缆,统称为通信电缆。随着通信事业的迅速发展,通信电缆作为现代有线通信的主要材料,应用非常广泛。通信电缆与传统的架空明线相比,具有保密性好、性能稳定、传输质量好、复用路数多、使用寿命长等诸多特点。另外,通信电缆通常都是地下敷设,不仅减少了地面立杆、建塔等建设,而且也减少了外界干扰和自然灾害的影响,但其缺点是通信电缆的衰减比架空明线要大。

通信电缆根据其元件结构类型的特点,可分为对称电缆和同轴电缆两大类。对称电缆由芯线两两成对而得名,其线对中的两根绝缘芯线与地是对称的;同轴电缆则由内外芯线同轴而得名,它的主要元件是同轴对,两根导线与地是不对称的。

6) 通信光缆

在通信领域中,人们利用光波作为信息的载体,以光纤电缆作为通道所进行的各种通信方式,统称为光纤通信。传输通信光波的光缆,称其为通信光缆。光纤是由石英玻璃、塑料之类的材料拉制而成。根据光缆的使用要求,可按照不同形式进行分类。按照网络层次可分为核心网光缆、中继网光缆和接入网光缆;按照光纤状态可分为松套光缆、半松半紧光缆和紧套光缆;按光纤形态可分为分离光纤光缆、光纤束光缆和光纤带光缆;按敷设方式可分为架空光缆、管道光缆、直埋光缆、隧道光缆和水底光缆

8.1.3 特殊导电材料

电气工程中,常会由于某些特殊要求而采用一些导电材料。譬如,用于过电流保护的熔体材料,电机制造用的电碳制品,用于限制、控制电路电流的电阻线以及各种发热元件用的电热材料等。这些具有特殊功能的导电材料,称为特殊导电材料。常用的特殊导电材料有电阻合金、电热材料、熔体材料、弹性合金、热电偶和热双金属片等。

1. 电阻材料

电阻材料是用于制造各种电阻元件的合金材料,又称为电阻合金。其基本特性是具有高的电阻率和很低的电阻温度系数。

电阻合金材料在形状上可制成粉、线、箔、带等,表面还可以按电阻合金使用的需要覆以各种绝缘材料。电阻合金的种类按其主要用途可分为调节元件用电阻合金、精密元件用电阻合金、电位器用电阻合金和传感元件用电阻合金。

常用的电阻合金有康铜丝、新康铜丝、锰铜丝和镍铬丝等。康铜丝以铜为主要成分,具有较高的电阻系数和较低的电阻温度系数,一般用于制作分流、限流、调整等电阻器和变阻器。新康铜丝是以铜、锰、铬、铁为主要成分,不含镍,是一种新型电阻材料,性能与康铜丝相似。锰铜丝是以锰、铜为主要成分,具有电阻系数高、电阻温度系数低及电阻性能稳定等优点,通常用于制造精密仪器仪表的标准电阻、分流器及附加电阻等。镍铬丝以镍、铬为主要成分,电阻系数较高,除可用做电阻材料外,还是主要的电热材料,一般用于电阻式加热仪器及电炉。

2. 电热材料

电热材料主要用于制造电热器具及电阻加热设备中的发热元件,作为电阻接入电路,将电能转换为热能。对电热材料的要求是电阻率要高,电阻温度系数要小,能耐高温,在高温下抗氧化性好,便于加工成形等。常用电热材料主要有镍铬合金、铁铬铝合金及高熔点纯金属等。

3. 熔体材料

熔体材料是一种保护性导电材料,作为熔断器的核心组成部分,具有过载保护和短路保护的功能。熔体一般都做成丝状或片状,称为保险丝或保险片,统称为熔丝,是经常使用的电工材料。

① 熔体的保护原理:接入电路的熔体,当正常电流通过时,它仅起导电作用;当发生过载或短路时,导致电流增加。由于电流的热效应,会使熔体的温度逐渐上升或急剧上升。当达到熔体的熔点温度时,熔体自动熔断,电路被切断,从而起到保护电气设备的作用。

② 熔体材料的种类和特性:熔体材料按使用场合和性能要求的不同,可分为一般熔体、快速熔体和特殊熔体三种。

- 一般熔体的特点是具有长期负载电流的能力,而在线路故障时,它能在规定的时间内切断故障电流。一般熔体所采用的材料,应根据它所保护的对象和功能要求确定。
- 快速熔体在正常工作条件下,功率损耗较低;在过载或短路的情况下,能有效、准确、迅速地切断故障电流。

- 特殊熔体具有温度大于100℃时,其电阻率呈现非线性突变的特点,如金属钠、钾等。利用它们的这种特点,可以将金属钠、钾作为自复式熔断器的特殊熔体材料。自复式熔断器是一种当线路一旦出现故障时,可切断电路,能起到保护作用;而故障消除后,又可自动恢复使用的熔断器(或称永久熔断器)。

熔体材料按其熔点的高低,分为两类:一类是低熔点材料,如铅、锡、锌及其合金(有铅锡合金、铅锑合金等),一般在小电流情况下使用;另一类是高熔点材料,如铜、银等,一般在大电流情况下使用。

4. 超导材料

超导是超导电性能的简称,指金属、合金或其他材料电阻变为零的性质,是荷兰物理学家卡翁纳斯在测量固体汞样品的电阻和温度之间的关系时发现。当温度降低至4.2 K附近(约−268℃)时,电阻突然消失。他认为这是由于物质从一种状态变为另一种新的状态时所致,并把这种电阻为零的现象命名为超导现象;将能使物体电阻为零时的温度叫做临界温度,把具有超导现象的材料称为超导材料。

常用的超导材料有元素超导体、合金超导体、化合物超导体和实用超导体。

由于超导材料所具有的特殊性能,现已被日益广泛地应用于许多领域,例如:超导电缆可无损耗地远距离输电;超导开关可使控制简便,通断过程中不产生电弧,接通状态无电阻损耗,能长期稳定运行;超导变压器可使体积重量比普通变压器小很多;直流超导电机比常规电机质量轻,效率高,价格低等。

8.1.4 磁性材料

磁性材料是重要的三大电工材料之一。它的主要作用是利用其特性进行电、机械、声、光等能量的转换,因此被广泛应用到电气设备、电工、电子仪器、仪表、通信及电子计算机等方面。

磁性是物质基本属性之一。不同物质的导磁能力各不相同,表征物质导磁能力的物理量是磁导率 μ。磁导率 μ 越大,表示物质的导磁性能越好。为了研究问题方便,通常用相对磁导率 μ_r 来表示物质的导磁性能。物质的磁导率 μ 与真空磁导率 μ_0($\mu_0 = 4\pi \times 10^{-7}$ H/m)之比叫做该物质的相对磁导率 μ_r,即 $\mu_r = \mu/\mu_0$。

自然界中的物质,按其导磁性能可分为三类:

第一类叫顺磁性物质,如空气、氧、铝、铂和锡等。它们的特点是相对磁导率 μ_r 稍大于1。

第二类叫反磁性物质,如氢、铜、银、金等。它们的特点是相对磁导率 μ_r 稍小于1。

上述两类物质的磁导率都与真空磁导率相接近,都属于弱磁性物质。自然界的物质绝大多数是弱磁性的。

第三类叫强磁性物质,又称铁磁性物质,如铁、钴、镍及其合金等。它们的特点是相对磁导率 μ_r 远大于1,可以大到几百甚至几万。

由于顺磁物质和反磁物质,其磁性表现均很微弱,不能作为磁性材料使用,只有强磁性物质在工程上才有实用价值,因此,工程上提到磁性材料,均系指强磁性材料。

磁性材料按其磁特性和应用,可以分为软磁材料、硬磁材料和特殊磁材料三类。

1. 软磁材料

软磁材料是一种既容易磁化又容易去磁的磁性材料。它可分为金属软磁材料和铁氧体软磁材料两大类。其中,金属软磁材料包括电工纯铁、硅钢片、铁镍合金和铁铝合金四类。

电工纯铁是在工业纯铁(一般把杂质总量小于0.2%及含碳量在0.02%~0.04%的铁称为工业纯铁)中加入微量的硅、铝等元素,以提高电磁性能,并保持纯度在98%以上的铁。

硅钢片是一种在铁中加入0.5%~4.5%硅的铁硅合金,经轧制而成厚度为0.05~1 mm的片状材料。硅钢片主要用于电力工业和电信仪表工业,用量占磁性材料的90%以上,是目前产量最大、应用最广的一种磁性材料。

铁镍合金又称为坡莫合金,是在铁中加入30%~80%的镍,经真空冶炼而成的一种高级的软磁材料。这类合金通常用于制作海底电缆、电视、精密仪器用的各类特种变压器及精密仪表的磁元件等小功率的磁性器件。

铁铝合金是指含铝6%~16%的铁合金,是一种很有发展前途的新型软磁合金材料,通常用来制作在弱磁场中工作的音频变压器、脉冲变压器、灵敏继电器、磁放大器和电机的磁屏蔽等。

铁氧体软磁材料与金属软磁材料相比,具有更高的电阻率,其电阻率至少是合金的1 000倍,是一种具有铁磁性能的金属氧化物。它以三氧化二铁为主要成分的铁氧体材料,外观呈黑色,硬而脆。软磁铁氧体是目前用途最广、品种最多、数量最大、产值最高的一种铁氧体,广泛应用于无线电、微波和脉冲技术中,用做各类高频电感和变压器磁芯、录音录像和计算机磁头、电波吸收材料、磁传感器等。

2. 硬磁材料

硬磁材料又称永磁或恒磁材料,是用以制作永久磁体的一类磁性材料。硬磁材料是发现和使用最早的磁性材料,其特点是将其磁化后,能在较长时间内仍保持强而稳定的磁性。

硬磁材料的种类很多,按材料的组成大致可分为金属硬磁材料、铁氧体硬磁材料及其他复合硬磁、半硬磁三类。目前使用最多的是铝镍钴合金、铁氧体硬磁材料、稀土钴合金和塑性变形硬磁材料。

铝镍钴合金是一种金属硬磁材料,按其制造方法可分为铸造铝镍钴合金和粉末烧结铝镍钴合金两类。铸造铝镍钴合金质地硬、脆,加工性能差,所以要求体积小、尺度精度高的永磁体多采用粉末烧结铝镍钴合金,但它的磁性能比铸造型略低。铝镍钴合金主要用于电机、微电机、高精度测量仪表、精密装置及对永磁体稳定性有较高要求的场合等。

铁氧体硬磁材料是一种不含镍、钴等贵金属的非金属硬磁材料,可分为钡铁氧体和锶铁氧体两大类。铁氧体硬磁材料电阻率大、密度小、原材料广泛、制造工艺简单、价廉等优点,是目前产量最大的硬磁材料。这类材料主要用于电信器件中的扬声器、电话机等的磁芯,以及微电机、微波器件、磁疗片等,但其磁性能易受温度的影响,故不适宜用做电测仪表的永磁体。

稀土钴硬磁材料是目前磁性能最高的一种金属硬磁材料。它是由部分稀土金属和钴形成的一种金属键的化合物,常见的有钐钴、镨钴、镨钐钴、混合稀土钴及铈钴铜等。稀土钴硬磁材料的特点是会产生高温退磁,故不宜在高于2 000℃的条件下工作。它主要为超高频器件中的电子聚焦装置提供磁场,另外还应用于微电机、磁性轴承、传感器、助听器、电子手表等方面。

塑性变形硬磁材料经过适当的热处理后,塑性好,具有良好的机械加工性能,可加工成丝、带、棒材及其他特殊形状的永磁体。这类材料主要包括永磁钢(铬钢、钨钢、钴钢)、铁钴钼型、铁钴钒型、铂钴、铜镍钴和铁铬钴型等合金。塑性变形硬磁材料通常用于里程表、罗盘仪、计量仪表、微电机、继电器等。

3. 特殊磁性材料

为了适应科学技术的飞速发展,磁性材料领域也随之不断开发出多种具有特殊磁性能的材料,如恒导磁合金、磁温度补偿合金、压磁材料、高饱和磁感应合金、磁记忆材料及磁记录材料等。我们可了解其中的几个。

恒导磁合金是铁镍钴、铁镍钴钼合金经过适当处理的某些产品。它在一定的温度和频率范围内,磁导率基本不变。恒导磁合金的制造工艺复杂,成本高,一般用来制作恒电感、精密电流互感器和中等功率的单极性脉冲变压器等的铁心。

磁温度补偿合金又称热磁合金,是一种含镍30%左右的铁镍合金,其磁导率随温度具有显著变化。利用这个特点,当一般永磁体的磁性随温度升高而减弱时,可通过在永磁体的两个磁极间设置一个用磁温度补偿合金制成的磁分路,使磁场变化基本保持恒定。这类合金主要用于风向和风速表、电压调整器、电度表等。

高饱和磁感应合金是一种含钴50%、钒1.4%～1.8%,其余为铁的铁钴合金。这种合金非常适合高温环境工作,但它的加工性能较差,容易氧化,且价格昂贵,一般只用在特殊场合,如用它制作质量轻、体积小的空间技术用器件(微电机、继电器、电磁铁等)。

磁记忆材料的磁性能非常稳定,主要用于计算机、自动控制和远程控制中作记忆元件、开关元件和逻辑元件。

8.2 电工工具

8.2.1 验电笔

1. 验电笔的结构

维修电工使用的低压验电笔又称测电笔(简称电笔)。电笔有钢笔式和螺钉旋具式两种,它们由氖管、电阻、弹簧和笔身等组成,如图8-2所示。

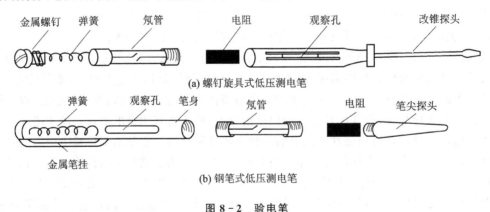

(a) 螺钉旋具式低压测电笔

(b) 钢笔式低压测电笔

图8-2 验电笔

2. 功能及使用

低压验电笔具有如下用途:

① 在220 V/380 V三相四线制系统中,可检查系统故障或三相负荷不平衡。不管是相间短路、单相接地、相线断线、三相负荷不平衡,中性线上均会出现电压,若验电笔灯亮,则证明系

统故障或负荷严重不平衡。

② 检查相线接地。在三相三线制系统(Y接线)中,用验电笔分别触及三相时,发现氖灯二相较亮,一相较暗,表明灯光暗的一相有接地现象。

③ 用于检查设备外壳漏电。当电气设备的外壳(如电动机、变压器)有漏电现象时,则验电笔氖灯发亮;如果外壳原是接地的,氖灯发亮则表明接地保护断线或有其他故障(接地良好时氖灯不亮)。

④ 用于检查电路接触不良。当发现氖灯闪烁时,表明回路接头接触不良或松动,或是两个不同电气系统相互干扰。

⑤ 用于区分直流、交流及直流电的正负极。验电笔通过交流电时,氖灯的两个电极同时发亮。验电笔通过直流电时,氖灯的两个电极中只有一个发亮。这是因为交流正负极交变,而直流正负极不变形成的。把验电笔连接在直流电的正负极之间,氖灯亮的那端为负极。人站在地上,用验电笔触及正极或负极,氖灯不亮,证明直流不接地;否则,直流接地。

3. 使用注意事项

在使用中要防止金属体笔尖触及皮肤,以避免触电,同时也要防止金属体笔尖处引起短路事故。验电笔只能用于 380 V/220 V 系统。验电笔使用前须在有电设备上验证其是否良好。

8.2.2 钢丝钳

1. 钢丝钳的结构和功能

钢丝钳的结构如图 8-3 所示,包括钳头、钳柄及钳柄绝缘柄套,绝缘柄套的耐压为 500 V。

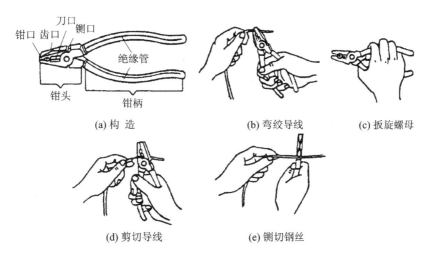

图 8-3 钢丝钳

钳口用来弯绞或钳夹导线线头,齿口用来固紧或起松螺母,刀口用来剪切导线或剖切导线绝缘层,铡口用来剪切电线芯线和钢丝等较硬金属线。

2. 钢丝钳的规格

根据钳身长度,有 150 mm、175 mm、200 mm 三种规格。

钢丝钳质量检验:绝缘胶套外观良好;无破损,整体外观良好;目测钳口密合不透光;钳柄绕垂直导线大面积范围转动灵活,但不能沿垂直钳身方向运动者为佳。

3. 使用注意事项

钢丝钳使用前应检查绝缘柄套是否完好,绝缘柄套破损的钢丝钳不能使用;用于切断导线时,不能将相线和中性线或不同相的相线同时在一个钳口处切断,以免发生事故;不能将钢丝钳当锒头和撬杠使用;爱护绝缘柄套。

8.2.3 尖嘴钳

1. 尖嘴钳的结构和功能

尖嘴钳有钳头、钳柄及钳柄上耐压为 500 V 的绝缘套等部分。尖嘴头部细长成圆锥形,接近端部的钳口上有一段棱形齿纹。由于它的头部尖而长,因而适应在较窄小的工作环境中夹持轻巧的工件或线材,或剪切、弯曲细导线,其外形如图 8-4 所示。

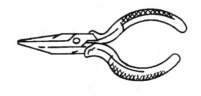

图 8-4 尖嘴钳

2. 尖嘴钳的规格

根据钳头的长度,尖嘴钳可分为短钳头(钳头为钳子全长的 1/5)和长钳头(钳头为钳子全长的 2/5)两种。规格以钳身长度有 130 mm、160 mm、180 mm、200 mm 四种。

尖嘴钳使用时需注意,尖嘴头部是经过淬火处理的,不要在锡锅或高温条件下使用,不允许装卸螺母、夹持较粗的硬金属导线。绝缘柄破损后严禁带电操作。

8.2.4 斜口钳

1. 斜口钳的结构和功能

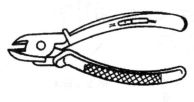

图 8-5 斜口钳

斜口钳有钳头、钳柄和钳柄上耐压为 1 000 V 绝缘套等部分,其特点是剪切口与钳柄成一定角度。质量检验与钢丝钳相似。

斜口钳用以剪断较粗的导线和其他金属丝,还可直接剪断低压带电导线。在工作场所比较狭窄的地方和设备内部,用于剪切薄金属片、细金属丝;或剖切导线绝缘层。其外形如图 8-5 所示。

2. 斜口钳的规格

斜口钳常用规格有 125 mm、140 mm、160 mm、180 mm、200 mm 五种。

8.2.5 螺钉旋具

1. 螺钉旋具的结构

螺钉旋具由金属杆头和绝缘柄组成。按金属杆头部分的形状(又称刀品形状),分为十字起子(螺丝刀)、一字起子和多用起子。

2. 螺钉旋具的功能

螺钉旋具是用来旋动头部带一字形或十字形槽的螺钉的手用工具。使用时,应按螺钉的规格选用合适的旋具刀口。任何"以大代小,以小代大"使用旋具均会损坏螺钉或电气元件。

电工不可使用金属杆直通柄根的旋具,必须使用带有绝缘柄的旋具。为了避免金属杆触及皮肤及邻近带电体,宜在金属杆上穿套绝缘管。其外形如图 8-6 所示。

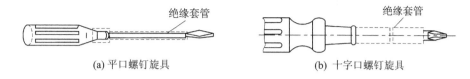

图 8-6　螺钉旋具

3. 螺钉旋具的规格

以其在绝缘柄外金属杆的长度和刀口尺寸计,有 50×3(5)、65×3(5)、75×4(5)、100×4、100×6、100×7、125×7、125×8、125×9、150×7(8)几种规格(单位:mm×mm)。

4. 使用注意事项

不得将其当凿子或撬杠使用。

8.2.6　剥线钳

1. 剥线钳的结构

剥线钳由钳头和手柄两部分组成。钳头由压线口和切口组成,分直径为 0.5～3 mm 的多个切口,以适应不同规格芯线的剥、削。

2. 剥线钳的功能

剥线钳是电工专用的剥离导线头部的一段表面绝缘层的工具。使用时切口大小应略大于导线芯线直径,否则会切断芯线。它的特点是使用方便,剥离绝缘层不伤线芯,适用芯线横截面积为 6 mm² 以下的绝缘导线。其外形如图 8-7 所示。

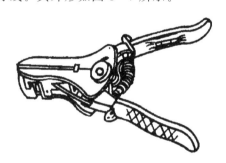

图 8-7　剥线钳

3. 剥线钳的规格及注意事项

剥线钳常用规格有 140 mm 和 180 mm 两种,不允许带电剥线。

第 9 章 常用元器件

电路是电流流经的路径,它是由某些电气设备和元器件按一定方式组合起来的。不管实际电路如何错综复杂,其基本的构成元素都是电子元器件,实际的电路都是有一些起不同作用的元器件构成的,如电阻、电容、电感、变压器、发电机、变压器、电动机、二极管、三极管等。不同的元器件具有不同的电磁性质,有的甚至具有几种复杂的电磁性质。

为了便于对实际电路进行分析和计算,在一定条件下,突出实际元件的主要性质,忽略其次要因素,将其理想化,并用专门的符号来表示,称为理想元件符号。

常用的理想元件有电阻元件、电感元件、电容元件、电源元件等,其图形符号如表 9-1 所列。

表 9-1 常见元件图形符号

名 称	符 号	名 称	符 号	名 称	符 号
开关		电阻		电压源	
导线		电感		电流源	
连接的导线		电容		电池	

9.1 电 阻

电阻元件是把电能转换成其他形式能量的耗能元件,是在电子电路中用得最多的元件之一。

9.1.1 电阻器的分类

电阻器的种类很多,随着电子技术的发展,新型电阻器日益增多。电阻器按阻值的可变与否,通常分为固定电阻器和可变电阻器(电位器)两大类。固定电阻器的阻值是固定不变的,阻值的大小即为它的标称阻值;可变电阻器的阻值可以在一定的范围内调整,它的标称阻值是指其最大值,其滑动端到任意一个固定端的阻值在 0 和最大值之间连续可调。

按电阻体材料来分,电阻器可分为线绕型和非线绕型两大类。非线绕型的电阻器又分为薄膜型和合成型两类。线绕型电阻器的电阻体绕制在绝缘件上的高阻合金丝。薄膜型电阻器的电阻体是沉积在绝缘体上的一层电阻膜,而合成电阻器的电阻体则是由导电颗粒和融合剂(有机或无机)的机械混合物组成的。它除了对可以做成实芯电阻器外,还可以做成薄膜型电阻器。如合成膜电阻器。

按用途的不同,通常电阻器也可以分为普通电阻器、精密电阻器、高阻电阻器、高压电阻器、高频电阻器和特殊电阻器。特殊电阻器包括熔断电阻器、热敏电阻器、压敏电阻器、光敏电阻器、湿敏电阻器、磁敏电阻器等。

图 9-1 所示为常用电阻器的外形图和符号。

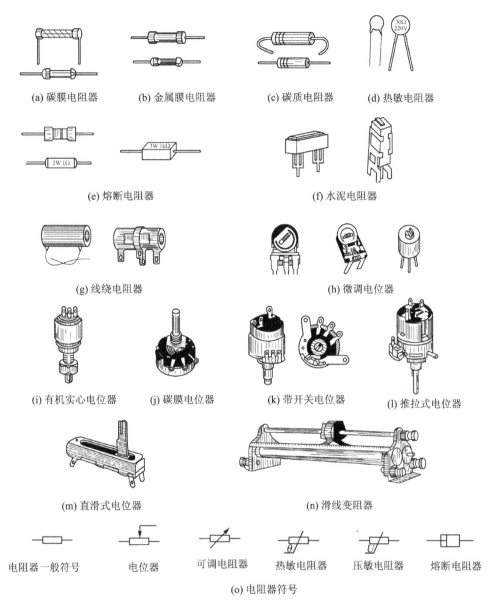

图 9-1 常见电阻器的外形图和符号

9.1.2 常用电阻器

1. 绕线电阻(RX)

绕线电阻是在绝缘基体上,绕制电阻丝,再采取一定的封装工艺构成的。绕线电阻的阻值一般较小。对于阻值较小的绕线电阻来说,电阻丝往往由低电阻率的金属丝制成,如铜、铁等;阻值较大的绕线电阻,通常选用高阻合金丝。绕线电阻一般阻值精度高,耐温性能好,阻值受温度影响小,功率大。

2. 薄膜型电阻

薄膜型电阻根据所用电阻膜的不同,分为碳膜电阻、金属膜电阻及金属氧化膜电阻。

碳膜电阻(RT)通常采用分解法和喷涂法。前者是在高温下对碳氢化合物进行热分解来产生碳并使其沉积在陶瓷基体表面而制得;后者是将碳加工成粉末,再采用喷涂的方法,使碳末均匀地附在陶瓷基体上而制得。碳膜电阻的阻值范围宽,阻值稳定性好,受电压和频率的影响小,价格低廉。

金属膜电阻(RJ)是将合金材料通过真空加热蒸发或高温分解、化学沉积、烧渗等技术蒸镀在骨架上制成。通过刻槽或改变金属膜的厚度可以制成不同阻值的金属膜电阻。与碳膜电阻相比,金属膜电阻体积小,噪声小,稳定性高,温度系数小,耐高温,精度高,但脉冲负载稳定性差。

金属氧化膜电阻(RY)是将锡盐或锑盐等含金属的化合溶液喷涂于陶瓷基体表面,再经高温处理,使盐溶液迅速化学反应,在陶瓷基体表面形成一层薄薄的锡或锑氧化膜而制得。由于金属氧化膜本身是金属氧化物,故在高温、高湿条件下不易被氧化和腐蚀。与金属膜电阻相比,其抗氧化性和热稳定性都较好,但其阻值范围较小,主要用于补充金属膜电阻的低阻部分。

3. 合成型电阻

合成电阻分为合成膜电阻和合成实心电阻。

合成膜电阻(RH)是通过将导电合成物悬浮液均匀涂在绝缘基体表面,再经固化而形成的。其生产工艺简单,价格低廉,但由于导电合成物是颗粒状结构,因而噪声较大,阻值精度也较低。

合成实心电阻(RS)是将碳末或石墨粉、黏合剂、填充物混合后,压制成一个实体的电阻元件而制得的。合成实心电阻的可靠性高,常用于人造卫星、海底电缆、计算机等方面,但它的精度低,电流噪声较大,长期使用易发生老化现象。老化时,在电阻体内会形成附加电容,使高频特性变差。

4. 精密电阻器

精密电阻器是指电阻器的阻值允许偏差、电阻器的热稳定性、电阻器的分布参数等项指标均达到一定标准的电阻器。精密电阻器按材料分,主要有金属膜精密电阻器、绕线精密电阻器和金属箔精密电阻器。金属膜精密电阻器通常为圆柱形,绕线精密电阻器则有圆柱形、扁柱形和长方框架形,金属箔精密电阻器则通常为方块形或片形。

5. 片式电阻

片式电阻也称片状电阻、晶片电阻等,俗称贴片电阻,是目前电子组装行业中用量非常大的一种元件,具有体积小、可靠性高、抗振能力强、高频特性好、不易受电磁和射频干扰等优点,广泛应用于手机、数码相机等许多小型化电子产品中。

6. 排 阻

排阻又称为网络电阻,电阻网络,是一排电阻的简称。它把一排电阻网络像集成电路那样封装起来,内电路通过许多引脚引出,是一种组合电阻器,所以也称为集成电阻器。根据外形结构,可将其分为单列直插和双列直插。前者只有一列引脚,后者具有两列引脚。

7. 熔断电阻器

熔断电阻器又称保险电阻,是一种具有电阻器和熔断丝双重作用的元器件。它的作用主要以过电流保护为主。根据工作方式的不同,可分为可修复熔断电阻器和不可修复熔断电阻器。

可修复熔断电阻器是用低熔点焊料焊接在一根弹性金属片上的,当电流过大,温度升高时,低熔点焊料的焊点就会融化,弹性金属片便会自动脱开焊点,使电路断开起到保护的作用。

不可修复熔断电阻器在通过大电流时,温度上升到某一值时,会使电阻膜层或电阻丝熔断,使电路断开。

8. 敏感电阻器

敏感类电阻与普通电阻相比,其阻值随温度、电压、湿度等参数的变化而变化。根据控制参数的不同,敏感类电阻可分为热敏电阻、压敏电阻、光敏电阻、磁敏电阻、湿敏电阻等。

热敏电阻器是指阻值随温度变化而变化的电阻,是一种用温度控制电阻器阻值的元件。按温度系数可分为正温度系数热敏电阻器和负温度系数热敏电阻器两大类。前者的阻值随着温度升高而增大,后者的阻值随温度升高而减小。

压敏电阻器的阻值随着电阻两端电压的变化而变化。当加到压敏电阻两端电压小于一定值时,电阻器的阻值很大;当它两端的电压大到一定程度时,阻值会迅速减小。

光敏电阻器是采用金属硫化物、硒化物和碲化物等半导体材料制成,利用光电效应,阻值受光线强度控制的一种电阻器,其阻值随光线强弱的变化而变化。当入射光增强时,阻值减小;入射光减弱时,阻值增大。

磁敏电阻器也称磁控电阻器,其阻值受磁场强度的控制。

湿敏电阻器是利用湿敏材料吸收空气中的水分而导致其电阻值发生变化的原理而制成的一种电阻器。

9. 可变电阻器

可变电阻器又称微调电阻器、可调电阻器,通过改变滑片在电阻体上的位置能改变电阻值。结构上它由动片、碳膜体和三根引脚片组成。三根引脚分别是两根固定引脚(也称定片)和一根动片引脚。可变电阻器上通常有一个调节口,用平口螺丝刀伸入此调节口中,转动螺丝刀可以改变动片的位置,从而进行阻值的调节。

10. 电位器

电位器是一种分压器件,其工作原理与可变电阻器相似,结构上它由动片、定片、转柄等组成。当转动电位器的转柄时,动片在电阻体上滑动,动片到两个定片之间的阻值大小发生变化。当动片到一个定片的阻值增大时,动片到另一个定片的阻值减小;当动片到一个定片的阻值减小时,动片到另一个定片的阻值增大。

电位器也可视作具有三端的可变电阻器。可变电阻器有二端的也有三端的,二端可变电阻器不叫电位器,三端可变电阻器才称为电位器。在实际应用中,将电位器的动端与其中一个固定端短路,也能实现二端可变电阻的功能。

电位器与可变电阻器的主要区别如下：

① 动片的操作方式不同,电位器通常设有操纵柄。
② 电阻体的阻值分布特性不同。
③ 电位器有多联的,可变电阻器没有。
④ 电位器的体积较大,结构牢固。

9.1.3 电阻器的型号

一般国产电阻器的型号由 4 部分组成,各部分分别代表不同的意义。第一部分为主称,用字母表示;第二部分为电阻体材料,用字母表示;第三部分为分类特征,用数字或字母表示;第四部分为序号,用数字表示,以区别外形尺寸和性能参数。对于材料和分类特征相同,仅尺寸、性能指标有差异,但基本上不影响互换的产品,标同一序号;对于材料、分类特征相同,仅尺寸、性能指标影响产品互换的产品,仍可标同一序号,但必须在序号后加一字母作为区别代号。

表9-2中是国产普通电阻器、特殊电阻器(如各种敏感类电阻器及电位器)的型号命名法。

表9-2 国产电阻器的型号命名法

第一部分:主称		第二部分:电阻体材料		第三部分:类别				第四部分:序号
字母	含义	字母	含义	数字或字母	含义	数字	额定功率/W	
R	电阻器	C	沉积膜或高频瓷	1	普通	0.125	1/8	用个位或无数字表示
		F	复合膜	2	普通或阻燃			
		H	合成膜	3 或 C	超高频	0.25	1/4	
		I	玻璃釉膜	4	高阻			
		J	金属膜	5	高温	0.5	1/2	
		N	无机实心	7 或 J	精密			
		P	硼碳膜	8	高压	1	1	
		S	有机实心	9	特殊			
		T	碳膜	G	功率型	2	2	
		U	硅碳膜	L	测量			
		X	绕线	T	可调	3	3	
		Y	氧化膜	X	小型			
		—	—	C	防潮	5	5	
				D	多圈			

9.1.4 电阻器的主要参数

1. 电阻器的阻值

电阻元件两端的电压与流过该元件的电流的比值称为电阻值,简称电阻。

电阻的单位为"欧姆",用字母 Ω 表示。我国采用国际单位制,在表达较大和较小的物理量时,常引用相关的词头,如表9-3所列。

表9-3 词头及倍率

词头符号	T	G	M	K	d	c	m	u	n	p
词头名称	太	吉	兆	千	十	厘	毫	微	纳	皮
倍率	10^{12}	10^9	10^6	10^3	10	10^{-2}	10^{-3}	10^{-6}	10^{-9}	10^{-12}

电阻器上所标的阻值称为标称阻值。在电阻器的实际生产中,只生产某些阻值的电阻,以便实现标准化生产。电阻的阻值系列常用的是E6、E12、E24数系,如表9-4所列。

表 9-4　常用固定电阻器的标称阻值系列

系　列	允许误差	电阻系列标称值
E24	±5%	1.0、1.1、1.2、1.3、1.5、1.6、1.8、2.0、2.2、2.4、2.7、3.0、3.3、3.6、3.9、4.3、4.7、5.1、5.6、6.2、6.8、7.5、8.2、9.1
E12	±10%	1.1、1.2、1.5、1.8、2.2、2.7、3.3、3.9、4.7、5.6、6.8、8.2
E6	±20%	1.0、1.5、2.2、3.3、4.7、6.8

电阻器上的标称阻值是按国家规定的阻值系列标注的,因此在选用时必须按阻值系列去选用。表 9-4 中的数值是基数,使用时将表中的数值乘以 10^n(n 可以为正整数也可以为负整数)。如 E24 系列中的 1.8 就代表有 0.18 Ω、1.8 Ω、18 Ω、180 Ω、1.8 kΩ、180 kΩ 等系列电阻值。

2. 电阻值的精度

元器件在生产时,参数值的实际值不可能与标称值完全相同。实际值肯写与标称值有一定的偏差,一般都允许有一定的误差,这种允许的误差称为精度,有时直接称为误差。电阻器的实际阻值和标称值之差除以标称值所得到的百分数,为电阻器的允许误差。误差越小的电阻器,其标称值规格越多。

电阻器中的允许误差参数表示有三种方式:一是直接用%表示,二是用字母表示,三是用 Ⅰ、Ⅱ、Ⅲ 表示(Ⅰ 表示±5%,Ⅱ 表示±10%,Ⅲ 表示±20%)。表 9-5 是电阻器允许误差参数字母的具体含义。

表 9-5　电阻器允许误差参数字母的含义

字　母	F	G	J	K	M	Z	B	C	D
允许误差	±1%	±2%	±5%	±10%	±20%	−20%～+80%	±0.1	±0.25	±0.5

9.1.5　电阻值的表示

电阻值的表示通常有直接标识法、文字符号法和色环标识法。

1. 直接标识法

直接标识法是将电阻器的类别、标称阻值、允许误差及额定功率等直接标注在电阻器的外表面上。对于小于 1 000 的阻值只标出数值,不标单位;对于 kΩ、MΩ 只标注 K、M。精度等级标 Ⅰ 或 Ⅱ 级,Ⅲ 级不标明。

例如:RT-0.25,"10 kΩ±10%"表示碳膜电阻,阻值为 10 kΩ,允许偏差为±10%,额定功率为 0.25 W。

2. 文字符号法

文字符号法是将数字和单位符号组合在一起表示电阻,文字符号前面的数字表示整数阻值,后面的数字表示小数点后面的小数阻值,如表 9-6 所列。

表 9-6 用文字符号标识电阻器的标称值

标称阻值	文字符号标识	标称阻值	文字符号标识	标称阻值	文字符号标识
0.1 Ω	R10	33.2 Ω	33R2	1 MΩ	1M0
0.33 Ω	R33	1 kΩ	1k0	3.3 MΩ	3M3
1 Ω	1R0	3.3 kΩ	3k3	1 GΩ	1G0
10 Ω	10R	10 kΩ	10k	1 TΩ	1T0

3. 色环标识法

色环标识法是用色环表示电阻器的阻值和精度，如图 9-2 所示。它具有颜色醒目、标志清晰、不易退色的特点，从不同的角度都能看清阻值和允许误差。目前在国际上都广泛采用色标法。

通常普通电阻采用四道色环表示阻值，精密电阻器采用五道色环标注。一般，精密型电阻器前三道色环表示 3 位有效数字，第四道色环表示 10^n（n 为颜色所代表的数字），第五道色环表示阻值的允许误差。

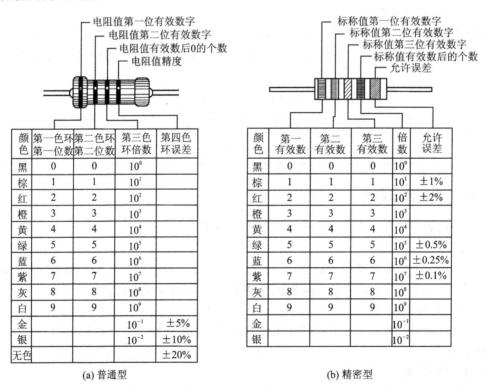

图 9-2 色环标识法

例如，某电阻的色环为棕、红、黄、金，则其阻值为 $12 \times 10^4 = 120$ kΩ，允许误差为 ±5%。又如，某电阻的色环为绿、蓝、棕、红、银，则其阻值为 $560 \times 10^2 = 56$ kΩ，允许误差为 ±10%。

9.1.6 电阻器的特点

① 对电流有阻碍作用。
② 电流通过电阻元件要消耗电能(耗能元件)。
③ 电流流过电阻后,电压必定降低。即电流流过电阻会产生电压降,在电阻两端有一定电压。
④ 电阻串联具有分压作用:$u_1 = \dfrac{R_1}{R}u, u_2 = \dfrac{R_2}{R}u$。
⑤ 电阻并联具有分流作用:$i_1 = \dfrac{R_2}{R_1+R_2}i, i_2 = \dfrac{R_1}{R_1+R_2}i$。
⑥ 电阻的伏安特性:电阻两端的电压与流过电阻的电流之间的关系称为电阻的伏安特性,如图 9-3 所示。

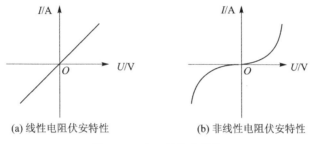

(a) 线性电阻伏安特性　　(b) 非线性电阻伏安特性

图 9-3　电阻的伏安特性

9.2　电　感

电感器(简称电感)也是构成电路的基本元件,它是把导线(漆包线、纱包或裸导线)一圈靠一圈(导线间彼此互相绝缘)地绕在绝缘管、铁芯或磁芯上制成的。一般情况,电感线圈只有一个绕组。导线中有电流时,其周围即建立磁场。

电感器在电路中具有阻碍交流电通过的特性。其基本特性也可用 12 字口诀来记忆:通直流、阻交流、通低频、阻高频。电感器在电路中常用做扼流、降压、谐振等。

图 9-4 所示为常用电感器的外形图及符号。

9.2.1　电感器的结构特点及分类

电感器一般由骨架、绕组、屏蔽罩、封装材料、磁芯或铁芯等组成。

① 骨架:骨架泛指绕制线圈的支架。一些体积较大的固定式电感器或可调式电感器(如振荡线圈、阻流圈等),大多数是将漆包线(或纱包线)环绕在骨架上,再将磁芯或铜芯、铁芯等装入骨架的内腔,以提高其电感量。骨架通常是采用塑料、胶木、陶瓷制成,根据实际需要可以制成不同的形状。小型电感器(例如色码电感器)一般不使用骨架,而是直接将漆包线绕在磁芯上。空芯电感器(也称脱胎线圈或空芯线圈,多用于高频电路中)不用磁芯、骨架和屏蔽罩等,而是先在模具上绕好后再脱去模具,并将线圈各圈之间拉开一定距离。

② 绕组:绕组是指具有规定功能的一组线圈,它是电感器的基本组成部分。绕组有单层和多层之分。单层绕组又有密绕(绕制时导线一圈挨一圈)和间绕(绕制时每圈导线之间均隔一定的距离)两种形式;多层绕组有分层平绕、乱绕、蜂房式绕法等多种。

图 9-4 常用电感器的外形图及符号

③ 磁芯与磁棒：磁芯与磁棒一般采用镍锌铁氧体（NX 系列）或锰锌铁氧体（MX 系列）等材料，它有工字形、柱形、帽形、E 形、罐形等多种形状。

④ 屏蔽罩：为避免有些电感器在工作时产生的磁场影响其他电路及元器件正常工作，就为其增加了金属屏幕罩（例如半导体收音机的振荡线圈等）。采用屏蔽罩的电感器，会增加线圈的损耗，使品质因素 Q 值降低。

⑤ 封装材料：有些电感器（如色码电感器、色环电感器等）绕制好后，用封装材料将线圈和磁芯等密封起来。封装材料采用塑料或环氧树脂等。

电感的种类很多，按有无内芯划分为两种：空芯电感和有芯电感（空芯电感量较小，有芯电感量较大，"芯"的作用是增加电感）。有芯电感又可分为磁芯和铁芯，磁芯比铁芯电感量大。空芯电感是由导线绕制而成的；铁芯电感是由导线绕在铁芯上而构成的；磁芯电感是由导线绕在磁芯上而构成的。

按电感量可调与否，电感可分为固定电感和可调电感。固定电感的电感量是固定不变的，而可调电感的电感量是可以调节的。

按工作频率高低分为高频电感和低频电感。高频电感一般是磁芯电感和空芯电感,匝数较少,电感量较小;低频电感一般是铁芯电感,电感较大,主要用于频率较低的电路中,也称为低频阻流圈。

按安装形式分为立式电感、卧式电感和小型固定式电感。立式电感器垂直安装在电路板上;卧式电感器水平安装在电路板上;小型固定式电感器外形上与普通电阻器相似,有两根固定引脚,可方便地安装在电路板上。

按线圈的绕制方式分为单层电感、多层电感和蜂房式电感。单层线圈是用绝缘导线一圈挨一圈地绕在纸筒或胶木骨架上,如晶体管收音机中波天线线圈。蜂房式线圈绕制时,其平面不与旋转面平行,而是相交成一定的角度,其旋转一周,导线来回弯折的次数,常称为折点数。蜂房式绕法的优点是体积小,分布电容小,而且电感量大。蜂房式线圈都是利用蜂房绕线机来绕制,折点越多,分布电容越小。

9.2.2 常用电感器

1. 固定电感

固定电感是电子设备中用量最大的一类电感。它由高强度漆包线绕制在"工字形"磁芯上构成,其电感量不能调节,一般用于滤波、阻流、陷波及振荡等方面,在电视机、音响设备、通信设备及电子测量仪中广泛应用。

2. 扼流电感

扼流电感通常是有芯电感。它的内芯通常是硅钢片铁芯、坡莫合金铁芯或铁氧体铁芯等。它的作用是为了阻止某些频率的交流电流通过。低频扼流电感用来阻止低频电流的通过,高频扼流电感用来阻止高频电流的通过。扼流电感广泛用于扫描电路和电源滤波电路中。

3. 行线性补偿电感

行线性补偿电感由绕在工字形磁芯上的线圈和恒磁铁组成,通过改变恒磁铁与线圈之间的相对位置或线圈匝数来改变电感量的大小。行线性补偿电感用于电视机的行扫描电路中,用于调节行扫描电流的波形,以达到校正非线性失真的目的。

4. 片式电感

片式电感也叫片状电感,俗称贴片电感。由于其体积较小,在目前的电子及数码产品中应用非常广泛。按其磁芯材质和工艺结构,可细分为绕线片式铁氧体电感、绕线片式陶瓷电感、叠层片式铁氧体电感和叠层片式陶瓷电感4种。片式铁氧体电感应用频率低,常用在去耦电路和信号电路中;陶瓷电感的电感量较小,通常用于高频电路。

9.2.3 电感器的主要参数

1. 电感量 L

电感量 L 是导线内通过交流电流 i 时,在导线的内部及其周围产生交变磁通,该导线总的磁通量与产生此磁通的电流之比为 $L=\Psi/i$。

电感量 L 表示线圈本身的固有特性,衡量电感线圈工作能力的大小,取决于电感线圈导线的粗细、绕制的形状与大小、线圈的匝数(圈数)以及中间导磁材料的种类、大小及安装的位置等因素,与电流大小无关。一般而言,线圈的匝数越多,线圈的直径越大,电感量 L 也就越大。同一电感,若加入铁芯或磁芯后,电感量会增大很多。

电感量的基本单位是亨利(H)。因亨利这个单位太大,在实际应用中,常用比 H 更小的单位毫亨(mH)和微亨(μH)。它们之间的换算关系为 1 H = 10^3 mH = 10^6 μH。

2. 电感器的感抗

电感对交流电流的阻碍作用以"感抗"来表示,用字母 X_L 来描述,单位为 Ω。

感抗($X_L = \omega L$)是频率的函数,表示电感中电压与电流有效值之间的关系,且只对正弦波有效。

由 $X_L = \omega L = 2\pi f L$ 可知,电感元件对交流电的感抗与交流电的频率成正比。交流电的频率越高,感抗就越大;交流电的频率越小,感抗也就越小;若交流电的频率为零(直流电),则感抗也为零,如图 9-5 所示。

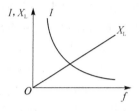

图 9-5 电感的感抗特性

3. 额定电流

额定电流是电感器的一个主要参数,额定电流是指电感器在正常工作时所允许通过的最大电流。使用中,电感器的实际工作电流必须小于额定电流,否则电感线圈将会严重发热甚至烧毁。通常用字母 A、B、C、D、E 分别表示标称电流值为 50 mA、150 mA、300 mA、700 mA、1600 mA 的电感器。

9.2.4 电感器的型号

电感器的型号由三部分组成,每一部分代表不同的含义。第一部分用字母表示主称,第二部分用字母与数字混合,或数字来表示电感量,第三部分用字母表示误差范围。表 9-7 为电感器的型号命名及含义。

表 9-7 电感器的型号命名及含义

第一部分:主称		第二部分:电感量			第三部分:误差范围	
字 母	含 义	数字与字母	数 字	含 义	字 母	含 义
L	电感器	2R2	2.2	2.2 μH	J	±5%
		100	10	10 μH		
		101	100	100 μH	K	±10%
		102	1 000	1 mH		
		103	10 000	10 mH	L	±20%

9.2.5 电感量的表示方法

电感器的电感量标示方法有直标法、文字符号法、色标法及数码标示法。

1. 直标法

直标法是将电感器的标称电感量直接用数字标在电感器外壁上,电感量单位后面用一个英文字母表示其额定工作电流,再用Ⅰ、Ⅱ、Ⅲ表示允许的偏差。电感器中与字母对应的电流值如表 9-8 所列。

表9-8 电感器中与字母对应的电流值

字 母	A	B	C	D	E
含 义	50 mA	150 mA	300 mA	700 mA	1.6 A

2. 文字符号法

文字符号法是将电感器的标称值和允许误差值用数字和文字符号按一定的规律组合标志在电感体上。采用这种标示方法的通常是一些小功率电感器,其单位通常为 nH 或 μH,用 N 或 R 代表小数点。例如:4N7 表示电感量为 4.7 nH,4R7 则代表电感量为 4.7 μH;47 N 表示电感量为 47 nH,6R8 表示电感量为 6.8 μH。采用这种标示法的电感器通常后缀一个英文字母表示允许偏差。

3. 色标法

色标法是指在电感器表面涂上不同的色环来代表电感量(与电阻器类似),通常用四色环表示,紧靠电感体一端的色环为第一环,露着电感体本色较多的另一端为末环。其第一色环是十位数,第二色环为个位数,第三色环为应乘的倍数(单位为 μH),第四色环为误差率,各种颜色所代表的数值同电阻器,如图 9-6 所示。

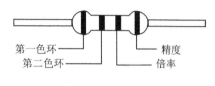

图 9-6 色环电感

例如:色环颜色分别为棕、黑、金、金的电感器的电感量为 1 μH,误差为 5%。

4. 数码标示法

数码标示法是用 3 位数字来表示电感器电感量的标称值,该方法常见于贴片电感器上。在 3 位数字中,从左至右的第一、第二位为有效数字,第三位数字表示有效数字后面所加 0 的个数(单位为 μH)。如果电感量中有小数点,则用 R 表示,并占一位有效数字。电感量单位后面用一个英文字母表示其误差。

例如:标示为"102J"的电感量为 $10 \times 10^2 = 1000$ μH,允许误差为 ±5%;标示为"183K"的电感量为 18 mH,允许误差为 ±10%。

电感器的误差是指电感量实际值与标称值之差除以标称值所得的百分数。它的表示方法有:

① 直标法:在电感线圈的外壳上直接用数字和文字标出电感线圈允许误差。

② 色标法:各字母代表的允许误差同电阻表示法。

电感器的误差表示如表 9-9 所列。

表 9-9 电感器的误差表示

字 母	允许误差/%	字 母	允许误差/%	字 母	允许误差/%
Y	±0.001	W	±0.05	G	±2
X	±0.002	B	±0.01	J	±5
E	±0.005	C	±0.25	K	±10
L	±0.01	D	±0.5	M	±20
P	±0.02	F	±1	N	±30

9.2.6 电感器的特性

1. 韦安特性

磁通 $\varphi(t)$ 和通过它的电流 $i(t)$ 间的关系是由 $\varphi\text{-}i$ 平面或 $i\text{-}\varphi$ 平面上的一条曲线所确定。该曲线称为韦安特性曲线,如图 9-7 所示。

2. 伏安特性

电感器两端的电压与流过它的电流之间的关系称为电感的伏安特性。

$$u = -e_L = L \frac{\mathrm{d}i}{\mathrm{d}t}$$

某一时刻,电感电压 u_L 的大小取决于电感电流 i 的变化率,与该时刻电流 i 的大小无关,故电感属于动态元件;当 i 为常数(直流)时,$u_L=0$。电感相当于短路,电感有通直隔交的作用。

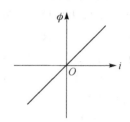

图 9-7 线性电感的韦安特性

9.3 电容器

电容器(简称电容)是一种能存储电能的元件,其特性可用 12 字口诀来记忆:通交流、隔直流、阻低频、通高频。电容器在电路中常用做耦合、旁路、滤波、谐振、移相等用途。

电容的结构非常简单,它是由两个彼此绝缘而又相互靠近的极板组成。无论哪种电容器,其基本结构都是相似的。如图 9-8 所示为常见电容器的外形和图形符号。

9.3.1 电容器的分类

电容器的种类很多,性能各不相同,常见的分类方法有以下几种:

① 按电容器的结构可分为固定电容和可变电容,可变电容中又有半可变(微调)电容和全可变电容之分。

- 固定电容器的电容量不能改变,大多数电容器都是固定电容器,如纸介质电容器、云母电容器、电解电容器等。
- 半可变电容器的电容量可以在较小范围内变化(通常在几 pF 至几十 pF 之间),适用于整机调整后电容量不需经常改变的场合。
- 全可变电容器的电容量可在一定范围内调节,常有单联电容器、双联电容器等,适用于一些需要经常调整电容量的电路,如接收机的调谐回路等。

② 按电容器的材料介质可分为电解电容器、有机介质电容器、无机介质电容器和气体介质电容器。

- 电解电容器包括铝电解电容器、钽电解电容器、铌电解电容器、无极性电容器等。
- 有机介质电容器包括纸介质电容器、塑料薄膜电容器、纸膜复合介质电容器及薄膜复合介质电容器等。
- 无机介质电容器包括瓷介电容器、云母电容器、玻璃釉电容器等。
- 气体介质电容器包括空气电容器、真空电容器、充气式电容器等。

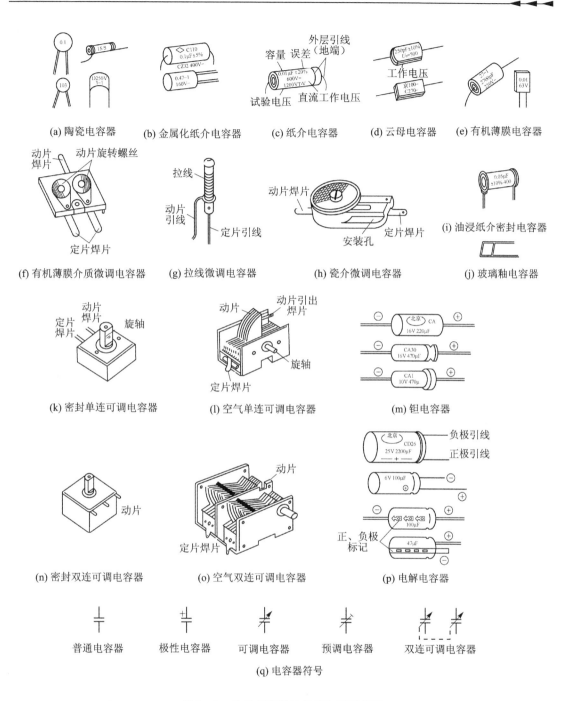

图 9-8 常见电容器的外形和图形符号

③ 按电容器有无极性还可分为有极性电容器和无极性电容器。
- 有极性电容器的介质就是氧化膜,两个引脚有正、负之分,当正极引脚接高电位,负极引脚接低电位时,氧化膜处于阻流状态,正、负极板之间的电流很小,电解电容正常工作。所以有极性电解电容不能用于纯交流电路中,会有半个周期工作于反极性状态,造成有极性电解电容器的损坏。

- 无极性电容器也称为双极性电解电容器。这种电容器有两个氧化膜,不管电容器的引脚所接的电位怎样,两个氧化膜中总是一个处于流通状态,另一个处于阻流状态,使两个极板间没有较大的电流流过,克服了有极性电解电容器在某些场合应用的限制。

9.3.2 常用电容器

1. 云母电容器

云母电容器是以云母为介质的电容器。它常用的封装形式有酚醛塑粉热压封装、金属外壳封装、环氧树脂封装、瓷质外壳封装等,其外形也多种多样,如方形卧式、方形立式、柱形卧式、柱形立式等。云母电容器的容量往往较小,但它的主要特点是高频性能好,稳定性和可靠性均较高,适用于要求较高的场合,广泛应用于高频电路及脉冲电路中,起高频滤波、高频旁路、高频振荡、脉冲加速等作用。

2. 瓷介质电容器

瓷介质电容器是以陶瓷材料为介质构成的电容器,又称陶瓷电容器。它的外形有片形、管形、独石形等。

片形瓷介质电容器又称瓷片电容器。它的容量较小,在几 pF 到几百 nF 之间,但其制造工艺比较简单,成本低廉,是应用最为广泛的一种电容器。

管形瓷介质电容器的容量非常小,为 1~1 000 pF,它具有较高的机械强度和较好的高频性能,但它的生产工艺复杂,成本较高,常用于频率较高的场合。

独石电容是由印好电极(内电极)的陶瓷介质膜片以错位的方式叠合起来,经过一次性高温烧结形成陶瓷芯片,再在芯片的两端封上金属层(外电极)。独石电容器的容量范围较宽,在 100 pF~10 μF 之间,随着容量的增大及耐压的提高,其体积增加较快。独石电容器具有较高的机械强度,但其性能较差,通常用于要求不高的电路中。

瓷介质电容器广泛应用于低频电路、高频电路及脉冲电路中,可起滤波、振荡、耦合、旁路及选频等作用。

3. 塑料薄膜电容器

塑料薄膜电容器是以塑料薄膜为介质构成的,它的结构比较简单,体积较小,因而在很多场合得到了广泛的应用。根据塑料薄膜材料的不同,塑料薄膜电容器可分为聚苯乙烯电容器、聚丙烯电容器、聚四氟乙烯电容器、涤纶(聚酯)电容器、聚碳酸酯漆膜电容器及复合膜电容器等多种类型。

聚苯乙烯电容器的主要特点是绝缘电阻高,容量精度高,稳定性好,但工作温度一般不能超过 70 ℃。这种电容器应用于要求较高的场合,例如高频调谐器、均衡器中等。

聚丙烯电容器的特点与聚苯乙烯电容器相似,工作时的上限温度可达到 85~100 ℃,它的容量稳定性比聚苯乙烯电容器稍差。聚丙烯电容器常用于电视机、洗衣机、电风扇等家用电器中,起耦合、滤波、交流移相等作用。

聚四氟乙烯电容器的损耗较小,耐温性能好,工作温度为 $-150 \sim +200$ ℃,参数稳定性较好,广泛应用于直流电路、交流电路和脉冲电路中。

涤纶(聚酯)电容器的介电常数较大,耐热性好,工作时的上限温度可达 120~130 ℃,但其损耗随着频率的增大而增大,因而不宜用于高频场合。涤纶电容器是塑料薄膜电容器中应用最广泛的一种,它广泛应用于电子仪器、收录机、电视机中,起耦合、滤波、去耦、旁路等作用。

聚碳酸酯漆膜电容器具有体积小、质量轻、容量大等特点。但其耐压往往较低,一般只有几十伏(V),所以这种电容器一般用于低压环境中。

4. 电解电容器

电解电容的外形绝大多数为柱形结构,很少有其他结构。介质材料是一层附在金属极板上的极薄的金属氧化膜。氧化膜的金属基体是电容器的阳极(正极),另一块未氧化的金属极板是电容器的阴极(负极)。氧化膜及阴极均浸泡在电解液中,从而决定了电解电容器的电极有正、负之分。电解电容的容量可以做得很大,一般在 μF 级以上,最大的可以做到 F 级。使用电解电容时,一定要注意电容器的正、负极,所以一般不能用于交流电源电路。在直流电源电路中作滤波电容使用时,其阳极(正极)应与电源电压的正极端相连接,阴极(负极)与电源电压的负极端相连接,不能接反;否则会增加漏电流,减小耐压,甚至击穿和爆炸。

电解电容可分为铝电解电容、钽电解电容、铌电解电容及无极性电容。钽电解电容是目前应用最为广泛的一类电解电容器,由芯子、铝壳、橡皮头、塑料套及引脚构成。其中,芯子是铝电解电容器的核芯部分,内部有四层薄板卷绕而成:第一层为含有氧化膜的铝薄板(正极板),第二层为浸有浓电解液的纸板,第三层为未氧化的铝薄板(负极板),第四层为浸有浓电解液的纸板,将这四层薄板卷成圆柱形就构成了电容的芯子。一般为了使芯子能固定于铝壳中,还需在芯子与铝壳的间隙中填入绝缘性质的填充材料。铝电解电容的容量范围宽,制作工艺简单,价格低廉,所以应用较为广泛。但它的工作温度范围较窄,损耗和漏电流大,高频特性较差,一般用于电源滤波、低频耦合、低频旁路、低频退耦等方面。

钽电解电容芯子中的正、负极板为钽薄板。由于钽的介电常数要比铝的介电常数大得多,所以在同等容量下,钽电解电容器的体积可以做得更小。相对于铝电解电容来说,钽电解电容的工作温度范围宽,频率特性好,容量稳定度高,可靠性好,但它的制作工艺比较复杂,价格也比铝电解电容高,故常用于要求较高的电路中,如彩色电视机、高保真音响设备等。

无极性电解电容的两个引脚没有正负极性之分,但其实质是由两个有极性的电解电容器负极对接后,再封装于同一外壳中而形成的。无极性电容器的主要特点是无需区分极性。由于无极性电容器相当于两个有极性电容器串接而成,故体积较大。为了将其瘦身,通常只能将其容量做小。

电解电容在电子电路中可起到电源滤波、低频耦合、低频旁路、退耦、自举升压等作用,无极性电解电容还可实现分频作用。

5. 可变电容器

可变电容器是指容量可调节的电容器,其容量调节原理为:将一块金属极板固定,而另一块金属极板可以转动,通过转动该金属极板的位置可以改变两块金属极板之间的相对面积,从而达到改变容量的目的。可变电容可分为空气介质可变电容器、固体介质可变电容器和半可变电容器等。

空气介质可变电容器的介质是空气。它由两组金属片组成电极,一组固定,称为定片;另一组可以转动,称为动片。当动片全部旋进定片中时,电容器的容量最大;全部旋出时,电容器的容量最小。这种可变电容器常用于收音机、收录机中,它的容量可在几 pF 到数百 pF 之间变化。

固体介质电容器的动片和定片之间常以塑料薄膜做介质,动片和定片之间距离极近,因而体积比空气介质可变电容器要小。这种可变电容器的容量变化范围一般为 5~300 pF。

半可变电容器又称微调电容器,其容量变化范围在几 pF 到几十 pF 之间。这种电容器常用于频率校正。微调电容器的介质可以是空气,也可以是塑料薄膜、陶瓷材料、玻璃介质等。

可变电容器广泛应用于调谐电路,既可用于选频,也可用于校正频率。

6. 超级电容

超级电容是近几年才批量生产的一种无源器件,超级电容放电时不依靠化学反应,而是利用电荷的释放来提供电流,具有电容的大电流快速充放电特性,同时也有电池的储能特性。由于其容量很大,外特性与电池相似,重复使用寿命长,从而可作为后备电源。

超级电容的特性为体积小,容量大,电容量比同体积电解电容容量大 30~40 倍;充放电能力强,充电速度快,10 s 内达到额定容量的 95%,且使用寿命超长,可长达 40 万小时以上。

9.3.3 电容器的型号

电容器的型号包括 4 个部分。第一部分用字母表示产品的主体;第二部分用字母表示产品的介质材料;第三部分用数字或字母表示产品的分类;第四部分用数字表示产品的序号,用于区分产品的外形、尺寸和性能,如表 9-10、表 9-11 所列。

表 9-10 电容器的型号和含义

第一部分:主称		第二部分:电阻体材料		第三部分:用途或特征		第四部分:序号
字 母	含 义	字 母	含 义	字母或数字	含 义	用数字表示
C	电容器	A	钽电解	C	穿心式	用数字表示品种、尺寸、代号、温度特性、直流工作电压、标称值、允许误差、标准代号
		B	聚苯乙烯等非极性薄膜	D	低压	
		C	高频陶瓷	J	金属化	
		D	铝电解	M	密封	
		E	其他材料电解	S	独石	
		F	聚四氟乙烯	T	铁电	
		G	合金电解	W	微调	
		H	复合介质	X	小型	
		I	玻璃釉	Y	高管	
		J	金属化纸			
		L	涤纶等极性有机薄膜			
		M	压敏			
		N	铌电解			
		O	玻璃膜			
		Q	漆膜			
		S	聚碳酸酯			
		T	低频陶瓷			
		V、X	云母纸			
		Y	云母			
		Z	纸介			

表 9-11 电容器型号中第三部分分类的数字含义

数字代号	分类意义			
	瓷介	云母	有机	电解
1	圆形	非密封	非密封	箔式
2	管形	非密封	非密封	箔式
3	叠片	密封	密封	烧结粉液体
4	独石	密封	密封	烧结粉液体
5	穿心	—	穿心	—
6	支柱等	—	—	—
7	—	—	—	无极性
8	高压	高压	高压	—
9	—	—	特殊	特殊

9.3.4 电容器的主要参数

1. 电容器的标称容量

电容器的外壳上所标注的容量值称为电容器的标称容量,表征了它对电荷的存储能力。标称电容量也分许多系列,常用的是 E6、E12 系列。这两个系列的设置同电阻器一样,如表 9-12 所列。

表 9-12 常用固定电容器的标称值系列

电容器类别	允许误差	标称值
高频纸介质、云母介质、玻璃釉介质、高频(无极性)有机薄膜介质	±5%	1.0、1.1、1.1、1.3、1.5、1.6、1.8、2.0、2.2、2.4 2.7、3.0、3.3、3.6、3.9、4.3、4.7、5.1、5.6、6.2、6.8、7.5、8.2、9.1
纸介质、金属化纸介质复合介质低频(有极性)有机薄膜介质	±10%	1.0、1.5、2.0、2.2、3.3、4.0、4.7、5.0、6.0、6.8、8.2
电解电容器	±20%	1.0、1.5、2.2、3.3、4.7、6.8

电容器的容量单位为法拉,简称法,用 F 表示。由于法拉是一个比较大的单位,所以在计量电容器的电容量时,常用比法拉更小的单位,如微法(μF)、纳法(nF)、皮法(pF)等。它们之间的换算关系如下:

$$1\ F = 10^6\ \mu F = 10^9\ nF = 10^{12}\ pF$$

2. 电容器的精度

标称容量与实际容量之间有一定的偏差,这个偏差的最大允许值再除以标称值所得的百分比,称为允许误差。它表示了电容器的精度,如表 9-13 所列。

表 9 – 13　电容器的允许误差等级

级　别	01	02	Ⅰ	Ⅱ	Ⅲ	Ⅳ	Ⅴ	Ⅵ
允许误差	1%	±2%	±5%	±10%	±20%	+20%～－30%	+50%～－20%	+100%～－10%

电容器的误差表示法一般有 3 种：

① 将容量的允许误差直接标志在电容器上。

② 用罗马数字Ⅰ、Ⅱ、Ⅲ分别表示±5%、±10%、±20% 。

③ 用英文字母表示误差等级。用 J、K、M、N 分别表示±5%、±10%、±20%、±30%；用 D、F、G 分别表示±0.5%、±1%、±2%；用 P、S、Z 分别表示±100%～0%、±50%～20%、±80%～20%。

3. 电容器的额定耐压

电容器的额定耐压是指在规定温度范围下，电容器正常工作时能承受的最大直流电压或最大交流电压的有效值。电容器的工作电压与电容器的结构及温度密切相关。当温度升高到一定程度后，电容器所能承受的最高电压会下降。

固定式电容器的耐压系列值有：1.6 V、6.3 V、10 V、16 V、25 V、32 V*、40 V、50 V、63 V、100 V、125 V*、160 V、250 V、300 V*、400 V、450 V*、500 V、1 000 V 等（带*号者只限于电解电容使用）。耐压值一般直接标在电容器上，但有些电解电容器在正极根部用色点来表示耐压等级，如 6.3 V 用棕色，10 V 用红色，16 V 用灰色等。电容器在使用时不允许超过这个耐压值，若超过此值，电容器就可能损坏或被击穿，甚至爆裂。

4. 电容器的绝缘电阻

电容器两端所加的直流电压与产生的漏电流之比叫做电容器的绝缘电阻，也称为漏电电阻。当容量较小时（小于 0.1 μF），绝缘电阻主要取决于电容器的表面状态；当容量较大时（大于 0.1 μF），绝缘电阻主要取决于介质的性能。

电容器的绝缘电阻一般在 1 000 MΩ 以上，绝缘电阻表征了电容的漏电情况。绝缘电阻越小，漏电越严重。电容漏电会引起能量的损耗（指电容因发热而消耗的能量）。这种损耗会影响电容的寿命，也会影响电路的正常工作，因此，绝缘电阻越大越好。

5. 温度系数

电容器的电容量是随温度变化而变化的，电容器的这一特性用温度系数来表示。温度系数有正、负之分。正温度系数电容器表明电容量随温度升高而增大，负温度系数电容器表明电容量随温度升高而下降。

为了使电路的工作比较稳定，一般希望温度系数越小越好。当电路对电容的温度有要求时，会采用相关的温度补偿电路。

6. 电容器的容抗

电容对电流的阻碍作用以容抗来表示，公式如下：

$$X_C = \frac{1}{\omega C} = \frac{1}{2\pi f C} \quad （单位：\Omega）$$

如图 9 – 9 所示，容抗是频率的函数，表示电容中电压与电流有效值之间的关系，且只对正弦波有效。

由图 9 – 9 表明，在容量一定的情况下，交流电的频率越低，

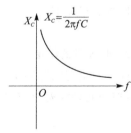

图 9 – 9　电容器的容抗特性

容抗就越大;频率越高,容抗就越小。当频率为0时(即直流电),电容的容量达到无穷大,故电容具有通交流、隔直流的作用。在频率一定的情况下,电容容量越大,容抗就越小;电容容量越小,则容抗越大。因此,在低频电路中的耦合电容、旁路电容的容量一般要比高频时选得大。

9.3.5 电容量的标识

电容器的容量标识通常有直标法、文字符号法等5种:

① 直标法:在电容器上直接标示电容量的大小、耐压、允许误差等,例如:0.47 μF 25 V。

② 文字符号法:用数字和字母的组合来表示电容的有关参数,例如:3.3 pF 用 3p3 标示,1 000 pF 用 1 n 标示,6 800 pF 用 6n8 标示,2.2 μF 用 2 μ 标示。

③ 数码表示法:用3位数字来表示电容的大小,用数字后面的字母表示允许误差。前两位表示有效数字,第三位表示所加0的个数,单位为pF。末尾是数字9,表示小数点左移一位,例如:243 表示容量为 24 000 pF,而 339 则表示容量为 33×10^{-1} pF(3.3 pF)。

④ 数值表示法:用具体数值来表示电容器容量的方法。识别这种电容器的容量时,应注意其单位,当整数部分大于0时,单位为pF;当整数部分为0或未标具体数字时,则单位为μF。例如:5.1 表示 5.1 pF,0.022 表示 0.022 μF,".22"表示 0.22 pF。

⑤ 色标法:用色环来表示电容器和误差的方法,电容器容量的色标法原则上与电阻器类似,其单位为pF。

9.3.6 电容器的特性

1. 库伏关系

任何时刻电容器储存的电荷 q 与其两端的电压 u 可用 $q-u$ 平面上的一条曲线来描述。该曲线称为电容器的库伏特性,如图 9-10 所示。

2. 伏安特性

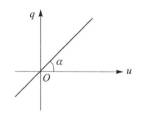

图 9-10 电容的库伏特性

电容器两端的电压与流过它的电流之间的关系称为电容的伏安特性。

$$i = C \frac{du}{dt}$$

某一时刻,电容电流 i 的大小取决于电容电压 u 的变化率,与该时刻电压 u 的大小无关,故电容是动态元件;当 u 为常数(直流)时,$i=0$。电容相当于开路,电容有隔断直流的作用。

9.4 二极管

半导体是一种具有特殊性质的物质。它不像导体一样能够完全导电,又不像绝缘体那样不能导电。它介于两者之间,所以称为半导体。半导体最重要的两种元素是硅和锗。

二极管又称晶体二极管,简称二极管。它是只往一个方向传送电流的电子器件,具有体积小、耗电少、质量轻等特点,在电子电路中有着广泛的应用。

9.4.1 二极管的工作原理

当 P 型半导体和 N 型半导体结合在一起，在其交界面处形成空间电荷层，该空间电荷层称为 P-N 结。将 P-N 结通过一定的工艺封装起来，并引出两根电极，就形成了二极管。所以二极管的工作原理同 PN 结。图 9-11 为二极管的工作原理图和常用二极管的符号。

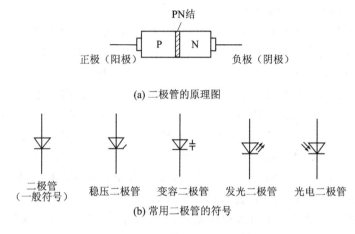

图 9-11 二极管的原理图及符号

二极管的主要特性是单向导电性。在二极管两端施加正向电压时，二极管导通。当二极管充分导通时，其管压降随电流的增加变化很小，基本为一定值。普通硅管约为 0.7 V，锗管为 0.3 V。当二极管加反向电压时，二极管截止，反向电流 I_S 很小而且基本不变，呈现很高的反向电阻。硅二极管的 I_S 在 1 μA 以下，反向电阻在 10 MΩ 以上；锗二极管的 I_S 在几十到上百 μA，反向电阻为几百 kΩ 到几 MΩ，因此，二极管截止时，如同一个断开的开关。

9.4.2 二极管的分类

二极管的规格品种很多，按其材料、用途等可作不同的分类。
- 按所用半导体材料的不同，可以分为锗二极管、硅二极管、砷化镓二极管。
- 按用途可分为普通二极管、整流二极管、恒流二极管、开关二极管、稳压二极管、变容二极管、检波二极管、发光二极管、钳位二极管和光敏二极管等。
- 按频率可分为普通二极管和快恢复二极管等。
- 按外壳封装材料可分为塑料封装二极管（多数二极管采用此种封装）、金属封装二极管（通常用于大功率整流二极管）、玻璃封装二极管（通常用于检波二极管）。
- 按击穿类型可分为齐纳击穿型二极管（可逆）、雪崩击穿型二极管（不可逆）。
- 按照管芯结构可分为点接触型二极管、面接触型二极管及平面型二极管。

点接触型二极管是用一根很细的金属丝压在光洁的半导体晶片表面，通以脉冲电流，使触丝一端与晶片牢固地烧结在一起，形成一个 PN 结。由于是点接触，只允许通过较小的电流（不超过几十 mA），适用于高频小电流电路，如收音机的检波等。面接触型二极管的 PN 结面积较大，允许通过较大的电流（几 A 到几十 A），主要用于把交流电变换成直流电的整流电路中。平面型二极管是一种特制的硅二极管，它不仅能通过较大的电流，而且性能稳定可靠，多用于开关、脉冲及高频电路中。

下面介绍几种常用二极管。

1. 稳压二极管

稳压二极管国外又称齐纳二极管或反向击穿二极管。它是一种特殊的二极管,利用硅二极管的反向击穿特性(雪崩现象)来稳定直流电压,根据击穿电压来决定稳压值。因此,需要注意的是,稳压二极管正常工作时是加反向偏压的。这一点是与普通二极管的最大不同之处。稳压二极管的反向击穿电压比普通二极管要低得多,当稳压二极管反向击穿后,即使反向电流剧增,其两端的电压几乎不变,此电压称为稳压二极管的稳定电压。

稳压二极管主要用于稳压电源中的电压基准电路或过压保护电路中,起稳压限幅,过载保护的作用。

2. 整流二极管

整流二极管是将交流电转变(整流)成脉动直流电的二极管。它是利用二极管的单向导电性工作的,其工作电流通常大于 100 mA。整流二极管的外壳封装常采用金属壳封装、塑料封装和玻璃封装三种形式。通常情况下,正向工作电流大的采用金属壳封装,采用塑料和玻璃封装的二极管正向电流较小。

由于整流电路通常为桥式整流电路,所以将几个整流二极管封装在一起的组件称为整流桥。整流桥可分全桥和半桥两种形式。全桥内部封装有 4 个二极管,半桥内部只封装 2 个二极管。

3. 检波二极管

通常把输出的工作电流小于 100 mA 的二极管称为检波二极管,管芯结构常采用点接触式,其作用是把在高频载波上的低频信号卸载下来(去载),使其具有良好的频率特性。检波二极管的封装多采用玻璃结构,以保证良好的高频特性。

4. 开关二极管

开关二极管是利用半导体二极管的单向导电性,即导通时相当于开关闭合(电路接通)、截止时相当于开关打开(电路切断)而特殊设计制造的一类二极管。开关二极管的特点是导通、截止速度快,能满足高频和超高频电路的需要,常用于脉冲数字电路、自动控制电路等。

5. 发光二极管

发光二极管(LED)是除了具有普通二极管的单向导电特性之外,还可以将电能转化为光能。发光二极管常用的材料有砷铝化镓(GaAlAs)、磷砷化镓(GaAsP)、磷化镓(GaP)等,它广泛应用于各种电子设备的指示电路中。

给发光二极管外加正向电压时(一般为 1.5~3 V),它处于导通状态,此时,正向电流流过管芯。由于材料和工艺的不同,在空穴和电子复合时释放出的能量主要是光能,发光二极管就会发光。

发光二极管的发光颜色与发光的波长有关,而发光的波长又取决于制造发光二极管所用的半导体材料。常见的发光二极管发光颜色有红色、黄色、绿色、橙色、蓝色、白色等。除单色发光二极管外,还有可以发出两种以上颜色光的双色发光二极管和三色发光二极管。

发光二极管的种类繁多,根据发光颜色划分,可分为红色发光二极管、黄色发光二极管、绿色发光二极管、白色发光二极管、蓝色发光二极管等。

按发光强度可分为普通高亮度发光二极管(发光强度小于 10 mcd)、高亮度发光二极管(发光强度小于 10~100 mcd)和超高亮度发光二极管(发光强度大于 100 mcd)。

按工作电流的性质可分为普通发光二极管和交流发光二极管。前者使用直流电流来驱动，后者不需要整流，直接可使用交流电流来驱动。

根据发出的光可见与否，分为可见发光二极管和不可见发光二极管（也称红外发光二极管）。一般来说，可见的红光波长为 630～780 nm，绿光波长为 495～555 nm，黄光波长为 555～590 nm，橙色波长为 610～630 nm，不可见发光二极管发出的光在红外波段，其发光波长为 940 nm，人眼无法见到这样的光，但其有效控制距离可达 5～8 m，因此常用于遥控发射器中。

6. 变容二极管

变容二极管是利用反向偏压来改变 PN 结电容量的特殊二极管。变容二极管相当于一个容量可变的电容，其两个电极之间的 PN 结电容大小随外加反向偏压大小的改变而改变。当反向偏置电压增加时，PN 结的阻挡层变厚，相当于电容器两极板之间的距离增大，结电容下降，即反压越大，结电容越小。变容二极管通常用于振荡电路，与其他元件一起可构成压控振荡器，在手机电路、电视机高频调谐器中也得到了广泛的应用。

7. 光敏二极管

光敏二极管是一种当受到光照射时反向电阻会随之变化的二极管。光敏二极管工作在反向偏置电压下，当它的管芯没有光照时，电阻很大，反向电流只有 0.1 A 左右，称为暗电流。在受到光线照射时，由于光激发，它们在反向电压作用下，形成较大的反向电流，称之为光电流。此时的反向电阻较小。随着光照射的增强，光敏二极管反向电阻由大到小地变化，产生的光电流也随之增大，当在外电路接上负载时，光电流就在负载上产生电压降，光信号就转换成了电信号。光敏二极管可用于光的测量，当制成大面积光敏二极管时，能将光能直接转换成电能，可当做一种能源，也称为光电池。

8. 肖特基二极管

某些金属与 N 型半导体材料接触后，电子会从 N 型半导体材料中扩散进入金属，从而在半导体材料中形成一个耗尽层，具有和常规 PN 结类似的特性。这种由金属和半导体材料接触形成类似 PN 结势垒的结构称为肖特基结。利用肖特基结的单向导电性所形成的二极管称为肖特基二极管。它具有功耗低、电流大、速度高的特性。它的反向恢复时间极短（几个 ns），正向导通压降 0.4 V 左右，但整流电流可达几千安培。肖特基二极管的反向耐压较低，一般只有 100 V 左右，且反向漏电流也比较大。

肖特基二极管一般应用于开关电源、变频器、驱动器等电路，作为高频、低压、大电流整流二极管、续流二极管、保护二极管使用，或在微波通信等电路中作为整流二极管和小信号检波二极管使用。

9.4.3 二极管的主要参数

器件的参数是器件特性的定量描述，是合理选择和正确使用器件的依据。半导体二极管有以下主要参数：

① 最大整流电流 I_F：指管子长期工作时所允许加的最大正向平均电流，由 PN 结的面积和散热条件所决定。实际应用时，流过二极管的平均电流不能超过这个数值，否则，将导致二极管因过热而损坏。

② 最高反向工作电压 U_{RM}：指管子工作时所允许加的最高反向电压，超过此值二极管就有被反向击穿的危险。通常手册上给出的最高反向工作电压 U_{RM} 约为击穿电压 U_{BR} 的一半。

③ 反向电流 I_R：指二极管未被击穿时的反向电流值。I_R 越小，说明二极管的单向导电性能越好。I_R 对温度很敏感，使用二极管时要注意环境温度不要太高。

9.4.4 二极管的型号

1. 国产二极管的型号命名法

国产普通二极管的型号命名分为5个部分，如图9-12所示，各部分的含义见表9-14。表9-15所列为国产二极管型号命名示例。

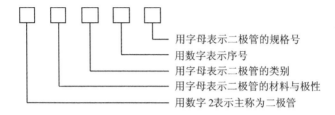

图 9-12 国产普通二极管的型号命名及含义

表 9-14 国产普通二极管的型号命名及含义

主 称		材料与极性		类 别		序 号	规格号
数字	含义	字母	含义	字母	含义		
2	二极管	A	N型锗材料	A	高频大功率晶体管	用数字表示同一类别产品序号	用字母表示产品规格、档次
				B	雪崩管		
				C	变容管		
				CM	磁敏管		
		B	P型锗材料	D	低频大功率晶体管		
				EF	发光二极管		
				G	高频小功率晶体管		
				H	恒流管		
		C	N型硅材料	J	阶跃恢复管		
				JD	激光管		
				K	开关管		
				L	整流堆		
		D	P型硅材料	N	阻尼管		
				P	小信号管（普通管）		
				S	隧道管		
				T	闸流管		
				U	光电管		
		E	化合物材料	V	混频检波管		
				W	电压调整管和电压基准管		
				X	低频小功率晶体管		
				Y	体效应管		
				Z	整流管		

表 9 - 15 国产二极管型号命名示例

2AP9:N型锗普通二极管	2CW56:N型硅稳压二极管	2CN1:N型硅阻尼二极管
2:二极管	2:二极管	2:二极管
A:N型锗材料	C:N型硅材料	C:N型硅材料
P:普通型	W:稳压管	N:阻尼管
9:序号	56:序号	1:序号

2. 日本产晶体管的型号命名法

日本生产的晶体管型号命名由 5～7 部分组成,如图 9 - 13 所示。各部分的含义如表 9 - 16 所列。

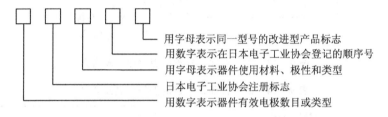

图 9 - 13 日产晶体管型号命名及含义

表 9 - 16 日本产晶体管型号命名及含义

第一部分		第二部分		第三部分		第四部分		第五部分	
用数字表示器件有效电极数或类型		日本电子工业协会(JEIA)注册标志		用字母表示器件使用材料、极性和类型		用数字表示在日本电子工业协会登记的顺序号		用字母表示同一型号的改进型产品标志	
符号	含义	符号	含义	符号	含义	符号	含义	符号	含义
0	光电二极管或三极管及包括上述器件的组合管	S	已在日本电子工业协会(JEIA)注册登记的半导体器件	A	PNP型高频管	4位以上的数字	从 11 开始,表示在日本电子工业协会注册的顺序号。不同公司性能相同的器件可以使用同一顺序号,其数字越大表明产品型号越新	A B C D E F	用字母表示对原理型号的改进产品
1	二极管			B	PNP型高低管				
2	三极管或具有 3 个电极的器件			C	NPN型高频管				
				D	NPN型高低管				
3	具有 4 个有效电极的器件			F	P控制极晶闸管				
				G	N控制极晶闸管				
				H	N基极单结晶体管				
$n-1$	具有 n 个有效电极的器件			J	P沟道场效应管				
				K	N沟道场效应管				
				M	双向晶闸管				

第六、七部分的符号及含义通常是各公司自行规定的。第六部分的符号表示特殊的用途及特性,其常用符号如表 9 - 17 所列;第七部分的符号主要作为器件某个参数的分档标志或直流放大系数等。

表 9-17 日本产晶体管命名第六部分符号表示的用途及特性

符号	公司	符号含义
M	松下	符合日本防卫厅海上自卫队参谋部有关标准登记的产品
N	松下	符合日本广播协会(NHK)有关标准的登记产品
Z	松下	专用于通信的可靠性高的器件
H	日立	专用于通信的可靠性高的器件
K	日立	专用于通信的塑料外壳的可靠性高的器件
T	日立	收发报用的推荐产品
G	东芝	专为通信用的设备制造的器件
S	三洋	专为通信用的设备制造的器件

日本一些晶体管元器件的外壳上标记的型号常常用简化标记的方法,即把 2S 省略。例如,2SC1674 简化为 C1674。表 9-18 所列为日本产晶体管型号命名示例。

表 9-18 日本产晶体管型号命名示例

2SC1815A	2SA42	2SC945A
2:三极管	2:三极管	2:三极管
S:日本电子工业协会注册产品	S:JEIA 注册产品	S:JEIA 注册产品
C:NPN 高频晶体管	A:PNP 高频晶体管	C:NPN 高频晶体管
1815:日本电子工业协会注册登记号	42:JEIA 登记号	945:JEIA 登记号
A:2SC1815 的改进型		A:2SC502

3. 美国产晶体管型号命名法

美国生产的晶体管型号命名由 5 部分组成,各组成部分的含义见表 9-19。

表 9-19 美国产晶体管型号命名及含义

第一部分		第二部分		第三部分		第四部分		第五部分	
用符号表示器件的类别		用数字表示 PN 结的数目		美国电子工业协会(EIA)注册标记		美国电子工业协会(EIA)登记顺序号		用字母表示器件分档	
符号	含义	符号	含义	符号	含义	符号	含义	符号	含义
JAN 或 J	军用品	1	二极管	N	该器件已在美国电子工业协会注册登记	多位数字	该器件已在美国电子工业协会的顺序号	A B C D	同一型号的不同档别
		2	三极管						
		3	三个 PN 结						
—		n	n 个 PN 结器件						

例如,JAN2N3251A 表示 PNP 硅高频小功率开关三极管,其中 JAN 表示军级、极管,N 表示 EIA。

4. 国际电子联合会半导体器件命名法

国际电子联合会半导体器件命名由 4 部分组成,各部分组成如图 9-14 所示,各部分的含义如表 9-20 所列。表 9-21 所列国际电子联合会半导体器件型号命名示例。

图 9-14 国际电子联合会半导体器件命名

表 9-20 国际电子联合会半导体器件型号命名及含义

第一部分		第二部分				第三部分		第四部分	
用字母表示器件使用的材料		用字母表示器件的类型及主要特性				用数字(或字母)加数字表示登记号		用字母对同一型号器件进行分档	
符号	含义	符号	含义	符号	含义	符号	含义	符号	含义
A	锗材料	A	检波、开关和混频二极管	M	封闭磁路中的霍尔元件	3位数字	通用半导体器件的登记序号(同一类型器件使用同一登记号)	A B C D	表示同一型号的半导体器件按某一参数进行分档的标志
		B	变容二极管	P	光敏元件				
B	硅材料	C	低频小功率三极管	Q	发光器件				
				R	小功率晶闸管				
		D	低频大功率三极管	S	小功率开关管				
C	锗材料	E	隧道二极管						
		F	高频小功率三极管	T	大功率晶闸管	一个字母加两位数字	专用半导体器件的登记序号(同一类型器件使用同一登记号)		
		G	复合器件及其他器件	U	大功率开关管				
D	硅材料	H	磁敏二极管	X	倍增二极管				
		K	开放磁路中的霍尔元件	Y	整流二极管				
	复合材料	L	高频大功率三极管	Z	稳压二极管(齐纳二极管)				

表 9-21 国际电子联合会半导体器件型号命名示例

BU208	BZY88C
B：硅材料	B：硅材料
U：大功率开关管	Z：稳压二极管
208：器件登记号	Y88：专用器件登记号
	C：允许误差为±5%

9.4.5 二极管的伏安特性

二极管的伏安特性是指二极管两端所加的电压与流过二极管的电流之间的关系,它体现了二极管的重要特性即单向导电性。在电路中,电流只能从二极管的正极流入,负极流出。下面通过伏安特性曲线来说明二极管的正向特性和反向特性,如图 9-15 所示。

1. 正向特性

在电子电路中,将二极管的正极接在高电位端,负极接在低电位端,二极管就会导通。这种连接方式,称为正向偏置。必须说明,当加在二极管两端的正向电压很小时,二极管仍然不能导通,流过二极管的正向电流十分微弱。只有当正向电压达到某一数值(这一数值称为"门坎电压",又称"死区电压",锗管约为 0.1 V,硅管约为 0.5 V)以后,二极管才能真正导通。导通后二极管两端的电压基本上保持不变(锗管约为 0.3 V,硅管约为 0.7 V),称为二极管的"正向压降"。

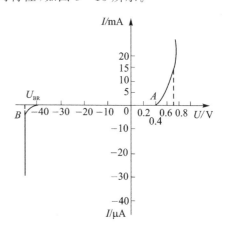

图 9-15 二极管的伏安特性曲线

2. 反向特性

在电子电路中,二极管的正极接在低电位端,负极接在高电位端。此时,二极管中几乎没有电流流过,二极管处于截止状态。这种连接方式,称为反向偏置。二极管处于反向偏置时,仍然会有微弱的反向电流流过二极管,称为漏电流。在同样的温度下,硅管的反向电流比锗管小得多,锗管是微安级(μA),硅管是纳安级(nA)。

二极管的反向电流具有两个特点:
① 它随温度上升而增加;
② 只要外加的反向电压在一定范围之内,反向电流基本不随反向电压变化。

当二极管两端的反向电压增大到某一数值时,反向电流会急剧增大,二极管将失去单向导电性。这种状态称为二极管的击穿。

二极管伏安特性曲线如图 9-15 所示。发生击穿时的电压 U_{BR} 称为反向击穿电压。如果二极管的反向电压超过这个数值,而没有适当的限流措施,会因电流大,电压高,将使管子过热而造成永久性的损坏,这叫做热击穿。

9.5 三极管

半导体三极管是三层半导体引出三个电极而成的器件。由于各层半导体排列次序的不同,有 NPN 型和 PNP 型两种结构形式。

9.5.1 三极管的结构和工作原理

1. 三极管的结构及符号

图 9-16(a)是 NPN 型三极管的结构示意图。中间层是很薄的 P 型半导体,两边各为 N

型半导体,从三层半导体上各自接出一根引线就成为三极管的三个电极:发射极 e、基极 b 和集电极 c。对应的每层半导体称为发射区、基区和集电区。虽然发射区和集电区是 N 型半导体,但是发射区比集电区掺入的杂质浓度高。因此它们并不是对称的。两块不同类型的半导体结合在一起,它们的交界处就会形成 PN 结。三极管有两个 PN 结:基区-发射区之间的发射结和基区-集电区之间的集电结。两个 PN 结通过掺杂浓度很低且很薄的基区联系着。

图 9-16(b)是 PNP 型三极管的结构示意图和图形符号,注意,PNP 管发射极的箭头是向内的。

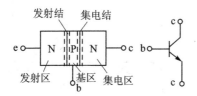 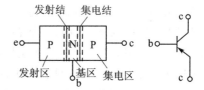

(a) NPN型三极管的图形和符号　　　　　　(b) PNP型三极管的图形和符号

图 9-16　三极管结构原理及符号

2. 三极管中的工作原理及电流放大作用

三极管结构上的特点:含有两个背靠背的 PN 结;发射区掺杂浓度高;基区很薄且掺杂浓度低;集电结面积大等。这些特点是三极管具有电流放大作用的内部条件。

下面通过实验来了解三极管的放大原理和其中电流的分配。实验电路如图 9-17 所示。

通过可变电阻 R_B,基极电流 I_B、集电极电流 I_C 和发射极电流 I_E 都发生变化。电流方向如图 9-17 所示。测量结果列于表 9-22 中。

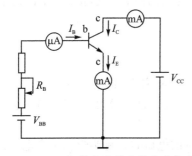

图 9-17　三极管电流放大的实验电路

表 9-22　三极管电流测量数据

I_B/mA	0	0.02	0.04
I_C/mA	<0.001	0.70	1.50
I_E/mA	<0.001	0.72	1.54
I_B/mA	0.06	0.08	0.10
I_C/mA	2.30	3.10	3.95
I_E/mA	2.36	3.18	4.05

由此实验及测量结果可得出如下结论:

① 观察实验数据中的每一列,可得

$$I_E = I_C + I_B$$

此结果符合基尔霍夫电流定律。

② I_C 和 I_E 都比 I_B 大得多。从第三列和第四列的数据可得出 I_C 与 I_B 的比值分别为

$$\frac{I_C}{I_B} = \frac{1.50}{0.04} = 37.5 \qquad \frac{I_C}{I_B} = \frac{2.30}{0.06} = 38.3$$

这就是三极管的电流放大作用。电流放大作用还体现在基极电流的少量变化 ΔI_B 引起集电极电流较大的变化 ΔI_C。比较第三列和第四列的数据,可得出

$$\frac{\Delta I_\text{C}}{\Delta I_\text{B}} = \frac{2.30 - 1.50}{0.06 - 0.04} = \frac{0.80}{0.02} = 40$$

③ 当 $I_\text{B}=0$（将基极开路）时，$I_\text{C}=I_\text{CEO}$，表 9-22 中 $I_\text{CEO}<1\ \mu\text{A}(0.001\ \text{mA})$。$I_\text{CEO}$ 称为穿透电流(penetration current)，由集电区穿过基区流入发射区的电流。

④ 要使三极管起放大作用，发射结必须正向偏置，而集电结必须反向偏置。对于 NPN 型管来说，三个电极的电位关系是 $V_\text{C}>V_\text{B}>V_\text{E}$。如果是 PNP 型管，则应是 $V_\text{C}<V_\text{B}<V_\text{E}$。

从前面的电流放大实验还知道，在三极管中，不仅 I_C 比 I_B 大得多，而且当调节可变电阻 R_B 使 I_B 有一个微小的变化时，将会引起 I_C 较大的变化。管子做成后，I_C 和 I_B 的比值基本上保持一定。这个比值用 β 表示，即

$$\bar{\beta} \approx \frac{I_\text{C}}{I_\text{B}}$$

β 表征三极管的电流放大能力，称为电流放大系数。

$I_\text{C}\approx \beta I_\text{B}$ 表明三极管的电流是按比例分配的，若有一个单位的基极电流 I_B，就必须会有 β 倍基极电流的集电极电流 I_C。所以 I_C 的大小不但取决于 I_B，而且远大于 I_B。因此只要控制基极回路的小电流 I_B，就能实现对集电极回路大电流 I_C（或 I_E）的控制。所谓三极管的电流放大作用和电流控制能力，就是这个意思。为了保证管子的正常电流流通，除了管子本身的内部结构条件外，还必须保证管子外部使用条件，那就是发射结正向偏置，集电结反向偏置。由于通过控制基极电流 I_B 的大小，能实现对集电极电流 I_C 的控制，所以常把三极管称为电流控制器件。

三极管的集电极与电源之间接一个电阻，可将电流放大转换成电压放大：当基极电压 U_B 升高时，I_B 变大，I_C 也变大，I_C 在集电极电阻 R_C 的压降也越大，所以三极管集电极电压 U_C 会降低，且 U_B 越高，U_C 就越低。

9.5.2 三极管的分类

① 按材质分为硅管和锗管。
② 按结构分为 NPN 管和 PNP 管。
③ 按功能和用途分为高、中频放大管，低频放大管，低噪声放大管，高反压管，开关管，功率管，达林顿管，光敏管。
④ 按功率分为小功率三极管（$P_\text{C}<0.5\ \text{W}$）、中功率三极管（$P_\text{C}=0.5\sim 1\ \text{W}$）和大功率三极管（$P_\text{C}>1\ \text{W}$）。
⑤ 按工作频率分为低频三极管、高频三极管和超高频三极管。
⑥ 按制作工艺分为平面型三极管、合金型三极管和扩散型三极管。
⑦ 按外形封装的不同可分为金属封装三极管、玻璃封装三极管、陶瓷封装三极管和塑料封装三极管等。
⑧ 按安装形式可分为普通三极管和贴片三极管。

9.5.3 三极管的主要参数

三极管的参数很多，包括直流参数、交流参数、极限参数和噪声参数等。这里介绍常用的几个参数。

1. 电流放大倍数 β

在共发射极电路中,在一定的集电极电压下,集电极电流变化量 ΔI_c 与基极电流变化量 ΔI_b 的比值,称为共射极电流交流放大倍数 β,即

$$\beta = \frac{\Delta I_c}{\Delta I_b}$$

2. 集电极-发射极反向饱和电流 I_{ceo}

在共射极电路中,如果将三极管的基极开路,即 $I_b=0$,仍会有电流从集电极穿透到发射极。通常将这种不受基极控制的寄生电流称为穿透电流,并用 I_{ceo} 表示。通常小功率硅管的 I_{ceo} 只有几 μA,而小功率锗管则在 $450\ \mu A$ 左右。穿透电流还与温度有直接的关系。

3. 特征频率 f_T

特征频率 f_T 是三极管的另一个重要参数。三极管的交流放大倍数 β 会随工作频率的升高而下降。当 β 值下降到 1 时所对应的频率即为特征频率,如图 9-18 所示。

如图 9-18 所示,当三极管工作频率 $f=f_T$ 时,三极管就失去了电流放大能力。三极管在共射极应用时,f_T 是得到电流增益的最高工作频率。

4. 集电极最大允许电流 I_{cm}

I_{cm} 是指管子正常工作时,集电极所允许通过的最大电流,即集电极工作电流 $I_c \leqslant I_{cm}$。I_c 超过某一数值时,管子的的 β 值会明显下降。通常,规定 β 值下降至正常值的 2/3 时,其对应的集电极电流,称为集电极最大允许电流 I_{cm}。

5. 集电极-发射极反向击穿电压 βU_{ceo}

βU_{ceo} 是指三极管的基极开路时,在 c、e 两极之间的最大允许电压。βU_{ceo} 表示击穿电压,下角 O 表示开路。在使用三极管时,应使 $U_{ce} < \beta U_{ceo}$,以防发生击穿。

6. 集电极最大允许耗散功率 P_{cm}

三极管工作时,其集电极处于反向偏置状态,呈现出高阻,因而在集电结上耗散的功率较大,且这部分功率全部转化成热能,使结温升高。若温度超过最高允许值,会将管子烧坏。为此规定了最大耗散功率 P_{cm},其值为 $P_{CM}=U_{ce}I_c$。

为确保三极管的使用安全,在三极管输出特性曲线上,画出了管子的最大允许功率线,再综合 I_{cm}、βU_{ceo} 的要求,圈出了它的安全工作区,如图 9-19 所示。

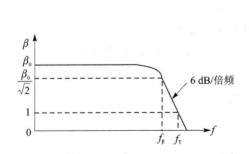

图 9-18 三极管的频率特性

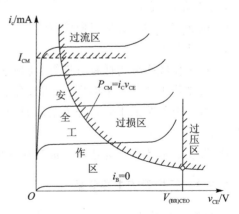

图 9-19 三极管的安全工作区

9.5.4 三极管的型号

国产半导体三极管的型号通常由5部分组成：第一部分数字3表示三极管；第二部分用大写字母A～E表示半导体材料和极性；第三部分用字母表示器件的类型；第四部分用数字表示器件的序号；第五部分用字母表示规格号（通常省略）。各部分的含义如表9-23所列。

表 9-23 国产半导体三极管的型号含义

第一部分		第二部分		第三部分		第四部分	第五部分
数字	含义	符号	含义	符号	含义		
3	三极管	A	PNP型锗材料	X	低频小功率管	用数字表示序号	用汉语拼音字母表示规格号（可省略）
		B	NPN型锗材料	G	高频小功率管		
		C	PNP型硅材料	D	低频大功率管		
		D	NPN型硅材料	A	高频大功率管		
		E	化合物材料	K	开关管		
				T	晶闸管（可控整流管）		
				CS	场效应管		
				O	MOS场效应管		
				U	光电管		
				FH	复合管		

依照上述标准，三极管型号的第二位（字母），A、C表示PNP管，B、D表示NPN管。示例如图9-20和图9-21所示。

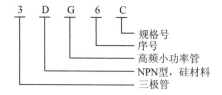 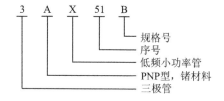

图 9-20 3DG6C 为硅 NPN 型高频小功率管　　图 9-21 3AX41B 为锗 NPN 型低频小功率管

9.5.5 三极管的工作状态

三极管的工作状态分为截止状态、放大状态和饱和导通状态三种。

① 截止状态。当加在三极管发射结的电压小于PN结的导通电压，集电结和发射结均处于反向偏置时，基极电流为零，集电极电流和发射极电流都为零。三极管这时失去了电流放大作用，集电极和发射极之间相当于开关的断开状态，我们称三极管处于截止状态。

② 放大状态。当加在三极管发射结的电压大于PN结的导通电压，并处于某一恰当的值时，三极管的发射结正向偏置，集电结反向偏置。这时基极电流对集电极电流起着控制作用，使三极管具有电流放大作用，其电流放大倍数$\beta=\Delta I_c/\Delta I_b$。这时三极管处放大状态。

③ 饱和导通状态。当加在三极管发射结的电压大于 PN 结的导通电压,并当基极电流增大到一定程度时,集电极电流不再随着基极电流的增大而增大,而是处于某一定值附近不怎么变化,这时三极管失去电流放大作用,集电极与发射极之间的电压很小,集电极和发射极之间相当于开关的导通状态。三极管的这种状态被称为饱和导通状态。

第10章 安全用电

电是人类生产和生活中不可缺少的物质,它为生产过程提供了重要的能源,也为我们的生活带来了极大的便利,但是如果我们不能安全合理地使用它,就可能导致生产设备损坏,人身安全伤害,甚至危及生命。因此,安全用电在我们的生产和生活中具有特殊重要的意义。

10.1 触电的基本知识

10.1.1 触电的概念

触电是人体直接或间接地接触到带电体,带电体上的电流通过人体形成回路,导致人体造成伤害的过程。所以电对人体的伤害,主要来自电流。根据电流对人体伤害的程度和结果,触电通常有两种类型:电击和电伤。

电伤,是由于电弧以及熔化、蒸发的金属微粒对人体外表的伤害,是由电流的热效应、化学效应或机械效应对人体造成的局部伤害,如电灼伤、电烙印、皮肤金属化等。例如,在拉闸时,不正常情况下,可能发生电弧烧伤或刺伤操作人员的眼睛。再如,熔丝熔断时,飞溅起的金属微粒可能使人皮肤烫伤或渗入皮肤表层等。电伤的危险程度不如电击,但有时后果也是很严重的。

电击,是人体接触带电部分,电流流过人体内部,使人体内部的器官受到损伤的现象。在电击触电时,由于肌肉发生收缩,受害者常不能立即脱离带电部分,使电流连续通过人体内部组织,破坏人的心脏、神经系统、肺部的正常工作,造成呼吸困难,心脏麻痹,以至于死亡,所以危险性很大。人们通常所说的触电就是指电击,大部分触电死亡事故都是由电击造成的。

在触电事故中,电击和电伤常会同时发生。

10.1.2 电流对人体的伤害

电流对人体的伤害是多方面的,其热效应会造成电灼伤,化学效应可造成电烙印和皮肤金属化,它产生的电磁场对人体辐射会导致头晕、乏力和神经衰弱等。人体从某种角度来说就是一个导体,因此电流对人体的危害性与通过人体电流的大小、种类、频率、通电时间的长短,通过人体的路径以及当时人体电阻的大小等因素有关。

1. 电流大小对人体的影响

通过人体的电流大小不同,对人体的影响也是不一样的。通过人体的电流越大,人体的生理反应就越明显,从而引起心室颤动所需的时间也就越短,致命的危险性就越高。国际电工委员会(IEC)在《电流通过人体的效应》的报告中指出,15～100 Hz的交流电流对人体的作用可分为3个范围,即感知电流、摆脱电流和室颤电流。

① 感知电流,是指使人体有所感觉的电流值,平均约为0.5 mA,与通电时间的长短无关,但男女稍有差异。男性约为1.1 mA,女性约为0.7 mA。感知电流一般不会对人体造成

伤害。

②摆脱电流,是指人触电后能够自主摆脱带电体的最大电流值。一般女性约为 10 mA,男性约为 16 mA。当通过人体的电流为 20 mA 时,人手就很难摆脱带电体。摆脱电流是人体可以忍受,但一般又不会造成危险的电流。摆脱电流对人体的伤害与通电时间有关,若通过人体的时间过长的话,会造成昏迷、窒息,甚至死亡,因此摆脱带电体的能力随时间的延长而降低。

③室颤电流,也称致命电流,是指在较短时间内引起心室颤动、窒息从而危及生命的最小电流值。当通过人体的电流达到 50 mA 时就会引起心室颤动,有生命危险;当达到 100 mA 以上时,足以致人于死亡。30 mA 以下的电流通常不会有生命危险。

室颤电流值对人体的危害与通电时间的长短有密切的关系。若通电时间在 0.2 s 以内,约为 300 mA;而通电时间达到 0.7 s 以上,则电流值降为 30 mA 左右。由此可见,要挽救人的生命,尽量避免触电事故,关键是要触电保护装置快速动作,以缩短人的触电时间。

由表 10-1 可见,通过人体的电流越强,触电死亡越快。

表 10-1 人体对电流反应一览表

电流值	人体反应
100～200 μA	对人体无害反而能治病
1 mA 左右	引起麻的感觉
不超过 10 mA	人尚可摆脱电源
超过 30 mA	感到剧痛,神经麻痹,呼吸困难,有生命危险
达到 100 mA	很短时间使人心跳停止

2. 电源电压和频率对人体的影响

人体电阻值的大小因人而异。人体电阻包括皮肤电阻和体内电阻。影响人体皮肤电阻值的因素有很多,如皮肤角质层的厚薄、皮肤表面是否多汗潮湿、有无损伤及是否沾有尘埃或化学物质等,也与皮肤与带电体的接触面积、压力大小等有关。而体内电阻基本上不受外界因素的影响,约为 500 Ω。随着通电时间的增加,人体电阻会随之减小,所以人体电阻是变动的。一般情况下,我们认为人体电阻在 1 000 Ω 左右。当人体电阻一定时,作用于人体的电压越高,通过人体的电流就越大。

实际上,通过人体的电流与作用于人体的电压并不成正比。随着作用于人体电压的升高,人体电阻会急剧下降。当接触电压在 50 V 以下时,呈现出较高的电阻值;超过 50 V,由于人体电阻与人体不同部位间的接触电压之间的非线性,使电阻迅速减小,致使电流快速增加,对人体的伤害也更为严重。

目前,世界上常用的工频交流电是 50～60 Hz。它对人体的伤害程度其实是最为严重的,电源的频率偏离工频越远,对人体的伤害程度越轻。在直流电和 1 kHz 以上高频电的情况下,人体可以承受更大的电流。当然,高频电对人体的危险依然是存在的,因为高频电流会在人体内产生热效应及烧伤,所以过大的高频电流也会引起触电死亡。

3. 电流路径的影响

电流通过人体产生的危险性不仅是与电流大小有关,而且还与电流在人体中的路径有关。

电流通过头部,会使人昏迷而死亡;通过脊髓,会导致截瘫及严重损伤;通过中枢神经或有关部位,会引起中枢神经系统强烈失调而导致残废;通过心脏,会造成心跳停止而死亡;通过呼吸系统,会造成窒息。研究表明,凡是通电路径有可能经过心脏的,危险性就越大,所以从左手到脚是最危险的电流路径;从右手到脚、从手到手具有中等危险性;从右手到背部及从脚到脚是危险性最低的路径。总之,人体左边触电的危险性要高于右边触电的危险性。

人体对触电的耐受程度与人体状况有关。一般,成年男性对电流的耐受能力比成年女性高 30% 左右,儿童的耐受能力比成年人要低。情绪及健康状况良好时,耐受能力较高,身体疲劳、有病、情绪差时耐受力会降低。

10.1.3 触电方式

按人体触及带电体的方式和电流通过人体的途径,常见的触电方式可分为三种情况:单相触电、两相触电和跨步电压接触。

1. 单相触电

当人体的某部位站在地面上或其他接地体上,而另一部位触及三相系统中任一根相线时,与人体形成回路,电流通过人体流入大地,此方式称为单相触电。单相触电的危险程度取决于三相电网的中性点是否接地。

1) 中性点不接地系统的单相触电

理想情况下,在中性点不接地系统中,由于触电电流不能构成回路,通过人体的电流为零,不会出现触电现象,如图 10-1 所示。

实际情况下,在中性点不接地系统中发生单相触电时,危险很大,触电者会死的很惨。多数情况下,强大的触电电流会将人体烧焦。触电电流形成的原因如下:在三相交流电网中,每一条输电线与大地之间都存在分布电容 C,电容值的大小与线路的分布情况有关,架空线路分布越长,其分布电容值就越大。而且,线路与大地之间还存在一定的绝缘电阻 R。这样,每根导线与大地之间可以组成一个等效阻抗 $Z(Z=R//j\omega C)$。当发生单相触电,触电电流 I_b 构成的回路如图 10-2 所示。

在高压电网中,该回路中产生的通过人体的单相触电电流 I_b 远大于人体所能承受的安全电流(10 mA),使人致命。而且,供电线路越长,供电的面积越大,单相触电的后果越严重。

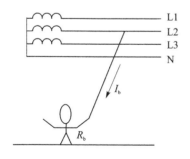

图 10-1 单相触电的理想情况

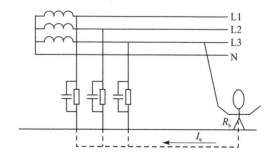

图 10-2 单相触电的实际情况

2) 中性点接地系统的单相触电

在三相四线制(380/220 V)供电系统中中,由于中心线的存在,触电电流的路径为:从电源相线,通过人体、大地、接地体、变压器中性点再回到电源相线构成回路,如图 10-3 所示。

此时,由于人体电阻远大于中性点接地电阻,电压几乎全部加在人体上,假如人体电阻按 1 kΩ 计算,人体承受的电压就是电源的相电压 220 V,则通过人体的电流大约 220 mA。这个电流远远大于致命电流,因此这种触电情况是十分危险的。

2. 两相触电

指人体同时接触带电设备或线路中的两相导体时,电流从一相导体经人体流入另一相而发生的触电,如图 10-4 所示。此时,加在人体上的电压为线电压,通过人体电流的大小与系统中性点运行方式无关。假如仍在三相四线制(380/220 V)电源电路中,人体电阻按 1 kΩ 计算,则通过人体的电流可达 380 mA,足以致人死亡。

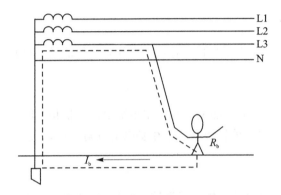

图 10-3　中性点接地系统中单相触电　　　　图 10-4　中性点接地系统两相触电

3. 跨步电压触电

电气设备的外壳或电力网的中性点通过接地线与埋入地下的金属导体(接地体)相连,称为正常接地。一般情况下,在接地体中是没有电流或只有很小的电流流入大地的,接地体及其周围土地的对地电压为零。当系统发生故障时,如输电线断裂、设备碰壳短路或遭受雷击等,将会产生很大的电流通过接地体流入大地,从而会形成以接地点为圆心,半径为 20 m 的圆面积内形成带电区域。该区域内的电位分布不尽相同,如图 10-5 所示。此带电区域中,以接地体处的对地电压最高,离开接地体,电压逐步下降。此时,当人在接地体附近行走时,由于两只脚所踩点的电位不同,使两脚之间有一个电压存在,由此引起的触电事故称为跨步电压触电。

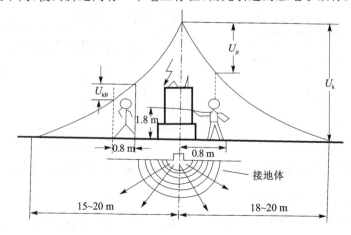

图 10-5　接地电流的地面电位分布图

当跨步电压较高时,会引起双脚抽筋而使人倒地,这不仅会使人体的电压增加,而且会使通过人体的路径改变,电流可能会从脚到头流经人体的重要器官,会使人在几秒钟内丧命。

4. 接触电压触电

当电气设备由于绝缘损坏或其他原因造成接地短路故障时,接地电流通过接地点向大地流散,也会形成以接地故障点为中心、20 m 为半径的圆形带电区域。其电位分布特点及电压的形成同跨步电压。当人触及漏电设备的外壳时,电流通过人体和大地形成回路,造成触电事故,称为接触电压触电。这时加在人体两点间的电位差即接触电压 U_j,如图 10-5 所示。由图可知,接触电压值的大小取决于人体站立点的位置。若距离接地点越远,则接触电压越大。当人体站在接地点与漏电设备接触时,接触电压为零。

10.2 安全用电措施

我们常说"水能载舟,亦能覆舟"。其实电在我们生产和生活中的作用也是如此,使用得当它能造福于人类,使用不慎会危害健康、生命和财产。因此,每个人必须注意电气安全,防止触电事故,在思想上要加强教育,在行为上要重视安全操作,在管理上要健全规章制度,在技术上要完善各项措施。

10.2.1 加强安全教育

① 普及安全用电知识。对从事电气工作的人员,应加强教育、培训和考核,熟悉安全用电的常识和发生安全事故时的防范措施。

② 树立安全用电理念。充分了解电的无情,增强安全意识和防护技能,杜绝违章操作。

10.2.2 重视安全操作

1. 停电工作中的安全措施

在线路上作业或检修设备时,应在停电后进行,并采取下列安全规范。

① 切断电源。切断电源必须按照停电操作顺序进行,来自各方面的电源都要断开,并保证各电源有一个明显断点。

② 验电。停电检修的设备或线路,必须验明电气设备或线路无电后,才能被认为无电,否则应视为有电。验电时,应选用电压等级相符、经试验合格且在试验有效期内的验电器对检修设备的进出线两侧各相分别验电,只有依次确认无电后方可工作。

③ 装设临时地线。对于可能送电到检修的设备或线路,以及可能产生感应电压的地方,都要装设临时地线。操作人员装设时应戴绝缘手套,穿绝缘鞋,人体不能触及临时接地线,并要有专人监护。临时接地线应使用导线截面积不小于 2.5 mm^2 的多股软裸铜绞线,严禁使用不符合规定的导线作接地和短路之用。

④ 悬挂警告牌。停电工作时,对一经合闸即能送电到检修设备或线路开关和隔离开关的操作手柄,要在其上面悬挂"禁止合闸"的警示牌,必要时派专人监护或加锁固定。

2. 带电工作中的安全措施

在一些特殊情况下,某些线路上的作业和检修必须带电工作,此时应严格按照带电工作的安全规定进行。

① 在低压电气设备或线路上进行带电工作时,应使用合格的、有绝缘手柄的工具,穿绝缘鞋、戴绝缘手套,并站在干燥的绝缘物体上,同时派专人监护。

② 对工作中可能碰触到的其他带电体及接地物体,应使用绝缘物隔开,防止相间短路和接地短路。

③ 检修带电线路时,应分清相线和地线。断开导线时,应先断开相线,后断开地线。搭接导线时,应先接地线,后接相线;接相线时,应将两个线头搭实后再行缠接,切不可使人体或手指同时接触两根线。

④ 高、低压线同杆架设时,检修人员离高压线的距离要符合安全距离,如表 10 - 2 所列。

表 10 - 2 安全距离

电压等级/kV	安全距离/m
15 以下	0.70
20～35	1.00
44	1.20
60～100	1.50

10.2.3 健全管理制度

① 在电气设备的设计、制造、安装、使用和维护等环节中,要严格遵守国家规定的标准和法规,要有法可依,有据可循。

② 要健全安全操作规程、电气安装规程、运行管理规程、维护检修制度等,并在实际工作中要严格执行,不能流于形式。

③ 定期检查用电设备,保证用电设备的正常运行,对有故障的电气线路、电气设备要及时检修,确保安全运行。

10.2.4 完善技术措施

防止触电及电气事故,除了加强思想教育、重视安全操作、维护设备正常工作外,在技术上也应采用各种适当的措施。

1. 安全电压

安全电压是指人体较长时间接触带电体而不发生触电危险的电压,其数值与人体可承受的安全电流及人体电阻有关。国际电工委员会(IEC)规定的安全电压极限值为 50 V。我国对 50～500 Hz 的交流电规定的安全电压额定值(有效值)为 42 V、36 V、24 V、12 V、6 V 五个等级,供不同场合选用。当电气设备采用大于 24 V 的安全电压时,还必须要有防止人体直接触及带电体的保护措施。

为了保证人身安全,提供安全电压的电源必须要符合以下条件:

① 安全电压由双绕组隔离变压器提供,不能用没有电气隔离功能的自耦变压器。

② 提供安全电压的变压器的外壳,应采用保护接地或保护接零,防止绕组间绝缘击穿时高压窜入低压,并应在高、低压回路安装熔断器作短路保护。

③ 安全电压的线路必须与其他电气系统不能有任何联系,包括零线和地线。

2. 保护接地

保护接地就是把电气设备在正常情况下不带电的金属外壳以及与它连接的金属部分与接地装置做良好的金属连接。

① 保护接地原理。在电源变压器中性点不接地的供电系统中,当电气设备内部绝缘破

损,造成一相对外壳击穿或电源电压意外地传到不带电的外露部分时,则有很小的故障电流 I_d 由发生故障的一相入地,并通过另外两相对地的分布电容 C_1、C_2 回到电源。若电气设备外壳接地良好,接地电阻一般不会超过 4 Ω,则设备外壳与地之间的电压很低($4I_d$),不会超过安全电压的极限值。人体即使触及外壳,仅可能有触电的感觉,但不至于发生致命危险,所以在发生故障后,系统仍能带故障运行。

② 保护接地的适用范围。保护接地适用于中性点不直接接地的电网及需要连续供电的设备,比如电机、变压器、照明灯具、携带式用电器具的金属外壳和底座;电气设备的传动机构;互感器的二次线圈;交直流电力电缆的接线盒以及医院手术室、玻璃熔炉、连续浇铸等场合。

③ 保护接地的注意事项。在电源变压器中性点接地的供电系统中,采用保护接地时,在发生故障情况下,会发生中性点位移,而且不能保证电气设备的外壳对地电压在安全电压极限值 50 V 以内,因此,不允许采用保护接地装置,必须采用保护接零或者在设备电源端安装漏电保护开关,且一旦发生一相绝缘击穿漏电时,应立即切断电源。

3. 保护接零

保护接零就是把电气设备正常情况下不带电的金属外壳以及与它相连接的金属部分与电网中的零线作紧密连接,可有效地起到保护人身和设备安全的作用。

① 保护接零原理。在电源变压器中性点接地的供电系统中,当某相绝缘损坏碰壳短路时,通过设备外壳形成该相对零线的单相短路,因零线与相线的阻抗很小,该短路电流远大于工作电流,足以使供电线路的短路保护装置(如熔断器、低压断路器等)迅速动作,从而把故障部分的电源断开,消除触电危险。

② 保护接零的适用范围。保护接零适用于中性点直接接地的供电系统中,在电压 380/220 V 的三相四线制电网中,因绝缘损坏而可能呈现危险对地电压的电气设备金属外壳均应采用保护接零。单相供电的家用电器,其金属外壳亦应采用保护接零的措施。

③ 保护接零的注意事项。保护接零只适用于中性点直接接地的供电系统中,零线的导线截面积应足够大,零线上不允许加装刀闸、自动空气断路器、熔断器等保护电器,零线的连接应牢固可靠、接触良好。

为了保证保护零线永远保持零电位,我国规定把低压供电线路中的工作零线(中心线)N 与保护零线 PE 分开,形成三相五线制,使电气设备的外壳直接与保护零线相连,避免负载不平衡电流流过工作零线时产生的不平衡电压对其影响,而且,保护零线需要在规定的位置采取多点重复接地,以保证其接地的可靠性。

此外,在同一供电系统中,不允许一部分设备采用保护接地,另外一部分设备采用保护接零,否则在保护接地的设备发生故障时所产生的电源中性点位移,将会导致保护接零设备的外壳带电,引起电击危险。

4. 过流、欠压及漏电保护

过流保护是在线路及电气设备电流超过预先设定值时,在一定时限内自动断开电源,以保证线路及设备不致因过流而过热损坏。

欠压保护是在供电线路电压不足甚至失电时,自动断开电源的保护方式。一方面避免了电气设备在低压下运行引起的种种不正常现象甚至损坏的弊端,另一方面避免了电网失电后直接送电对负载工作的不利影响。

漏电保护是在供电线路及电气设备中因绝缘破损而产生漏电,甚至人体直接触及带电体,能够立即断开电源,避免扩大事故的保护方式。漏电保护是由带漏电检测机构的漏电断路器实现的,一般来说,漏电保护断路器均兼有过流保护功能。

5. 绝　缘

就是将有可能被人体接触到的导体用绝缘材料包裹起来,并使带电体与带电体之间或带电体与其他导体之间实现电气隔离。瓷、玻璃、云母、橡胶、木材、胶木、塑料、布、纸和矿物油等都是常用的绝缘材料。电气设备具有良好的绝缘性能是保证设备和线路正常运行的必要条件,也是防止触电的主要措施。

6. 屏　护

即采用遮拦、护照、护盖等把带电体同外界隔绝开来,高压用电设备不论是否有绝缘,均应采取屏护。采用屏护措施将带电体隔离开来,不仅可避免工作人员意外地接触或过分接近带电体,有效地防止直接接触触电,而且也能保护电气设备不受机械损伤。屏护装置必须有足够的机械强度和良好的耐热、耐火性能。若使用金属材料制作屏护装置,应妥善接地或接零。

10.3　触电急救的常识

触电事故的现场急救是整个触电急救工作的关键。一旦发生触电事故,人体受到电流刺激后,会对人体产生损害作用,严重时可使心跳、呼吸骤停,使人立即处于"临床死亡"状态。因此必须在现场立即组织人员进行急救,急救者必须做到沉着冷静、果断迅速、手法正确,以争取尽可能的时间挽救生命。

触电时的现场处理可分为迅速脱离电源和现场心肺复苏两大部分。

10.3.1　迅速脱离电源

发生触电事故后,首先要用正确的方法使触电者在最短的时间内脱离电源,这是对触电者进行急救最为重要的第一步。

1. 脱离电源的方法

① 拉闸断电或通知有关部门立即停电。

② 切断事故发生场所电源开关或拔出插头。若电源开关远离触电事故点,可用绝缘工具(如绝缘钳、干燥木柄斧子等)切断电源线路。

③ 当电线搭落在触电者身上或被压在身下时,可用干燥的衣服、手套、线索、木棒等绝缘物作救护工具,拉开触电者或挑开电线,使触电者脱离电源;或用干木板、干胶木板等绝缘物插入触电者身下,隔断电源。

④ 抛掷裸导线,使线路短路接地,使保护装置动作,断开电源。

2. 脱离电源的注意事项

① 如果在架空线上或登高作业时触电,触电者脱离电源应采用相应的安全措施,以防止二次事故(如高空摔倒等)的发生。

② 在解脱电源时,不仅要保证触电者安全脱离电源,也要保证救护者自身的安全,还需防止其他人员误触电。

③ 解脱电源的动作要迅速,解脱方法应以快为原则。

④ 救护者不得直接用手或其他金属及潮湿的物件作为救护的工具,最好采用单手操作以

防止自身触电。

⑤ 如事故发生在夜间,应迅速准备临时照明用具。

10.3.2 现场急救

触电者脱离电源后,应及时对其进行诊断(触电后 6 min 内进行最为有效,越早越好),判断其是否丧失意识,然后根据其伤害的程度,采取相应的急救措施。

1. 简单诊断

把脱离电源的触电者迅速移至通风干燥的地方,使其仰卧,并解开其上衣和腰带,然后对触电者进行诊断。

1) 判断触电者是否有意识存在

抢救人员可轻轻摇动触电者或轻拍触电者的肩膀,并大声呼喊看其有无反应,整个判断应在 10 s 内完成。

对神志清醒者,应让其在空气流通处安静休息并进行观察。

对丧失意识者,即表示情况严重,应将触电者移到空气流通但不受寒处,使触电者保持复苏体位,即将其头、颈、躯干平直无扭曲,双手放于躯干两侧,仰卧于硬地上。将紧身上衣和裤带放松,看其是否有胸部起伏的呼吸运动或将面部贴近触电者口鼻处感觉有无气流呼出,以判断是否有呼吸;摸摸颈部的颈动脉或腹沟股处的股动脉有无搏动,将耳朵贴在触电者左侧胸壁乳头内侧二横指处,听一听是否有心跳的声音,从而判断心跳是否停止;当处于假死状态时,大脑细胞严重缺氧,处于死亡边缘,瞳孔自行放大,对外界光线强弱无反应。可用手电筒照射瞳孔,看其是否缩回,以判断触电者的瞳孔是否放大。同时,必须立即招呼周围人员前来协助抢救和向当地急救医疗部门求援。

2) 开放气道

开放气道前如发现口腔内有异物或舌根后缩,必须将触电者侧卧,也称"恢复体位",以清除异物,达到开放气道、正常通气的目的。气道开放后,应在 5 s 内确认有无呼吸,在 10 s 内确认有无心跳。

2. 现场心肺复苏术

若触电者神志清醒,但有些心慌,四肢发麻,全身无力;或触电者在触电过程中一度昏迷,但已清醒过来,此时,应使触电者保持安静,解除恐慌,不要走动并请医生前来诊治或送往医院。

若触电者已失去知觉,但心脏跳动并且呼吸还存在,应让触电者在空气流动的地方,舒适、安静地平卧,解开衣领便于呼吸;如天气寒冷,应注意保温,必要时闻氨水,摩擦全身使之发热,并迅速请医生到现场治疗或送往医院。

若触电者出现心跳停止或呼吸停止,应根据如下的情况立即采取相应的现场心肺复苏术对其进行急救。

① 呼吸停止有心跳,应采用口对口(鼻)人工呼吸法施救。

抢救者一手按压在触电者前额用拇指和食指捏紧鼻翼使其紧闭,另一手托在触电者项部,用力将颈部上抬使头部充分后抑。然后深吸一口气,紧贴触电者嘴(鼻)成密封状态,用力吹气持续 1～1.5 s,斜视触电者胸部隆起。吹气完毕,抢救者头稍侧嘴,再作深吸气。同时立即放松捏紧鼻翼手指,让气体排出体外,使触电者胸部和腹部恢复原位,整个停吹时间约为 3 s。如此反复,以便及时得到复苏。

应注意的是,抢救频率掌握在每 1 min 吹停 12~16 次。小孩不能捏紧鼻翼,吹气不能过分用力。如触电者牙关紧闭,可用口对鼻。

② 心跳停止有呼吸,应采用体外心脏按压法。

抢救者先将一只手的中指指尖对准触电者颈部凹陷处下缘,将手指伸直后手掌放于胸骨上,掌根部位(约为胸骨 1/2 处)即为压区。然后抢救者两手相叠,两肘关节伸直,将掌根放在压区上,垂直用力向下按压,使胸骨与相连肋骨下陷 3~5 cm(成人 4~5 cm,小孩 3 cm,并可单手按压),充分压迫心脏,使心脏血液搏出,然后突然放松(掌根不能离开胸壁),使血液流回心脏。如此反复,直到心跳恢复。

应注意的是,按压和放松的时间大致相同,其频率掌握在每 1 min 按压 80~100 次。

③ 呼吸和心跳全部停止,应采用双人或单人心肺复苏术。方法基本同上,只是复合由一人单做或双人合做。

在上述抢救时,如触电者同时有外伤,应视其伤势严重程度分别处理。对不危及生命的轻度外伤,可在心肺复苏后处理;对有严重外伤时,应与心肺复苏术同时处理,如止血、伤口包扎等,并应尽量防止创面感染。

应注意,在上述"临床死亡"的三种抢救过程中,应坚持到医护人员到达现场为止,即使在送往医院的途中,现场抢救也应坚持进行。

10.4 电气消防常识

安全用电除了掌握用电常识,规范用电操作外,还应注意电气原因所引起的火灾和爆炸。因为电气火灾和爆炸事故,除可造成人身伤亡和设备毁坏外,还可造成大面积或长时间的停电,严重影响生产和人民生活。因此做好电气防火防爆工作,防止事故的发生具有十分重要的意义。

10.4.1 电气火灾和爆炸的原因

电气火灾及爆炸是指因电气原因引燃及引爆的事故。电气线路和设备由于故障、本身存在缺陷、安装或使用不当、通风不良等原因,会产生过度发热、事故电火花和电弧。这是引发电气火灾和爆炸事故的直接原因。

1. 危险温度

危险温度是电气设备过热引起的。电气设备在正常运行条件下,温升不会超过其允许的范围。但当电气设备发生故障时,发热量就会增加,温升超过额定的允许值。此时,对应的温度称为危险温度,是导致各种危险事故发生的原因。引起电气设备发热主要有下列原因:

① 电气故障。如发生短路、过载及电动机缺相等电气故障时,会使电流急增,由电能转换为热能使温度骤增,将会超过温升允许限度而达到危险温度,从而引发火灾和爆炸事故。

② 机械故障。电气设备的机械故障会因运动部件的异常摩擦、撞击而产生高温。

③ 接触不良。如电路连接处接触不良,会使接触电阻增大,从而引起接触处过热,甚至烧坏。

④ 散热不良。如环境温度过高或通风不良,会使散热条件恶化,造成设备和线路温度

过高。

⑤ 使用不当。如电热器、电烙铁、电熨斗等使用不当或过度靠近易燃物,常会引起火灾。

⑥ 绝缘老化。电气设备和线路由于绝缘老化,会使泄露电流、介质损耗增大,导致绝缘过热损坏,从而会导致火灾和爆炸。

2. 电火花和电弧

电火花是电极间的击穿放电,大量电火花的汇集形成电弧。电火花和电弧具有极高的温度,不仅能引起绝缘物质的燃烧,而且还可使导致金属熔化、飞溅,构成火灾爆炸的危险源。

电火花大体可分为工作电火花和事故电火花两类。

① 工作电火花,指电气设备正常工作和操作过程中产生的火花。如开关、接触器等分、合瞬间,插销分、合瞬间及直流电机换向等,都会产生不可避免的火花。只要在正常环境条件下使用,是不会引起事故的。

② 事故电火花,指线路和设备发生故障、不正常操作、电器不符合防护要求及外来电气或机械原因而产生的火花。遇易燃物和有爆炸性混合物时,极易发生火灾和爆炸事故。

10.4.2 电气防火和防爆的措施

电气火灾和爆炸的防护措施是一项综合性的措施。大体上包括:选用合适的电气设备,并使之正常运行;保持足够的防火间距;良好的通风;保护接地或接零,合理选用保护装置等。

1. 防火、防爆电气设备的安装

安装涉及今后正常运行,应十分重视。要选择有防火、防爆电气设备安装物质和经验的单位进行安装,并聘请有资格的监理单位全过程监督。根据爆炸危险场所电气装置的施工及验收规范,组织检查和验收,并做好有关记录工作,符合有关标准、规范后方可试运行。

2. 防火、防爆电气设备的运行

由于电气设备运行中产生的火花和危险温度是引起火灾的主要原因,因此保持电气设备的正常运行对于防火防爆有重要的意义。保持电气设备正常运行包括:

① 电气设备线路的电压、电流等参数不得超过规定值,导线的载流量应在规定范围内。

② 电气设备线路应定期进行绝缘试验,必须保持绝缘良好。

③ 在有气体或蒸汽爆炸性混合物的场所,电气设备最高表面温度和温升应符合要求。在有粉尘或纤维爆炸性混合物的场所,电气设备表面温度一般不得超过125℃。

④ 定期清扫经常保持电气设备整洁,尤其在纤维、粉尘爆炸混合物场所的电气设备,要定期清扫。

⑤ 防止导线接头氧化和接触不良。

⑥ 执行安全操作规程,不发生误操作事故。

⑦ 在爆炸危险场所,如有通风装置的,应保持良好的通风。

3. 防火、防爆电气设备的维修保养

应指定专门有证电工从事维修,并接受过防爆电气设备的安装和维修的培训,有条件的最好能参加整个安装过程。按有关规程、标准进行维修和保养。例如:日常更换灯泡,打开防爆电气设备盖子等均应在断电状态下,特别要使防爆电气设备按要求恢复到原有的性能状态。应做好维修保养的记录,并由操作和验收人签字。安全生产管理人员要加强日常现场安全管理。

10.4.3 电气灭火常识

一旦发生电气火灾,应立即组织人员采用正确方法进行扑救,同时拨打 119 火警电话,向公安消防部门报警,并且通知电力部门、用电监察机构派人到现场指导和监护扑救工作。

1. 常用灭火器的使用

在扑救电气火灾时,特别是没有断电时,应选择适当的灭火器。表 10-3 列举了三种常用的电气灭火器的主要性能及使用方法。

表 10-3 常用电气灭火器的主要性能

种 类	二氧化碳灭火器	干粉灭火器	"1211"灭火器
规格	2 kg、2~3 kg、5~7 kg	8 kg、50 kg	1 kg、2 kg、3 kg
药剂	瓶内装有液态二氧化碳	铜筒内装有钾或钠盐干粉,并备有盛装压缩空气的小钢瓶	钢瓶内装有二氟一氯一溴甲烷,并充填压缩氮
用途	不导电。能扑救电气、精密仪器、油类、酸类火灾。不能扑救钾、钠、镁、铝等物质火灾	不导电。可扑救电气(旋转电机不宜)、石油、石油产品、油漆、有机溶剂、天然气及天然气设备火灾	不导电。可扑救油类、电气设备、化工化纤原料等初起火灾
功效	接近着火地点,保护 3 m 距离	8 kg 喷射时间 14~18 s,射程 4.5 m;50 kg 喷射时间 14~18 s,射程 6~8 m	喷射时间 6~8 s,射程 2~3 m
使用方法	一手将喇叭筒对准火源,一手打开开关	提起圆环,干粉即可喷出	拔下铅封或横锁,用力压下压把即可

2. 灭火器的保管

灭火器在不使用时,应注意对其的保管与检查,保证随时可正常使用。

① 灭火器应放置在取用方便之处。

② 注意灭火器的使用期限。

③ 防止喷嘴堵塞;冬季应防冻,夏季要防晒;防止受潮、摔碰。

④ 定期检查,保证完好。如,对于二氧化碳灭火器,应每月测量一次,当质量低于原来的 1/10 时,应充气;对于四氯化碳灭火器、干粉灭火器,检查压力情况,少于规定压力时应及时充气。

3. 扑救方法及安全注意事项

① 电气火灾发生后,电气设备因绝缘损坏而碰壳短路,或线路因断线接地而短路,使正常不带电的金属构架、地面等部位带电,在一定范围内存在接触电压或跨步电压,所以扑救时必须采取相应的安全措施,以防止发生触电事故。

② 一旦发生火灾,首先应设法切断电源。切断电源时,应按操作规程顺序进行操作,必要时,请电力部门切断电源。

③ 无法及时切断电源时,扑救人员应使用二氧化碳等不导电的灭火器,且灭火器与带电体之间应保持必要的安全距离(10 kV 以下应不小于 1 m,110~220 kV 不应小于 2 m)。

④ 电气设备发生火灾时,充油电气设备受热后可能发生喷油或爆炸,扑救时应根据起火现场及电气设备的具体情况作一些特殊的规定。

⑤ 对架空线路等高空设备进行灭火时,人体与带电体之间仰角不大于 45°,应站在线路外侧以防止导线断落危及灭火人员的安全。

⑥ 用水枪灭火时,宜采用喷雾水枪。这种水枪通过水柱泄露电流较小,带电灭火较安全。用普通直流水枪带电灭火时,扑救人员应戴绝缘手套,穿绝缘靴,或穿均压服,且将水枪喷嘴接地。

第 11 章 实验部分

实验一 常用电子仪器的使用(一)

在电工电子技术实验里,测试和定量分析电路的工作状况最常用的电子仪器有示波器、信号发生器、直流稳压电源、万用表、交流毫伏表等。它们在电路中的相互关系如图 11-1 所示。

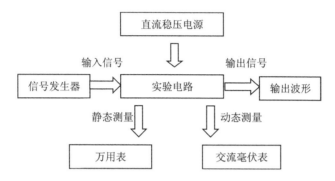

图 11-1 各仪器、仪表与测试电路之间的关系

这些电子仪器的作用分别是:
① 直流稳压电源为电路提供能源;
② 信号发生器为电路提供各种频率和幅度的正弦波、不同脉宽的方波等输入信号,供电路放大、变换等。
③ 示波器用来观察电路中各点的波形,以监视电路的工作状态,同时也可以用于测量波形的周期、幅度、相位差及观察电路的特性曲线等。
④ 万用表用于测量电路中的静态工作点、直流电源电压和直流信号的值。
⑤ 交流毫伏表用于定量测定电路中的输入、输出信号的交流有效值。

实验目的

① 通过实验学会直流稳压电源、万用表的使用。
② 初步学习简单实验线路的连接。

实验设备及器材

① 直流稳压源一台;
② 万用表一块;
③ 直流电流表一块。

实验内容及步骤

1. 万用表的使用

联系课堂内学习的有关万用表的知识,熟悉万用表各测量档的使用以及各刻度线的读数。

万用表通过转换开关变换不同的测量电路,用于测量电阻、直流电压和电流、交流电压等多种物理量,每项测量都配以多种量程。万用表包括数字式万用表和指针式万用表两大类。两者都遵循一般指针式仪表的基本使用规则。

指针式万用表主要由表头、转换开关和测量电路组成。指针式万用表的转换开关分别置于不同档位时,测量电路的基本原理是不同的,为此可分别用来测量不同的物理量。其标尺表面自上而下的第一条刻度线是电阻值,第二条刻度线是直流电压和电流值,第三条刻度线是交流电压值。

数字式万用表能直接显示被测物理量的数值,测量精度高($\pm 0.1\% \sim \pm 0.0001\%$),抗干扰能力强,读数准确、便捷。比较指针式万用表的功能,数字式万用表功能更齐全,它还可测量交流电流、判定三极管管型和电流放大系数等。

2. 稳压电源的使用

直流稳压电源是一种近似的理想电压源,采用交流 220 V 工作电压,通过内部电路可输出 $0 \sim 30$ V 可调的直流电压。当输入交流电源电压或负载发生变化时,电源电压基本不变。

将"独立"键弹出,从左右两个"+"、"−"端钮间可分别引出两组电源,单独或同时接外电路,利用电压调节或电流调节旋钮调取所需的输出电压或电流。

使用中,切忌将电源的"+"、"−"端钮短路,也不能让电源过载工作。

学习:直流稳压电源、万用表的使用,如表 11 - 1 所列。

表 11 - 1 电压的测量

	直流稳压电源输出电压	1.5 V	5 V	10 V
数字式万用表	档位/量程			
	读数			
指针式万用表	量程			
	刻度范围			
	指针位置			
	读数			

3. 直流电流表

直流电流表测量的时候必须串接在被测电路中,并注意正、负极性的正确连接。

4. 各仪表的综合使用

按图 11 - 2 所示连接电路,并测量电流和各电阻端电压。

参数选取:

$U_{S1} = $ _____ V, $U_{S2} = $ _____ V;

$R_1 = $ _____ Ω, $R_2 = $ _____ Ω。

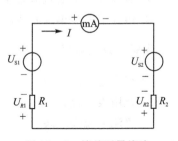

图 11 - 2 简单测量线路

① 利用稳压电源、毫安表、数字式万用表测量：
$I=$ _____ $mA, U_{R1}=$ _____ $V, U_{R2}=$ _____ V。
② 利用稳压电源、毫安表、指针式万用表测量：
$I=$ _____ $mA, U_{R1}=$ _____ $V, U_{R2}=$ _____ V。

实验二 常用电子仪器的使用(二)

实验目的

① 通过实验学会信号发生器、交流毫伏表、示波器的使用。
② 初步掌握示波器的调整方法，以及用示波器测量交流信号的幅度、频率等参数的方法。

实验设备及器材

① 功率函数信号发生器一台；
② 交流毫伏表一台；
③ 双踪示波器一台。

实验内容及步骤

1. 信号发生器的使用

1) 输出信号波形的选择

对函数信号发生器面板上的"波形选择"按钮进行选择，选到所需要的波形，如正弦波、三角波、锯齿波、方波等。

2) 信号发生器频率调节

对函数信号发生器面板上"频率范围"按钮进行选择，选择需要的信号频率的所在范围，然后调节频率的细调旋钮。根据"频率范围"指示的频段和频率微调旋钮，就可以调出所需要的信号频率，从信号发生器上部的数码管上可以直接读出频率的数值。

3) 信号输出幅度的调节方法

根据函数信号发生器的面板上的衰减按钮和"幅度调节"旋钮，调节输出电压幅度，信号从"输出端"输出。一般调节该旋钮就可以改变实际输出信号的幅值。可以用交流毫伏表测量输出信号的电压变化。

2. 用交流毫伏表测量交流电压的有效值

① 打开交流毫伏表的电源开关，将连接在毫伏表输入端的两根输入线（信号线和地线）短路，观察毫伏表的指针是否指示在 0 位置，否则调节毫伏表的"调零"旋钮，使其指示到 0。
② 将信号发生器的输出频率调至"1 000 Hz"，将交流毫伏表的输入端和信号发生器的输出端连接，注意芯线（信号线）和芯线相连，地线连接地线。选择毫伏表的量程，调节信号发生器的"幅度调节"旋钮，从交流毫伏表读出信号的电压有效值。

3. 示波器的使用

1) 用示波器测量交流信号的幅值

使信号发生器输出信号的频率固定在 1 kHz，毫伏表测到的函数发生器输出电压为

表 11-2 的某一个值。调整扫描周期旋钮"t/div"置于 0.2 ms 位置,适当调节"V/div"开关位置,使显示屏上出现完整的正弦波(至少一个半周期),并且将示波器扫描周期"微调"旋钮置于校准位置,则此时屏上纵坐标表示显示信号的电压值。读出波形高度所占的格数,和"V/div"旋钮指示的档位相乘,便可得出电压的数值。按要求改变信号发生器"输出衰减"旋钮的位置,分别测量其结果并记入表 11-2 中。

表 11-2　用示波器测量交流信号的幅值

毫伏表测到的函数发生器输出电压/V	0.5	1.0	2.0
示波器(V/div)旋钮位置			
峰-峰波形高度/格数			
峰-峰电压 V_{p-p}/V			
计算电压有效值/V			

2) 用示波器测量交流信号的频率

使毫伏表测到的函数发生器输出电压固定在 5 V,函数发生器输出频率调至表 11-3 中的某一值,将示波器扫描周期"微调"旋钮置于校准位置,此时显示屏上横坐标表示显示信号的扫描时间。读出波形的一个周期所占的格数,乘以扫描周期"t/div"旋钮指示的档位,即得到一个周期的时间。周期的倒数就是信号的频率。

表 11-3　用示波器测量交流信号的频率

信号频率/kHz	1	10	50	100
示波器扫描速率(Time/div)旋钮位置				
一个波形周期占水平格数				
计算信号频率 $f = 1/T$				

实验三　常用电子元器件的识别与测量

实验目的

① 了解电阻器、电容器、二极管、三极管等常用电子元器件的类型、外观和相关标识。
② 掌握使用万用表检测电阻器、电容器、二极管、三极管等常用电子元器件的方法。

实验设备及器材

① 万用表一块;
② 电阻器、电容器、二极管、三极管若干。

实验内容及步骤

1. 电阻器的识别和测量

万用表(指针式或数字式)是测量电阻阻值和判别其质量好坏的最简易方法。测量方法如下：
① 检查电池；
② 机械调零（数字表不需要）；
③ 选择倍率档；
④ 电阻档调零（数字表不需要）；
⑤ 测量电阻。

将若干电阻器采用色环识别和用万用表测量两种方法分别进行读数和测量，并将结果填入表 11-4 中。

表 11-4 电阻器的识别和测量结果

序 号	色环标志（颜色按顺序写）	色环识别		万用表测量（指针式）			万用表测量（数字式）	
		阻 值	误 差	量 程	读 数	阻 值	量 程	读 数
1								
2								
3								

2. 电容器的识别和检测

取各种类型电容器若干个，辨别各个电容器的容量，并测量其漏电阻，将结果填入表 11-5 中。

表 11-5 电容器的识别和测量结果

序 号	标 识	识别结果			万用表测量漏电阻	
		电容量	耐压值	误 差	万用表量程	阻 值
1						
2						

3. 二极管的识别和检测（用指针式万用表测试二极管）

用指针式万用表欧姆档测量二极管的正、反向电阻：用黑表笔接二极管的正极，红表笔接二极管的负极，测得的是正向电阻；交换表笔测得的是反向电阻。

若测得反向电阻与正向电阻的比值在 100 以上，说明二极管性能良好；若比值为几十或几倍，说明二极管性能不好，不宜使用；若正、反向电阻都很大，说明二极管开路；若正、反向电阻都很小，说明二极管短路。二极管的识别和测量结果如表 11-6 所列。

表 11-6 二极管的识别和测量结果

序 号	型 号	万用表检测			
		量 程	正向电阻	反向电阻	性能好坏
1					
2					

注意：检测二极管时，对于小功率管应使用 $R \times 100$ 或 $R \times 1k$ 档，对于大功率管应使用 $R \times 1$ 或 $R \times 10$ 档（二极管的非线性使不同档位测得的正向电阻不同，档位越高，阻值越大）。

4. 三极管的识别和检测

1）基极确认

用指针式万用表欧姆档测量，如图 11-3 所示，黑（红）表笔接三极管的基极，红（黑）表笔分别接三极管的其他两极,若测得的两个电阻都很小,交换表笔测得的两个电阻都很大,则该管是 NPN 管(PNP 管)。

若未知基极,可逐个设定某个引脚为基极,利用该方法检测,若符合上述情况,即确认了基极。

2) 集电极和发射极的确认

在确认了三极管的基极后,任意设定其余两个引脚分别为集电极、发射极。如图 11-4 所示,将手指作为电阻 R_b,用手将集电极、基极捏在一起(两电极不能碰及),用指针式万用表欧姆档测量。对于 NPN 管(PNP 管),黑(红)表笔接假设的集电极、红(黑)表笔接假设的发射极,观察指针的偏转,然后再将两引脚对换设定两极,并作同样的测量。观察两次测量中指针偏转大的那次设定就是正确的。

三极管的识别和测量结果如表 11-7 所列。

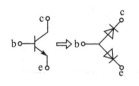
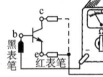
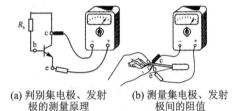

(a) NPN型三极管内部PN结　　(b) 判别三极管基极和管型　　(a) 判别集电极、发射极的测量原理　　(b) 测量集电极、发射极间的阻值

图 11-3　三极管集电极、发射极的确认　　　　图 11-4　三极管的管型检测和基极确认

表 11-7　三极管的识别和测量结果

型　号	引脚判断(画外观图标注)	管　型	符　号	电流放大系数	质量(好/坏)
S9012					
S9013					

实验四　线性电阻元件的伏安特性

实验目的

① 学习伏安法测量电路元件的伏安特性,进一步掌握各元件的基本特性。
② 认识电位器,并熟悉其作用和使用。

实验设备及器材

① 万用表、直流毫安表各一块;
② 线性电阻、电位器各一个;
③ 直流稳压电源一台。

实验内容及步骤

电阻器元件是电路中消耗电能的元件;电阻元件包括线性电阻和非线性电阻。
电阻 R 常用的单位有 Ω、$k\Omega(10^3\Omega)$、$M\Omega(10^6\Omega)$。

1. 线性电阻元件

线性电阻元件的伏安特性曲线如图 11-5 所示,电压随电流按线性规律变化,即电阻 R 是常数,伏安特性方程为 $U=IR$(欧姆定理)。

2. 非线性电阻元件

非线性电阻元件的伏安特性曲线如图 11-6 所示,电压随电流不按线性规律变化,即电阻 R 不是常数。

按图 11-7 所示连接电路,调节电位器,分别测量线性电阻两端的电压 U_R、电流 I,并将数据记录于表 11-8 中。

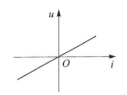

图 11-5 线性电阻元件的伏安特性曲线

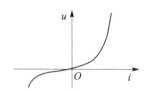

图 11-6 非线性电阻元件的伏安特性曲线

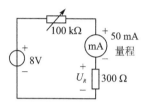

图 11-7 实际电压源模型伏安特性的测量

表 11-8 电阻测量结果

测 量		1		2		3		4		5	
		U_R/V	I/mA	U_R/V	I/mA	U_R/V	I/mA	U_R/V	I/mA	U_R/V	I/mA
计算值	$R=U_R/I$										

实验五 简单线路的连接及电压测量

实验目的

① 学习简单直流电路的连接和电压的测量;
② 学习三相交流电压的测量。

实验设备及器材

① 万用表一块;
② 线性电阻、连接导线若干;
③ 直流稳压电源一台;
④ 直流毫安表一块。

实验内容及步骤

① 按图 11-8 所示电路,测量选定回路 Ⅱ 上各段电

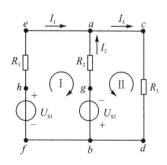

图 11-8 实验线路图

压,并记录数据到表 11-9 中。

表 11-9 电压测量结果

测量电压	U_{ag}	U_{gb}	U_{bd}	U_{dc}	U_{ca}
读数/V					

② 测量综合实验台上三相电源的线电压和相电压。

单相调压器的使用:

单相调压器		输出电压	输入电压	
			50 V	100 V
数字式万用表	档位/量程			
	读数			

三相电压的测量:

三相对称电源		U_1	U_2	U_3	U_{12}	U_{23}	U_{31}
数字式万用表	档位/量程						
	读数						

参考文献

[1] 钱可强. 机械制图[M]. 北京:高等教育出版社,2005.
[2] 胡国军. 机械制图[M]. 浙江:浙江大学出版社,2010.
[3] 李爱军,陈国平. 工程制图[M]. 2版. 北京:高等教育出版社,2010.
[4] 孙兰凤,梁艳书. 工程制图[M]. 北京:高等教育出版社,2010.
[5] 朱泗芳,徐绍军. 工程制图[M]. 北京:高等教育出版社,2005.
[6] 李进,李新. 机械工程材料[M]. 北京:北京理工大学出版社,2011.
[7] 王章忠. 机械工程材料[M]. 2版. 北京:机械工业出版社,2011.
[8] 王运炎,朱莉. 机械工程材料[M]. 3版. 北京:机械工业出版社,2009.
[9] 浦如强. 机械基础[M]. 北京:机械工业出版社,2011.
[10] 崔国利. 机械基础[M]. 北京:机械工业出版社,2009.
[11] 倪森寿. 机械基础[M]. 北京:高等教育出版社,2002.
[12] 范思冲. 机械基础[M]. 2版. 北京:机械工业出版社,2006.
[13] 祖国庆. 机械基础[M]. 北京:中国铁道出版社,2008.
[14] 陈秀宁. 机械基础[M]. 2版. 浙江:浙江大学出版社,2009.
[15] 汪爱民,吴太夏. 机械基础[M]. 上海:上海科学普及出版社,2007.
[16] 常树海. 机械基础[M]. 武汉:武汉理工大学出版社,2009.
[17] 于维平. 机械基础[M]. 2版. 北京:北京航空航天大学出版社,2008.
[18] 李杞仪,李虹. 机械工程基础[M]. 北京:中国轻工业出版社,2010.
[19] 王黎钦,陈铁鸣. 机械设计[M]. 哈尔滨:哈尔滨工业大学出版社,2008.
[20] 陈秀宁,顾大强. 机械设计[M]. 浙江:浙江大学出版社,2010.
[21] 徐龙祥,周瑾. 机械设计[M]. 北京:高等教育出版社,2008.
[22] 吴宗泽,高志. 机械设计[M]. 北京:高等教育出版社,2009.
[23] 安琦. 机械设计[M]. 上海:华东理工大学出版社,2009.
[24] 李良军. 机械设计[M]. 北京:高等教育出版社,2010.
[25] 濮良贵,纪名刚. 机械设计[M]. 8版. 北京:高等教育出版社,2005.
[26] 陆剑中,孙家宁. 切削原理与刀具[M]. 北京:机械工业出版社,2011.
[27] 芦福桢. 切削原理与刀具[M]. 5版. 北京:机械工业出版社,2011.
[28] 黄鹤汀. 机械制造装备[M]. 北京:机械工业出版社,2010.
[29] 陈明. 机械制造工艺学[M]. 北京:机械工业出版社,2005.
[30] 刘晋春. 特种加工[M]. 北京:机械工业出版社,2008.
[31] 白基成,郭永丰,刘晋春. 特种加工技术[M]. 哈尔滨:哈尔滨工业大学出版社,2006.
[32] 陈新龙. 电工电子技术基础[M]. 北京:清华大学出版社,2009.
[33] 邱关源. 电路[M]. 北京:高等教育出版社,2011.
[34] 秦曾煌. 电工学[M]. 北京:高等教育出版社,2013.

[35] 赵便华.电子产品工艺与管理[M].北京:机械工业出版社,2011.
[36] 邓木生.电子技能训练[M].北京:机械工业出版社,2011.
[37] 王忠诚.电子电路及元器件[M].北京:电子工业出版社,2006.
[38] 胡斌.电子元器件[M].北京:电子工业出版社,2012.
[39] 爱因迪生.跟爱因迪生学电子元器件[M].北京:电子工业出版社,2012.
[40] 沈仁元.模拟电子技术[M].北京:机械工业出版社,2013.
[41] 沈仁元.数字电子技术[M].北京:机械工业出版社,2013.
[42] 曾荣.电工材料[M].北京:中国电力出版社,2007.
[43] 谢秀颖.实用电工工具与电工材料速查手册[M].北京:机械工业出版社,2012.
[44] 郭莉鸿.安全用电[M].北京:中国电力出版社,2007.
[45] 潘雪松.安全用电与节约用电[M].北京:人民邮电出版社,2009.
[46] 王俊峰.电工电子元器件的选择和测量[M].北京:高等教育出版社,2010.
[47] 刘彦昌.电工电子测量方法与实验基础教程[M].北京:中国市场出版社,2013.
[48] 胡国庆.电工电子实践教程[M].北京:清华大学出版社,2007.
[49] 刘云和.电工电子工具与仪表速培教程[M].北京:机械工业出版社,2010.
[50] 王兰君.电工仪表[M].北京:人民邮电出版社,2009.
[51] 李光宇.常用电子元器选用技巧[M].北京:科学出版社,2010.